U0351304

辽宁科技大学学术专著出版基金资助

超声波钢包精炼应用基础

亢淑梅　沈明钢　李成威　著

北　京
冶　金　工　业　出　版　社
2014

内 容 提 要

本书系统地介绍了大功率变幅杆式超声波钢包精炼实验方法，阐述了超声波群空化气泡的形成，生长运动行为变化的规律，分析了变幅杆式超声波钢包精炼水模型内声场分布的形成原因，以及群空化气泡促进超声搅拌机理；首次阐述了不同空化气泡运动状态，即稳态空化与瞬态空化去除微小夹杂物机理，其结果表明不仅稳态气泡可促进夹杂物上浮，瞬态空化气泡崩溃后，由于气泡直径变小，数量增多，吸附面积增大，对于微小尺寸夹杂物上浮排出的效果会更好。

本书内容精炼，理论与实践并重，实用性很强。本书可供从事超声冶金和新材料开发、超声波设备设计与制造等工作的科技人员及高校、研究院所的相关研究人员参考。

图书在版编目（CIP）数据

超声波钢包精炼应用基础/亢淑梅，沈明钢，李成威著．—北京：冶金工业出版社，2014.10

ISBN 978-7-5024-6733-3

Ⅰ.①超…　Ⅱ.①亢…　②沈…　③李…　Ⅲ.①超声波—应用—钢包精炼　Ⅳ.①TF769.2

中国版本图书馆CIP数据核字(2014)第236899号

出 版 人　谭学余
地　　址　北京市东城区嵩祝院北巷39号　邮编　100009　电话　(010)64027926
网　　址　www.cnmip.com.cn　电子信箱　yjcbs@cnmip.com.cn
责任编辑　郭冬艳　美术编辑　吕欣童　版式设计　孙跃红
责任校对　郑　娟　责任印制　李玉山
ISBN 978-7-5024-6733-3
冶金工业出版社出版发行；各地新华书店经销；北京佳诚信缘彩印有限公司印刷
2014年10月第1版，2014年10月第1次印刷
169mm×239mm；12印张；232千字；178页
36.00元

冶金工业出版社　投稿电话　(010)64027932　投稿信箱　tougao@cnmip.com.cn
冶金工业出版社营销中心　电话　(010)64044283　传真　(010)64027893
冶金书店　地址　北京市东四西大街46号(100010)　电话　(010)65289081(兼传真)
冶金工业出版社天猫旗舰店　yjgy.tmall.com

序　言

超声波是一种频率高、波长短的可压缩纵波，具有束射性强和易于集中能量的特点，它可在液体传播中传递很强的能量，在反应界面产生强烈的冲击和空化作用；它也与声波一样会产生反射、干涉、叠加和共振等现象。目前超声波的应用十分广泛，不仅可以探测固体内部缺陷，也是全面探索固体和液体内部世界的有力工具，如测量固体材料强度、硬度、晶粒和内部组织，液体的黏度、密度、流量、温度等特性参数。此外，作为一种能量手段，广泛应用于清洗、焊接、切割、粉碎、钻孔、乳化、凝聚、雾化、去气、萃取、颗粒弥散、凝固控制等。可见超声波的发展和应用潜力巨大。随着我国冶金工业的高速发展和对金属材料性能要求的不断提高，开发新工艺、新技术已成为当务之急，超声波在冶金中的应用越来越受重视。

超声波在冶金中的应用主要涉及高温废气除尘、燃料燃烧、液态金属的超声雾化、金属凝固组织控制、液态金属除气、夹杂物去除等方面，国内外有不少的研究性论文发表，但是目前尚未有较为系统的著作出版。该书作者从事超声波在冶金中的应用研究多年，书中总结了他们的研究成果，对超声波钢包精炼去除夹杂物研究及应用，进行了全面系统的阐述。

该书的理论部分介绍了超声空化和超声传播的基本概念和原理、空化气泡运动过程的计算方法、精炼钢包内声场的数值模拟，对重点和难点引入了一些推导和数据，引人入胜，为读者的深入研究提供了思路。此外，对超声处理器的设计、声场强度的测定方法等内容进行了详细介绍，系统阐述了相似原理及气泡去除夹杂物的基本原理。

该书的实验研究部分主要介绍了超声波钢包精炼水模型声场，空化气泡行为与规律，超声波与底吹气水模均混时间，以及超声波去除夹杂物实验及机理。作者详细介绍了实验方法和实验条件，为超声波应用研究提供了参考和借鉴。超声波在精炼过程中的应用，由于使用材料及大功率发生装置的限制，目前的研究主要集中在低熔点合金，钢液中的研究尚处于实验室及数值模拟阶段。作者对超声波在铝合金、镁合金及钢方面的研究现状进行了阐述，对超声设备在高温条件下工具头材质的选择、换能器的设计等进行了分析，为今后超声波在钢中的实际应用提供了借鉴。此外，作者还介绍了超声波在金属材料加工方面的应用。

该书的特点是系统性好，逻辑性强，文字精炼，图文并茂，是一本超声波应用研究方面难得的好书，可作为相关专业本科生及研究生的参考书，也可供研究院所的相关技术人员参考，对超声波设备设计与制造单位的科技人员也有较高的参考价值。

2014 年 5 月

前　言

功率超声处理是通过超声能量对物质的作用来改变或加速改变物质的一些物理、化学和生物特性或状态的技术。最常用的频率范围从几千赫到几百千赫，功率由几瓦到几万瓦。强超声在媒质中传播时会产生一系列的效应，如力学效应、热效应、化学效应和生物效应等。因此，在工业、农业、国防和医药卫生、环境保护等部门得到越来越广泛的应用。目前超声技术在冶金中的应用主要涉及超声液态金属除气，超声细化晶粒，超声制备超细金属粉末，超声去除夹杂物等方面。在金属材料加工方面主要有超声加工、超声焊接、超声淬火、超声钻孔等方面。随着高温条件下新材料的研究日趋成熟，功率超声应用在冶金领域正激起人们越来越多的关注。

超声波能量足够高时，就会产生“超声空化”现象。对于钢液中空化现象的表征主要包括水模实验研究和数值模拟方法，主要从机理上说明超声在液体中的空化行为。对于低熔点合金熔体及钢液的超声波处理方面，诸如改善钢的凝固组织，均匀成分，改善夹杂，从而提高钢的力学性能研究，由于超声波工具杆材质，辐射功率等条件尚不够成熟，仍然处于实验室小规模研究阶段。除超声波探伤外，在钢液中的实际应用有待进一步深入。目前尚未有全面系统介绍超声波在冶金中的应用著作，作者结合已有的高温下的研究成果与工作编写了《超声波钢包精炼应用基础》一书，希望可为超声波的研究工作者提供参考。

全书共分 10 章，第 1 章为超声波应用概述，介绍超声波基本概念，超声波应用进展及炉外精炼的相关知识；第 2 章介绍超声传播的基本理论；第 3 章介绍针对应用于冶金中超声处理器设计的相关知识；

第4章和第5章介绍超声空化的相关理论，声场测量方法，空化气泡的生成、运动直至崩溃行为研究，并对水中及钢液中空化气泡的运动行为进行了数值模拟；第6章应用Fluent流体力学软件对底吹氩钢包精炼水模内流场，超声搅拌钢包精炼水模内的声场和流场进行了数值模拟研究和对比；第7章通过测定钢包精炼水模均混时间，对底吹气搅拌，超声搅拌及超声－底吹气联合搅拌效果进行了对比；第8章讨论了微小夹杂物的去除与声场参数的关系及超声场下微小夹杂物的去除机理。

教育部长江学者、特聘教授，国家杰出青年基金获得者，东北大学材料与冶金学院朱苗勇教授在百忙之中，为本书执笔作序，在此表示最诚挚的谢意。

本书内容涉及物理、声学、冶金及材料加工等诸多学科，且这些学科发展迅速，由于时间、篇幅所限，难免有疏漏之处，恳请广大读者批评指正。

亢淑梅

2014年5月8日于鞍山

目　　录

1 超声钢包精炼概述

近年来，大量的研究证明高强度超声波可以应用于各种高温技术中。本书阐述了最近的研究成果，包括高强度超声波在火法冶金学和其他相关领域中的应用。这些成果有力地说明了超声波在一些领域中发挥了较大的作用，如高温废气除尘，改善燃油的燃烧效率，控制空气污染物的排放，工业纯铁质量的提高，金属粉末和铸件复合材料的生产。

超声波可在气体、液体和固体中传播，因此具有冷却系统的超声波处理器为高温条件下材料的处理提供了一个独特的工具。如高温条件下利用超声波控制界面反应速率，这是其他任何方法所无法取代的。超声波发生器与传感器成本相对较低，在工业上，超声波技术的应用更加广泛。在未来的研究中预计会发展新的耐热波导材料，并且将超声波装置与目前的高温条件下的工业设备连接在一起。本书将作者已有的工作成果进行了详细介绍。

1.1 超声波概述

超声波通常指 1s 内振动 20000 次以上的高频声波（即频率大于 20kHz 的波）。超声波频率高、波长短，具有束射性强和易于集中能量的特点。在强度较低时可以作为探测负载信息的载体与媒介的超声波，称为检测超声；当其强度超过一定值，可以与传声媒质相互作用，影响、改变以至破坏传声媒质的状态、性质及结构的超声波，称为功率超声。本书所涉及的是功率超声。功率超声处理是通过超声能量对物质的作用来改变或加速改变物质的一些物理、化学和生物特性或状态的技术。最常用的频率范围是几千赫到几百千赫，而功率由几瓦到几万瓦。无线电雷达在空间目标探测方面有着神奇的作用，而超声波技术恰恰在无线电雷达不能起作用的固体、液体和生物体中发挥着不可比拟的作用。随着科学技术的发展，超声波技术已经不仅仅是简单的固体内部缺陷探测手段，而是全面探索固体和液体内部世界的有力工具。目前在工业上超声波有着广泛的应用。作为一种检测手段，超声波不仅可以测量固体材料强度、硬度、晶粒和内部组织，而且还可以测量液体的黏度、密度、流量、温度等几十种表征物体特性的参数。作为一种能量手段，功率超声在改变物质的性质和状态方面也有相当广泛的应用，如超声清洗、焊接、切割、粉碎、钻孔、乳化、凝聚、雾化、去气、萃取、颗粒弥散、凝固控制等。目前人们认为功率超声主要有五个基本作用：

（1）线性的交变振动作用，它是由于媒质在一定频率和声强的超声作用下做受迫振动，而媒质的质点位移、速度、加速度以及应力等分别达到一定数值而产生的一系列超声效应。

（2）振幅声波在媒质中传播会形成锯齿形波面的周期性激波，在波面处造成很大的压强梯度，因而能产生局部高温高压等一系列特殊反应。

（3）振动的非线性会引起相互靠近的伯努利力，由黏度的周期性变化引起的直流平均黏滞力等等，这些直流力可以说明一些定向作用、滑聚作用等力学效应。

（4）声空化作用，这是只能在液体媒质中出现的一种重要的基本作用。在液体中，当超声强度超过液体的空化阈值时，液体中会产生大量的气泡。小气泡将随超声振动而逐渐生长和胀大，然后突然崩溃和分裂，分裂后的气泡又不断地长大和溃灭，这一物理现象称为声空化。小气泡迅速崩溃时在气泡内产生高温高压，并且由于气泡周围的液体高速冲入气泡而在气泡附近的液体中产生强烈的局部激波，也形成了局部的高温高压，从而产生了一系列的效应。虽然这只是在局部范围内的瞬时作用，但由于波动频率很高，那么它对整个系统也势必产生显著作用。

（5）声流作用，超声在液体中传播时产生有限振幅衰减使液体内从声源处开始形成一定的声压梯度，导致液体的流动，在高能超声情况下，当声压幅超过一定值时，液体中可以产生一个流体的喷射。此喷流直接离开超声变幅杆的端面并在整个流体中形成环流，这便是声流。声流是环流与紊流的结合，因此声流不仅可明显提高温度场的均匀性，而且对颗粒具有微观的搅拌作用。

1.2 洁净钢冶炼概述

洁净钢的生产是一项系统工程，并且不同钢种对洁净度要求不同，生产者首先要确定用户要求产品达到的性能，然后通过在生产和科研中积累，进而提出生产过程控制目标。实践证明，钢中杂质对钢的生产性能和使用性能影响极大，因此洁净钢研究在许多应用方面都具有重要的意义。由于目前洁净钢没有固定的定义和标准，而各个钢种所要达到的洁净度是和钢种的用途直接相关的。因此，钢种不同对洁净度的要求也不同。

目前洁净钢是这样定义的：当钢中的杂质元素或非金属夹杂物直接或间接地影响产品的生产性能或使用性能时，该钢就不是洁净钢；而如果杂质元素或非金属夹杂物的数量、尺寸或分布对产品的性能都没有影响，那么这种钢就可以被认为是洁净钢。一些专家认为，不同用途的洁净钢中杂质元素及夹杂物应有一定的限制。

洁净钢的生产主要集中在两方面：

（1）尽量减少钢中杂质元素的含量；

（2）严格控制钢中的夹杂物，包括夹杂物的数量、尺寸、分布、形状、类型。

要减少所生成夹杂物的数量，首先必须降低转炉终点氧含量。合理的吹炼制度，特别是减少补吹，有助于降低终点钢水氧含量。钢包渣中 FeO + MnO 含量与钢水中氧含量有正比关系，广泛采用挡渣法可减少出钢的下渣量，以及提高转炉终渣（MgO）含量和碱度，也有利于减少下渣。钢中含有脆性夹杂物是很多钢种出现缺陷的原因，同时脆性 Al_2O_3 夹杂也是引起浇铸过程中水口堵塞的主要原因。

一般来说，洁净度是对氧化物夹杂而言的，而氧化物夹杂物对钢的性能影响，主要与夹杂物的位置、形状、分布和许多其他因素有关。因此，洁净钢冶炼的目的是控制钢中的有害元素及夹杂物，其重点是非金属夹杂物。非金属夹杂物来源非常复杂：原料本身含有的夹杂物；未及时去除的脱氧产物和脱硫产物；钢液和熔渣、耐火材料的相互作用；大包下渣、中间包和结晶器卷渣；浇注过程中产生的二次氧化产物，并在随后的热冷加工过程中发生形态的变化。因此，夹杂物是与炼钢、精炼、连铸等工艺过程密切相关的。

1.2.1 转炉冶炼中夹杂物的控制

为了减少生成夹杂物的数量，电炉和转炉冶炼在出钢这一环节中：必须降低熔炼终点的氧含量。氧气炼钢转炉或电弧炉冶炼终点钢水的氧含量除与［C］含量有很大关系之外，还与炉渣的氧化性、供氧参数（氧气流量、氧枪高度等）、熔池搅拌等许多因素有关。通常采取的主要措施有：

（1）氧气顶底复吹转炉，它能保证良好的底吹搅拌效果；

（2）炼钢终点自动控制技术，尽量提高终点控制的精度，减少过吹、后吹。

出钢时挡渣对生产洁净钢也非常关键，钢水包内存在由于钢水温度不均匀造成的自然对流和浇铸开始后引起的钢水流动。如钢水表面存在高氧化性炉渣，炉渣中 FeO 会与钢水中［Al］、［Si］等反应，生成的 Al_2O_3、SiO_2 等会由钢水流带入内部，成为钢中的非金属夹杂物。

因此，合理的冶炼制度，特别是减少转炉冶炼后期补吹有助于降低终点氧含量，尽量减少下渣量也有利于降低钢水中的氧含量，提高终渣中 MgO 含量和碱度也可减少下渣。采取的技术措施有出钢挡渣、扒渣和炉渣改质。电炉和转炉出钢过程中渣洗脱硫，降低钢水硫含量是抑制硫化物夹杂危害最直接的手段。

1.2.2 精炼过程中夹杂物的控制

钢的二次精炼可显著提高钢的纯净度，二次精炼方法有很多种，但目前最常用的是 RH 和 LF。RH 精炼法已从当初的真空脱气为主，发展成了可进行真空吹氧脱碳、喷粉或加顶渣脱硫并进行成分微调的多功能精炼设备，在国内外得到了广泛应用，成为生产超低碳钢和洁净钢的主要手段。LF 由于具有电弧加热、炉渣精炼、吹氩搅拌和气氛可控的特点，可有效地脱硫、脱氧、去除钢中夹杂物以及精确控制成分和温度，是生产洁净钢的有效方法。连铸中间包冶金可进一步提高钢的洁净度，其主要手段包括中间包流动控制、吹氩、加热及温度控制等。在浇注过程中采用长水口、浸入式水口及气体保护，良好的结晶器保护渣，结晶器钢水流动控制，结晶器、二冷段及凝固末端的电磁搅拌均是改善钢质量的措施。

气体搅拌是二次精炼过程最为简单的精炼方式，通过气体搅拌使钢渣充分混合，再通过向钢液中加入一些合适的合成渣可以将钢液中的磷、硫及非金属夹杂物脱除到渣中。然而，吹气量过大会使空气进入钢液，造成钢液的二次氧化，最终导致合金收得率低，吸氮及卷渣。

钢包炉精炼过程中炉渣有很高的化学活性或者能很好地吸收夹杂物可用来冶炼洁净钢。由于钢包精炼炉能精确控制钢液成分、钢液洁净度和温度，因此成为二次精炼中最常用的设备。采用高碱度、低氧化性精炼渣对钢液脱硫，精炼完毕后钢液中的硫含量可降至 10×10^{-6}以下。

RH 技术是德国开发成功的。它将真空精炼与钢水循环流动结合起来，具有处理周期短，生产能力大和精炼效果好的特点。1980 年前，RH 技术就已经比较完善。世界上已有 130 多套 RH 设备投入工业生产。

经过精炼后钢水的洁净度是很高的，如何保持，并更进一步提高钢水的洁净度，是连铸工序操作中需要控制的重点。因此钢包—中间包—结晶器全过程保护，这一生产模式在世界各钢厂被广泛使用，这些措施的实现，避免了钢水的二次氧化，有效地减少了连铸坯中的夹杂物。其保护浇注方式为：钢包—中间包采用长水口，中间包加覆盖渣，中间包—结晶器采用浸入式水口，目前采用的技术有：中间包覆盖剂、容量和流场控制装置、套管保护、氩气保护和密封及电磁控制等。

1.2.3 连铸中间包夹杂物控制

经炉外精炼的钢水可以说是很“干净”了，在浇注过程中钢水与空气作用发生二次氧化，使钢水再次受到污染，炉外精炼的效果会前功尽弃。试验指出，从钢水到中间包由于钢水与空气二次氧化造成［Al］损失占 60% 以上，是铸坯中夹杂物主要来源之一。因此浇注过程中钢水密封是生产洁净钢的重要操作之一。钢水中总氧量 T［O］的增加是钢水二次氧化程度的量度。

1.2.3.1 保护浇注和钢包渣检测、卷渣控制技术

从钢水—中间包—结晶器钢水中［N］含量增加，也可作为钢水二次氧化的

指示剂，常用的保护方法有：

（1）中间包密封；（2）钢包—中间注流长水口＋吹氩保护：关键是长水口与钢包下水口接头密封，使钢水吸氮量 $<1.5\times10^{-6}$ 甚至为零；（3）中间包—结晶器浸入式水口保护浇注，为防止注流二次氧化，在中间包到结晶器间采用浸入式水口与中间包连接处密封；（4）对小方坯中间包—结晶器采用氩气保护浇注。

钢包内钢液液位降低，会发生涡流，使钢液表面的渣卷入进去，造成夹杂物增加。为了抑制钢渣卷入，通过降低钢液的流出速度来防止涡流的发生。但是，现在开始用于实际生产的一种方法，是利用钢渣和钢液的透磁率的不同的电磁检测法。对防止空气氧化和防止大量出渣，它能起到良好的效果，采用长水口时，有报告认为与人工判渣相比能大幅度降低渣的流出量。前炉钢浇注结束时，流出的渣是在中间包内的钢液上部，后炉钢水浇注时与其发生搅拌，引起夹杂物的大量增加。用耐材做成的浇铸管，管内吹氩以及利用长水口，将卷渣控制在最低限度。

1.2.3.2 中间包吹氩技术

中间包吹入惰性气体不是为了增强搅拌，而是用惰性的气泡清洗钢液。最初在中间包吹惰性气体着眼于脱氢。但是中间包吹惰性气体最明显的效果是去除夹杂物。中间包吹入惰性气体的方式主要是在中间包底部某个部位通过多孔砖或多孔气管吹入微小气泡。将惰性氩气体吹入中间包，使其产生小气泡幕。气泡幕将夹杂物从钢液带到表面被表面渣吸附去除。其机理是：气泡与夹杂物碰撞吸附到一起，粒径增大，上浮速度增大，易于被钢液表面的渣层吸收。

1.2.3.3 中间包容量大型化及墙和坝、过滤器

中间包容量大型化一方面有利于高速连铸；另一方面能保证钢液在中间包内停留更长时间，以利夹杂充分上浮、净化钢质、避免中间包渣卷入结晶器。采用大容量中间包是为了提高连浇时钢的清洁度，使换包时保持稳定状态，不卷渣又不必降低拉速，这在生产表面质量和内部质量要求高的产品如深冲产品和汽车板时尤为重要。为了不使钢包涡流卷渣发生，保证中间包操作最小深度是必要的。增大中间包容量使钢液在中间包内有较长的停留时间，从而有利于夹杂物的充分上浮。

中间包内设置挡墙、坝、堰是中间包冶金发展成熟，应用最普遍的技术措施。目的是控制中间包中流场形态，使流动合理，液面保持平稳，尽量减轻湍流的干扰，减少死区，增大钢水平均停留时间，有利于夹杂物去除，提高钢水清洁度。通过在中间包内设置挡墙，坝等，总趋势是可以增加钢液在中间包的平均停留时间，促进夹杂上浮，导致合理的温度场分布。对于双挡墙结构，其去除夹杂物的能力基本上随挡墙数量的增加而增加，而所选择的坝、墙、坎效果最佳。总之，有关中间包内设置附件的研究结果普遍认为坝、墙、堰的组合可以提高平均

停留时间、促进夹杂上浮。

1.2.3.4　中间包湍流控制技术

对中间包中钢液流场分析可知，盛钢桶注流对中间包内钢液有强烈的冲击作用，形成注流冲击区，在该区域由于注流的冲击，导致了部分中间包覆盖剂被卷入钢液中而形成夹杂。同时，容易卷入空气发生二次氧化，冲击包底造成包底该处耐火材料过分侵蚀，再有，对中间包出口处形成汇流漩涡也有影响。因此，有必要研究消除其涡流的措施。在盛钢桶注流冲击点放置湍流抑制器，可缓解注流的冲击。缓冲区结构简单，安装方便，容易在中间包上应用。

在圆柱形中间包外壳施加一个移动磁场，使钢水呈水平旋转运动，离心力作用密度较低的夹杂物，则从钢水中分离集中于表面被渣子吸收且干净的钢水流入结晶器。

1.2.3.5　目前洁净钢生产存在的问题和解决方向

目前在洁净钢生产和技术操作上已没有理论方面的障碍，并且也能被充分理解和应用，而现存最大的问题就是生产过程的非稳态现象。一般来说，洁净钢生产主要有四个关键环节：精料—冶炼过程及终点的精确控制—钢水精炼—防止各环节的再次污染。各企业在精料的处理上大不相同，再加上冶炼过程中使用的生产设备条件和工艺的不同，因而在去除夹杂的过程中出现问题的环节就各有不同。洁净钢的冶炼是控制钢中总氧降低夹杂物含量还是控制夹杂物成分减小其对钢性能的影响是两种发展方向。

到目前为止，除最终产品为细钢丝外，其他洁净钢冶炼过程均采用铝深脱氧，通过降低钢中总氧含量来减少夹杂物数量。然而全部去除钢中夹杂物成本太高，因此成品为细钢丝的钢种采用 Si－Mn 脱氧，以及低碱度精炼渣精炼工艺以控制夹杂物成分，使夹杂物在轧制过程中变形从而减少其对钢性能的影响。

洁净钢冶炼的另外一个技术是“氧化物冶金”。即通过控制细小、弥散的氧化物的尺寸、分布组成与数量，使之成为钢凝固后析出物的核心，从而提高钢材的性能。因此，不断优化工艺以及设备来杜绝和减少这些问题发生和增加质检系统作用，准确检测出有缺陷的产品，有的放矢地找出问题所在，寻求解决办法，是目前生产优质的洁净钢的重要问题。

应该指出的是，洁净钢生产并非仅取决于冶炼和连铸过程，常常需要冶炼、连铸、压力加工，以及热处理等各道工序的正确配合，才能生产出满足用户要求的洁净钢，这种钢材才有市场竞争力。

1.3　功率超声

1.3.1　功率超声概述

功率超声是超声学的一个分支，主要研究大功率（目前特大功率达到 50kW

以上）和高强度超声的产生，强超声在媒体中的传播规律，强超声和物质的相互作用，以及各种功率超声技术和应用。强超声在液体中的应用机理主要是声空化现象，功率超声的产生主要来源于换能器和变幅杆的变革性发展。近20年来稀土超磁致伸缩材料换能器为功率超声利用提供了很好的能源条件，稀土超磁致伸缩材料是最近开发的高科技智能材料，与传统的压电材料、镍基磁伸材料相比，具有磁致应变大、能量密度高、可靠性好、响应速度快等特点。

早在1927年，美国的W. T. Richards和A. L. Loomins就已发现超声有加速化学反应的作用，由于当时的电子和超声技术尚处于较低的水平，研究和应用都受到一定的限制，随着科学技术的进步，目前已经能够提供高效率而经济的各种功率超声源，使超声波在化学化工中的应用研究迅速发展，形成了一门新兴的交叉学科——声化学（sonochemistry），与传统的电化学、光化学、磁化学和热化学相媲美。

所谓声化学，主要指利用超声波来加速化学反应或启通新的反应通道，以提高化学反应产率或获取新的化学反应物。声化学反应不是来自声波与物质分子的直接作用，因为在液体中常用的声波波长为10～0.015cm（对应的声波频率为10kHz～10MHz）远大于分子尺度。而是由于声空化机制、机械机制以及热机制。

1.3.1.1 热机制

超声波在媒质中传播时，其振动能量不断地被媒质吸收转变为热能而使自身的温度升高，如果此声波对媒质产生某种效应，而且用其他加热方法获得同样温升并重现同样效应时，产生该超声效应的原因就应该是热机制。

1.3.1.2 机械（力学）机制

在某些情况下，超声效应的产生并不伴随发生明显的热量（如当频率较低，吸收系数较小，超声作用时间短时），就不能把超声效应的原因归结为热机制。

超声波是机械能量的传播形式，与波动过程有关的力学量，如质点位移、振动速度、加速度及声压等的变化都可能与超声效应有关：

$$p_A = (2\rho c I)^2 \tag{1-1}$$

$$v_0 = p_A / \rho c \tag{1-2}$$

$$X_0 = v_0 / 2\pi f \tag{1-3}$$

$$a_0 = 2\pi f v_0 \tag{1-4}$$

式中，p_A为声压幅值，Pa；ρ为液体密度，kg/m^3；c为声速，m/s；I为声强，W/m^2；v_0为最大质点振动速度，m/s；X_0为最大质点振动位移，m；f为频率，Hz；a_0为最大质点加速度，m/s^2。

当20kHz，$1W/cm^2$的超声波在水中传播时，对应的声压幅值为1.37×10^5Pa，即声压值每秒钟要在173～－173kPa之间变化2万次（即20kHz），最大质点加速度为$1.44\times10^4 m/s^2$，大约为重力加速度的1500倍。显然，这样激烈而快速变化的机械运动完全可能对超声效应的产生做出一定的贡献。

1.3.1.3 空化机制

在物理学上，声空化是液体中气泡在声场作用下所发生的一系列动力学过程。当足够强度的超声波通过液体时，当声波负压半周期的声压幅值超过液体内部静压强时，存在于液体中的微小气泡（称作空化核）就会迅速增大，而在相继而来的声波正压相中，气泡又被突然绝热压缩，直到崩溃（collapse）。崩溃瞬间在气泡及其周围微小空间内出现“热点”（hot spot），形成高温高压区，温度达5000K以上，压力达500×10^5Pa以上，温度的时间变化率达109K/s，并伴有强大的冲击波和时速达400km的射流以及放电发光瞬间过程。液体中的微小气核在声场的作用下的响应可能是缓和的，也可能是强烈的，根据对声场的响应程度，人们一般将声空化分为稳态空化和瞬态空化两种类型。

稳态空化是一种较长寿命的气泡振动，常持续几个声周期，而且振动常是非线性的，一般在较低声强（小于$10W/cm^2$）时产生。这种在声场中振动的气泡，由于在膨胀相气泡的表面积比压缩相大，使膨胀时扩散到泡内的气体比压缩时扩散到泡外的多（即所谓“整流扩散”）而使气泡胀大，气泡崩溃闭合时会产生局部的高温、高压。当振动振幅足够大时，有可能由稳态空化转变为瞬态空化。瞬态空化一般在声强较高时（大于$10W/cm^2$）发生，只在一个声周期内完成。在声压为负周期时，液体受到大的拉力，气泡核迅速胀大，可达到原来的数倍，继而在声压正周期时，气泡受压缩而突然崩溃、裂解成许多小气泡，从而构成新的空化核。在气泡崩溃时，其周围极小的范围内产生出1900～5200K的高温和超过500×10^5Pa的高压，产生自由基H和OH，这为促进或启通化学反应创造了一个极端的物理环境。

然而，并不是所有微泡都会发生空化效应，当声频大于微泡的固有频率（f_r），空化气泡振动十分复杂，当声频小于f_r，就会导致空化气泡塌陷，只有当声频与f_r相同时，才会产生空化效应。按Minneart计算：

$$f_r=\frac{1}{2\pi R_e}\left[\frac{3\gamma}{\rho}\left(p_h+\frac{2\sigma}{R_e}\right)\right]^{\frac{1}{2}} \tag{1-5}$$

式中 f_r——空化气泡的自然共振频率，Hz；

R_e——空化气泡的半径，m；

γ——空化气泡内气体的比热比；

ρ——液体密度，kg/m^3；

p_h——流体静压力，Pa；

σ——液体的表面张力系数，N/m。

声空化的基本动力学问题是确定两个弯曲介质（气—液）内的压力和速度

场与泡壁运动速度关系，忽略界面上的传热和传质，Rayleigh 首次提出了空化振动的数学模型，经 Noltingk，Neppiras 和 Plesset 等人的发展，得到了以下的公式：

$$\rho \ddot{R}R + 1.5(\rho \dot{R}^2)(p_0 + 2\sigma/R_0)(R_0/R)^{3\gamma} + p_0[1 - (p_A/p_0)\cos(2\pi ft)] + 2\sigma/R + 4\mu \dot{R}/R = 0 \quad (1-6)$$

式中，R 为空化气泡的瞬时半径，m；$\dot{R}$ 和$\ddot{R}$分别为空化气泡壁运动的速度与加速度；R_0 为平衡半径；p_0 为环境压力；p_A 为声压；（$p_0 + 2\sigma/R_0$）表示在平衡半径时空化气泡内的有效压力；ρ 为液体密度；μ 为有效液体黏度。上式中前两项是外压，第四项是表面张力，第五项是黏度衰减因子。

空化气泡塌陷时的微泡动力学的精确计算，目前尚未解决，现在有的都是简化模型，Neppiras 在忽略了传热和气体冷凝两因素后提出了计算空化气泡塌陷时的最高温度和压力公式：

$$T_{max} = T_0\left[\frac{p_m(\gamma - 1)}{p}\right] \quad (1-7)$$

$$p_{max} = p\left[\frac{p_m(\gamma - 1)}{p}\right]^{\frac{r}{r-1}} \quad (1-8)$$

式中，T_0 为环境温度，K；p 为微泡在最大尺寸时的压力，近似等于体系蒸汽压 p_v，Pa；p_m 为瞬时塌陷时液体内的压力，Pa。空化气泡内温度和压力分布的精确计算和实际测量仍是一个有待解决的课题。

许多因素如声频率、声强度、溶液温度、静压力、溶剂和环境气体的种类都会对超声的空化作用产生影响。

1.3.2 超声技术的产生和发展

声学是研究物质空间机械波的产生、传播、接收及与物质的相互作用，产生的各种效应和应用的一门新兴科学。声波属于机械波，是机械振动在弹性媒质中的传播。声波划分为次声、可听声和超声。

我们生活的世界充满了各种可听声这是人类早已认识到的。在科学史上，声学是最早发展的学科之一。然而，由于超声是人耳听不见的声音，所以到 18 世纪末才被人类发现。从这个意义上说，超声学的研究历史至今也不过 180 多年。现在已知道，很多动物能发出超声并应用它进行探测。在众多的动物中，其中最有代表性的是蝙蝠与海豚。人类很早就注意到，蝙蝠可在黑暗洞穴中不受障碍地飞行和捕食。约在 1945 年，人们才确认蝙蝠的导航是基于“回声定位”原理。人们研究动物的这种技能，目的不仅是揭示自然界的奥秘，更重要的是掌握超声的普遍规律，并将其广泛应用于各个领域。

超声学是声学的一个重要分支或组成部分。它以研究超声在各种物质中产生、传播、接收及与物质的相互作用、产生的各种效应和应用为主要内容。现代

声学已涵盖了从 $10^{-4} \sim 10^{14}$Hz 的频率范围，相当于从约 3h 振动一次的次声到波长短于固体中原子间距的分子热振动，即跨越了 10^{18} 量级的宽广频段。从频率范围而言，超声是指频率高于可听声频率范围的声。根据对人耳的统计规律，在声学中，规定可听声的频率上限为 2×10^4Hz。超声是频率高于 20kHz 的声波。超声波是指振动频率较高的物体在介质中产生的弹性波，其频率范围为 20kHz ~ 10MHz。近一个世纪的研究表明，超声研究是声学研究发展中最为活跃、最为重要的一部分。它以研究超声在各种物质中产生的各种效应和应用为主要内容。

1.3.3 超声与物质的相互作用

1.3.3.1 超声的机械运动

（1）机械搅拌。超声的高频振动及辐射压力可在气、液体中形成有效的搅拌与流动。空化气泡振动对固体表面产生的强烈射流及局部微冲流，均能显著减弱液体的表面张力及摩擦力，并破坏固 - 液界面的附面层，因而达到普通低频机械搅动达不到的效果。

（2）相互扩散。利用超声振动及空化的压力、高温效应，促使两种液体，两种固体，或液 - 固、液 - 气界面之间，发生分子的相互渗透，形成新的物质属性。金属或塑料的超声焊接，超声乳化、清洗、雾化可归为此类作用。

（3）均匀化。空化气泡闭合后产生的局部冲击波，可粉碎液体中的颗粒，使其细化；使结晶均匀；将较大、不均匀乳滴分散为微小均匀的药剂。

（4）凝聚作用。超声振动可使气、液媒质中悬浮粒子以不同速度运动，增加碰撞机会；或利用驻波使它们趋于波腹处，从而发生凝聚过程。

（5）机械切削作用。因超声振动加速度甚大，加上空化的声腐蚀作用，可对硬脆材料进行特形精密加工。

（6）机械粉碎作用。

1.3.3.2 超声的热作用

（1）连续波的热效应。由于媒质的吸收及内摩擦损耗，一定时间内的超声连续作用，可使媒质中声场区域产生温升。

（2）瞬时热效应。主要指空化气泡闭合产生的瞬时高温。

1.3.3.3 超声的生物作用

超声的生物效应对生物组织和细胞而言，低于空化阈的超声多数无害，不少情况下还是有益的。

1.3.3.4 超声的化学作用

利用超声空化在液体中产生的高温、高压、发光、放电、冲击波及射流等极端效应，加速化学反应或实现一般条件下难以进行的反应。近年来超声在有机合成中的应用研究发展较快，主要研究对象是多相反应，特别是有机金属反应。在有机物氧化、缩合、取代、偶联、加氢、环己烷化和氢硅化反应等方面得到广泛的应用。声化学反应一般在低超声频率（20～50kHz）进行，其反应大致可分为以下几种类型：

（1）有金属表面参与的反应：一种是金属作为试剂在反应中消耗掉；另一种是金属只起到催化作用。声空化所产生的冲击波及溶剂向金属表面高速喷射的微射流使金属表面不断被清洗、腐蚀、更新和激活，增加有效反应面积而加速反应。

（2）乳化反应：声空化促使两种不相溶的液体迅速乳化，增加反应区域，可以代替相转移催化剂。如果将催化剂和声空化作用结合起来，效果更好。

（3）均相反应：空化气泡中一般充有气体和溶剂的蒸汽，当气泡崩溃时，蒸汽受压缩而产生的局部高温、高压，产生自由基，伴随冲击波的作用会改变溶剂结构而影响反应。

超声波作为一种独特的能量形式在合成化学反应中，具有以下特点：

（1）加速化学反应，提高反应产率。例如特丁基氯在乙醇水溶液中的反应在声强不高的超声作用中，反应速度加快2倍，若优化温度，溶剂比和适当的声强，反应速度可加快约20倍。

（2）降低反应条件。例如在硅氢反应中，传统方法需要进行强烈的机械搅拌，同时要求温度在40～80℃的条件下才能反应，而在超声作用下不用机械搅拌，在30℃下即可进行反应。

（3）缩短反应时间。声化学反应可以缩短生成Grignard试剂的诱导期。含有水及乙醇各0.01%的乙醇溶液进行声化学反应时，其诱导期仅需10s，而用传统方法则需要6～7min，有机卤化物与金属锂合成烷基锂的超声反应（50kHz）可以避免使用活泼试剂，能提高反应速率，消除诱导期。

（4）进行有些传统方法难以进行的合成反应，例如很难与其他物质起反应的芳基卤化物，用超声辐照时可以发生耦合反应。如$Fe_2(CO)$与蒽在超声作用下在-20℃即可生成稳定的络合物，而用其他方法难以做到。

1.3.3.5 超声与光的相互作用

（1）光声效应。利用激光可在气、液、固体中激励超声波并用于非接触式探测。可在固体中激发纵波、横波、板波、表面波等，用于高温、放射性及有污染恶劣环境下的原距离在线检测。

（2）声光效应。利用声波对光进行调制，实现光脉冲的压缩与扩展，使用低频振动作为迈克尔逊光干涉仪的抗震动干扰装置，乃至声致发光等。

1.3.4 功率超声的导入

有效将超声振动导入金属液中是超声波在金属凝固中应用的前提。这里涉及变幅杆的材质和导入方式两个问题。

超声变幅杆，又称超声变速杆、超声聚能器。在超声技术中变幅杆是振动系统中很重要的一部分。它的主要作用是把机械振动的质点位移和速度放大，或者将超声能量集中在较小的面积上，即聚能作用。由于要和金属熔液直接接触，变幅杆不仅要有较高的熔点和热稳定性，而且要有良好的高温声学特性和疲劳强度。对于高于600～700℃的材料来说，交变应力和高温的共同作用可使一般的变幅杆迅速融化。Dobatkin 和 Eskin 曾用碳钢的变幅杆处理声强为7～20W/cm^{2}的铝合金熔液，试验开始后碳钢棒迅速融化。即使采用 Cr18Ti9 钢，其寿命也仅是1～2min。Sterritt 的试验表明，镍基合金的变幅杆有较好的使用性能，但仍不能用于处理钢铁。早在20世纪50年代，就有人提出了使用陶瓷材料和内部使用高熔点液体冷却来解决这些问题，但因为当时条件所限，这些振荡器的导入效率非常低。80年代，Abramov 研制了水冷的变幅杆，现在这种水冷变幅杆已经在处理铝合金熔液中得到成功的应用。

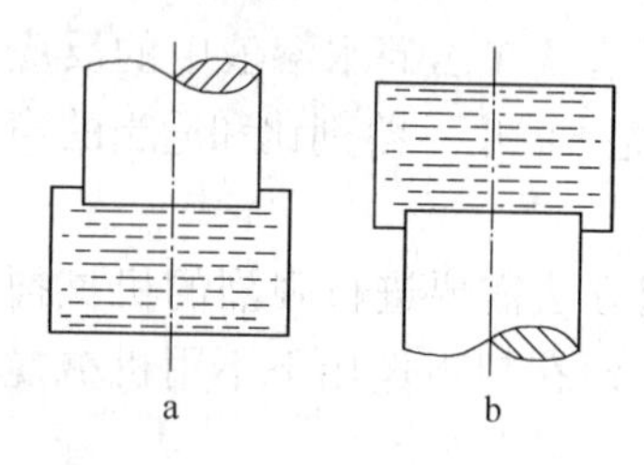

图1－1　超声振动导入方式
a—顶端导入；b—底端导入

超声波的导入目前主要采用的是顶端导入和底端导入两种方式，如图1－1所示。这两种导入方式各有其不足之处。对于底端导入来说，由于振荡器和盛放金属熔液的模子相粘连，那么有一部分超声振动不可避免地被模子吸收，这样振动效率就会降低，所以底端的金属熔液超声处理效果很差，尤其对于重金属则需要用比顶端导入高出很多的振动强度才能取得相同的效果。顶端导入的效率虽说比较高，但变幅杆深入液面，在超声波使合金液呈剧烈的振动状态时，合金液面连续的氧化膜遭到破坏，而这些破碎的氧化膜被振动的合金液从表面卷入到熔液的内部，结果形成了夹杂。

1.3.5　超声波技术应用的基础分类

超声波的应用就物理机制和应用目的来说，可大致分为检测超声和功率超声两大类。

检测超声主要是利用超声波信息载体作用，通过超声波在某种媒质中传播、散射、吸收以及波形转换等，提取媒质本身特性或内部结构的信息，达到检测媒质性质，物体形状或几何尺寸，内部缺陷或结构的目的。例如无损探伤，超声测速、测厚、测距、测物位等。

功率超声是利用超声的能量及对物质的作用，即利用超声波的振动产生的大功率、高强度超声波来改变物质的性质与状态的。例如超声清洗、焊接、加工、促进生物医学效应等。

近几年迅速发展起来的非线性声学，它既可以提供检测信息，又能导致物质变性，在分类上处于上述两大类的交叉领域。超声应用的基本分类如图 1－2 所示。

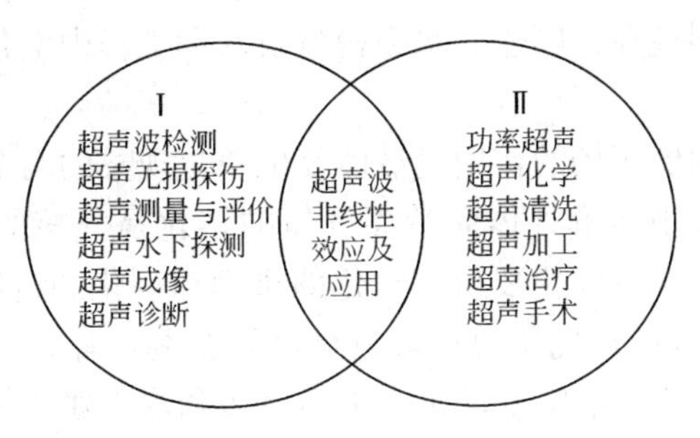

图 1－2　超声波技术应用的基本分类

1.4 超声空化概述

超声波的特点是声压幅很大，因此当超声波通过液体介质时，特别是当液体中含有杂质或溶解气体的时候，液体超声波的稀疏区会被拉断而出现微小的孔腔，即在液体中生成充满气体的气泡，这种现象就是空化效应，这一效应几乎在应用高强度超声的所有场合都起着相当大的作用。空化作用产生的气泡寿命很短，因为刚刚生成的孔腔，立刻就受到来自相邻压缩区的压力，孔腔内的空气或蒸汽，也从孔腔内部加压力于孔腔壁，最后造成孔腔破裂。破裂时，气泡内空气或蒸汽的压力可以超过大气压力的几千倍，形成强烈的冲击波。现在已经了解到，孔腔经常在液体中细小的杂质周围形成，因此，只要往液体中添加防潮湿的小微粒，或者使液体受到放射性照射，就能人为地造成这种空化“中心”，易于产生空化作用。空化作用形成强烈的冲击波，伴随出现局部的温度升高和带电现象，在合适的条件下也可以在介质中引起化学反应。

1.4.1 空化现象的发展

空化现象可以说无处不在，大到水力发电用的水轮机，小到人体内的血管。人类对空化的研究可追溯到 1753 年，那时欧拉（Euler）就曾指出：“水管中某处的压强若降到负压时，水即自管壁分离，该处将形成一个真空，这种现象应予避免”。19 世纪后半叶，随着蒸汽机船的发展，发现螺旋桨转数提高到一定程度后反而会使航速下降。1873 年雷诺（O. ReynoldS）曾解释这种现象是因为当螺旋桨上压强降到真空时吸入空气所致。1897 年巴纳比（S. W. Barnaby）和帕森斯（C. A. Parsons）在英国“果敢号”鱼雷艇和几艘蒸汽机船相继发生螺旋桨效率严重下降事件后，提出了“空化”的概念，并且指出在液体和物体间存在高速相对运动的场合可能出现“空化”。20 世纪初期，在水泵和水轮机中也相继出现了同样现象；20 世纪 30 年代高坝的泄水建筑物上也发生了空蚀破坏，因此，美国 H. A. Thomas 于 40 年代设计并制造了减压箱，在减压条件下研究泄水建筑物的空化问题。直到现在，船舶、水力机械及水利工程中空化问题的研究始终占有重要地位。

空化核的存在和低压场的作用是液体发生空化现象的两个必要条件。气核是最主要的空化核。水中溶解气体向游离气体的转化是气核的最重要的来源。20 世纪后，科学家们从水质（主要研究空化的机理和空化的诱因）、结构物的体型（主要研究其具有良好的环境压力和避免空化的发生）等方面对空化进行了深入的研究，从船舶螺旋桨、航空发动机、水力机械和水工建筑物等诸多领域，在机理和减免空化方面都取得了长足的进展。

1.4.1.1 空化理论的研究进展

人类对空化机理的研究最初是关于气泡动力学方面的。关于气泡动力学的最早的研究工作是由科学家 Rayleigh 在 1917 年完成的。他发表了题为“液体中球形空腔崩溃时产生的压力”的著名论文，第一次建立了描述不可压缩液体中气泡动力学的理论模型，得到了关于气泡壁速度和溃灭时间的解。其后，Plesset 在考虑液体可压缩性后改进了 Rayleigh 方程，Noltingk 和 Nippiras，poritsky 等在考虑了液体黏滞、表面张力后也对早期的 Rayleigh 方程进行了改进，他们得到的方程后来都被称为 Rayleigh - Plesset 方程。这个方程假定气泡在所有时刻都保持球形，气泡内气体物理状态是均匀的，与泡内气体相比，液体的密度要大得多，泡内的气体保持常量并且泡内的蒸汽压是可以忽略的。

对于快速的气泡溃灭过程，液体的压缩性是必须考虑的。Flynn 在忽略表面张力和黏滞力的影响后，应用常数声速的声学近似，对 Rayleigh - Plesset 方程进行了修正。Herring 在考虑声辐射和液体可压缩性后给出了关于能量存储的更好的描述,对 Rayleigh - Plesset 方程进行了相应的修正。Gilmore 在应用了 Kirkwood - Bethe 近似后，也对 Rayleigh - Plesset 方程进行了修正，后称之为 Gilmore 方程，该方程能够解释激波的形成。Keller 和 Kolodher 将周围液体当做可压缩的进而考虑了声辐射效应。即 Stein 和 Keller 用同样方法推导出气泡的一维及二维方程。Keller 和 Miksis 结合以上修正，在考虑了声辐射效应、液体黏滞、气泡表面张力及入射声波之后，推导出一新的气泡振动方程，后被称为 KM - polytropic 方程。Flynn 于 1975 年在考虑了热传导，黏滞，可压缩性及液体的表面张力等因素后，用一界面温度的函数来表述泡内蒸汽压的作用，推导出一套方程来描述在超声场作用下液体中小空化泡的动力学行为。

另外，Yoo 和 Han 研究了黏弹性液体中空泡的振荡特性；Shimo 等着重对空泡的非线性振动进行了研究。在国内，黄继汤等研究了液体黏性对空泡压缩和膨胀的影响；陈秉二等采用高速摄影技术研究了含沙水流中空泡溃灭的特点。其中，黄景泉对气核理论进行了深入而系统的研究。他讨论了自由气核的发育、平衡和稳定，说明空化的产生乃是自由气核发育到临界半径的结果，并由此导出了空化起始的条件。推导出方程：

$$R\frac{\mathrm{d}u}{\mathrm{d}t}+\frac{3}{2}U^2=C_0^2\left(\frac{R_0}{R}\right)^{3\gamma}-\frac{2\sigma}{\rho R}-\frac{1}{\rho}(p_\infty-p_\mathrm{v})=f(R,T) \tag{1-9}$$

式中，$R=R(t)$ 为自由气核半径，m；t 为时间，s；ρ 为水的密度，kg/m^3；p_∞ 为水中无穷远处的压力，Pa；$U=\mathrm{d}R/\mathrm{d}t$ 为自由气核壁的径向速度，m/s；R_0 为气核初始半径，m；$p_\mathrm{v}=p_\mathrm{v}(T)$ 为气核内的蒸汽压力，Pa；$\sigma=\sigma(T)$ 为水的表面张力，N/m；$C_0^2=p_1/\rho$；γ 为空化气泡内气体的比热比。

函数 $f(R,\ T)$ 相当于促使气核半径变化的力，当其为正值时（内压 > 外压）促使气核增长，负值时（内压 < 外压）促使气核溃灭。

令 $\partial f/\partial R=0$，得出在恒定温度下，$f(R,\ T)$ 极小值所对应的气核半径

$$R_\mathrm{e}=\left(\frac{2\sigma}{3\rho C_0^2R_0^{3\gamma}\gamma}\right)^{\frac{1}{1-3\gamma}} \tag{1-10}$$

式中，R_0 为气泡初始半径，m；$C_0^2=p_1/\rho$；R_e 为气核半径，m；γ 为空化气泡内气体的比热比；σ 为液体的表面张力系数，N/m；ρ 为水的密度，kg/m^3。水温 T 和自由气核初始半径 R_0 既定时，R_0 为常值。当气核半径 $R>R_0$ 时，有 $\partial f/\partial R>0$，气核处于不稳定状态；当气核半径 $R<R_\mathrm{e}$ 时，有 $\partial f/\partial R<0$，气核处于稳定状态。

可见，在既定温度下，R_e 值为气核保持稳定状态的最大半径，称为自由气核的临界半径。在负压场中，气核将不断发育，半径逐渐增大，当其等于或超过临界值 R_e 时便失去稳定。此时，气核周围的水大量汽化，气核迅速发育而形成宏观的气泡。

在 Rayleigh 方法的基础上，对具有表面张力含汽型空泡的溃灭进行了分析导出空泡溃灭时空泡半径、泡壁速度及溃灭压力与时间的函数关系，并由此给出速度场及压力场的数值解。

泡壁速度为：

$$U=\left\{\frac{2}{3\rho}(p_\infty-p_\mathrm{v})\left[\left(\frac{R_0}{R}\right)^3-1\right]-\frac{2p_1}{3(1-\gamma)\rho}\left[\left(\frac{R_0}{R}\right)^3-\left(\frac{R_0}{R}\right)^{3\gamma}\right]+\frac{2\sigma}{\rho R}\left[\left(\frac{R_0}{R}\right)^2-1\right]\right\}^{1/2} \tag{1-11}$$

令 $U=\mathrm{d}R/\mathrm{d}t$，得出空泡由初始半径 R_0 溃灭至 R 所需的时间：

$$t=\int_R^{R_0}\left\{\frac{2}{3\rho}(p_\infty-p_\mathrm{v})\left[\left(\frac{R_0}{R}\right)^3-1\right]-\frac{2p_1}{3(1-\gamma)\rho}\left[\left(\frac{R_0}{R}\right)^3-\left(\frac{R_0}{R}\right)^{3\gamma}\right]+\right.$$

$$\frac{2\sigma}{\rho R}\left[\left(\frac{R_0}{R}\right)^2 - 1\right]\Bigg\}^{-1/2} \mathrm{d}R \tag{1-12}$$

式中，$R = R(t)$ 为自由气核半径，m；t 为时间，s；ρ 为液体的密度，kg/m^3；p_∞ 为水中无穷远处的压力，Pa；$U = \mathrm{d}R/\mathrm{d}t$ 为自由气核壁的径向速度，m/s；R_0 为气核初始半径，m；$p_v = p_v(T)$ 为气核内的蒸汽压力，Pa；$\sigma = \sigma(T)$ 为水的表面张力，N/m；γ 为空化气泡内气体的比热比。

1.4.1.2 空化实验的研究进展

在实验方面，为了直观地显示空泡溃灭的过程，从20世纪60年代末期开始利用电离泡、火花泡来进行空泡溃灭的实验。但这些方法产生的空泡缺乏球对称性，仅可以用来观察空泡溃灭的大致情形而不能进行定量研究。后来利用激光产生空泡，使得空化溃灭的实验得到改进。Lautethom 利用激光泡作过一些试验，对空泡溃灭的细节及空化噪声进行了精确的测量，他利用900000 帧/s 的高速照相机拍下空泡溃灭的一系列瞬态的空泡形状，通过图形输入设备将摄下来的照片输入到计算机里，通过数据处理技术求出了射流的速度约为120m/s。为了观察空泡溃灭的详细情形，如泡上表面怎样运动以致形成射流，射流在什么时刻产生，Vogel & Lauterborn 综合利用 PIV（Particle Image Velocimetry，粒子图像测速）技术及高速照相技术测量出激光球形泡溃灭的整个流场分布图。

在国内，吴先梅利用 Chesterman - Schimid 方法产生初始直径约 1mm 的瞬态单一空化气泡，通过刹管法实验装置使产生的单一空化气泡在急剧变化的压力场内膨胀并收缩，实验中高速 CCD 对瞬态空化气泡的运动变化过程进行了高速摄影，同时测量管底的压强，得到液体中压力场强弱与空化气泡动态之间的关系。高速摄影所得到的单一空化气泡的最大等效球直径为几个厘米。同时结合试验，应用 Rayleigh - Plesset 方程模拟了力学负脉冲作用下空化气泡的运动学过程。朱昌平等分别使用 TA 荧光法、碘释放法和电学法对 28kHz 分别与 1.04MHz 和 1.7MHz 组成的双频超声辐照系统的空化增强效应进行了研究。结果表明，双频超声辐照能明显增强空化效应，其声空化产额均显著大于各频率单独辐照方式的声空化产额的代数和。郝乃澜等采用荧光光谱分析方法，研究了频率为 820kHz 脉冲宽度不同的超声波的空化致自由基的规律。结果得出空化致自由基产量随脉冲宽度及声强呈规律性变化，在某一脉冲宽度下，空化致自由基产量表现为极大值。

1.4.1.3 空化数值模拟的研究进展

理论分析、模型试验和数值模拟是研究空化问题的三种主要手段。通常情况下，理论分析常常无法用于研究复杂的、以非线性为主的空化现象，而模型试验所需周期长、费用高。这时，由于数值模拟方法具有花费少、可以在短时间内给出流场内部细节的详细描述、不受试验中固有约束条件的影响的特点，不仅可以得到运动的结果，而且可以了解整体的和局部的细致行为，因而逐渐成为人们研究空化问题的主要手段。

胡影影，朱克勤等数值模拟了空泡距固壁不同位置时溃灭对固壁造成的空蚀破坏。之后，胡影影数值模拟研究固壁附近轴对称空泡溃灭问题，通过引入不同的热力学模型，考察泡内气体在空泡溃灭过程中的作用。许文林等在考虑液相的动力黏度、表面张力和溶剂的蒸气压对空化泡运动特性的影响后，建立了超声作用于均相液体中空化泡运动的动力学模型，并用 Matlab 工具对建立的普遍化的模型方程进行了数值求解和过程模拟，为超声的空化效应在化工过程中的研究和应用提供了基础理论依据。宋波基于 Fluent 软件，采用标准的 $k-\varepsilon$ 模型和空化泡动力学模型对三种不同几何形状的文丘里管中的空化流场进行了数值模拟，计算结果表明，理论计算的汽含率分布与实验拍摄的汽含率分布是相似的。陈庆光等将 Fluent6.1 商用软件中的一种完整空化模型和一种混合流体两相流模型相结合，对某水电站原型轴流式水轮机全流道内的非定常空化湍流进行了数值模拟。根据模拟结果，预测了水轮机在特定工况下运行时流道内空化发生的部位和程度，并对水轮机的能量性能进行了预估。张梁等通过理论分析，引入三维混合流体完整空化湍流模型，确定了混流式水轮机内部三维空化湍流计算的方法。用数值模拟手段对混流式水轮机的内部空化流场进行了计算。罗经等通过 Fluent 计算分析了气蚀形貌特征形成的机理。结果表明：试件表面的气蚀坑是射流与冲击强度以及局部材料强度共同影响的结果。李争彩在超声空化理论的基础上，应用 Matlab 语言对影响超声空化的各种液体物理参数及声场参数等进行了数值模拟，分析了空泡溃灭时间与溃灭时泡内最高温度和最大压力的关系，从而为超声空化效应的研究和实际应用提供了基础理论依据。

1.4.2 单个空化气泡发展概况

液体中，超声应用的一个共同的特点是空化气泡结构的出现。在典型的应用超声驻波式反应器中，气泡的分布是极其不均匀的，研究气泡的分布对于任何声化学和声机械装置都是非常重要的，研究和预测空化气泡的结构是一个很重要但又是很复杂的问题。单一空化气泡的研究是群空化气泡研究的基础，所以由超声产生的单一空化气泡的研究为超声的实际应用提供一定参考。Crum 和 Gaitan 等人利用液体容器中驻波声悬浮新技术，将单个气泡稳定在指定的位置上，在超声的作用下，产生连续的空化运动，悬浮的空化气泡能像时钟一样在每个崩溃时刻发光，这种高精度时钟同步性为利用普通超声装置制作高精度频率标准设备提供可能。R. Mettin 等人研究了一个立方体反应器液体中空化气泡的结构及单个气泡的运动模型，结果表明一个群空化气泡的结构包括不同尺寸的，不同运动速度的大量振动气泡，声反应器中空化气泡的结构呈枝状结构，提出的粒子模型可较好的再现试验中产生的空化气泡，为超声空化应用时，预计不同时刻，不同位置的空化气泡提供参考。

中科院声学所的张德俊等人早在1964年就应用高速摄影法研究了单一气泡的运动行为，实验结果与理论基本上是符合的，在仔细研究空化气泡闭合瞬间照片发现有“小脉动”现象存在，它为空化气泡在闭合瞬间在气泡内会产生微骇波的假说提供了有力佐证。吴先梅等人研究了瞬态单一声空化气泡的动力学过程及空化发光，实验中选用了不同的液体作为研究对象，比较不同液体中空化气泡的运动过程及声致发光，应用 Rayleigh - Plesset 方程模拟了在不同超声作用下，空化气泡动力学行为与液体参数的关系。在实际应用方面，刘向远等人对实际气体的单泡超声空化动力学方程进行了研究，在考虑实际气体的基础上，修正了 RPNNP 方程，并用该模型来分析双原子气体和单原子气体的单泡超声空化动力学过程，模拟结果为超声的实际应用提供了参考。清华大学的李朝辉等人研究了单个空化气泡的声致发光对化学反应的处理，以氩气泡为例比较两种化学处理方法异同，研究结果表明在声致发光条件下，尽管空化气泡进行着快速的运动，通过比较，各种反应同样可达到平衡，采用的方法为应用化学反应动力学计算及热力学平衡常数进行计算。对单个空化气泡的动力学研究为空化效应的研究奠定了理论基础，尤其是对瞬态空化和稳态空化的研究，为超声的一些实际应用提供了指导，如超声清洗设备的设计，超声乳化，超声治疗等。

1.4.3 群空化气泡发展概况

在大多数的超声实际应用中，尤其是大功率的超声应用，空化气泡并不能直接应用单个空化气泡理论，空化效应表现为声场中群空化气泡的特性。即使在特定位置局部声场中，气泡的压力也受周围气泡的影响，不均匀的声场形成不均匀的气泡分布，气泡群的生长，崩溃又影响到微射流的生成，单个空化气泡只是在可控的实验室条件下产生（如声致发光和喷射），群空化气泡则可以产生直接的效果。如单个气泡的反射振动会随着距离而迅速衰减，单个气泡崩溃所能作用的区域大概只有一个气泡半径远，群空化气泡的有效距离却可以很远。喷射冲击形成的有效腐蚀通常是由多个气泡群形成的，喷射流的作用又受周围其他气泡的影响。反过来，气泡群内气泡的数量、尺寸及气泡分布又决定了空化过程产生的宏观效应。

Servant 等人已经报道了一系列成熟的群空化气泡现象的数值模拟工作。他们应用声压和气泡体积分布的详细的理论模型研究了声化学反应器中空化气泡的时空动力学。Yasuo 等人研究了群空化气泡的尺寸分布，对群空化气泡的产生、溶解、聚合过程进行模拟，并采用脉冲激光衍射方法观测了气泡尺寸分布，对气泡群的生长变化进行了深入的研究。

国内对群空化气泡的研究较少，陈红等人使用高速摄影技术研究了 HIFU 场中群空化气泡的形成生长过程及功率对群空化气泡结构的影响。HIFU 声场可以分为焦前区、焦区、焦后区三部分。形成的 HIFU 群空化气泡在这三个区域具有不同的分布特征：在焦前区，空化气泡小且运动速度快；在焦区附近，空化气泡较大且运动速度较慢；在焦后区，空化气泡密集且出现枝状结构。从功率对群空化气泡结构的影响来看，群空化气泡的结构相当稳定，但是当功率很高时，焦区会发生剧烈的空化现象。从形成过程来看，首先在焦区观察到群空化气泡，之后群空化气泡向焦后区生长，最后在焦前区形成。其中在对焦区空化气泡产生的观察中发现初始形成的群空化气泡形状与超声波采用的焦区形状有关，空化气泡在焦区可能会发生变形、聚集以及破裂。陕西师范大学张鹏利等人对超声双气泡的运动参数进行了数值模拟。在空化气泡动力学研究领域，国内与国外在研究上还是存在很大差距，还有大量的工作需要科学工作者研究。

1.5 超声波在冶金中的应用

使用超声振动旨在改进工艺进程或改变已经老化的原料结构。早在 20 世纪 20 年代，Wood 和 Loomis 已经研究了超声波对液体雾化，不互溶液体的乳化作用和改变物质结晶后结构的影响。

在随后的时间里，超声波效应已经变成了众多广泛研究的课题。这些研究证明了在诸如化学和食品加工工业生物和医药等领域使用超声波技术的优点。这些研究的成果就在我们周围。

超声波的效果与声音传播媒介的能力有关，声音传播的媒介包括气体、液体、固体等。这就是把声音的能量从声波发生器转移到材料的过程。虽然声波产生和传播会受很多因素影响，但是声能有效提供的最重要的条件是提供声波发生器的震动部分与弹性介质的可靠联系的能力。在高温作业的火法冶金工业中，很难创造这种条件，因为需要设计一个使用耐高温材料的冷却系统。尽管如此，在很早以前，也就是 Wood 和 Loomis 实验后不久，就有人进行了这样的尝试。这个人就是在圣彼得堡大学工作的 Petersburg，他被誉为超声波实验之父。同时他也指导了在超声放射条件下进行金属结晶的一系列实验。

从那时起，人们进行了大量关于超声波应用于冶金工业和其他高温制造业研究，这些研究既有理论的又有实践的。研究结果显示高强度超声可以应用在很多领域，例如：高温废气除尘、液体金属除气、铸块纯度提高、金属粉末制造、提高热能和化学热能处理率、金属制造和定位焊接。这些程序中的一部分已经作为作者的一个观点在书中作了介绍。

在以下两种环境中特别适合超声波高温技术：

（1）在高温条件下提供能量的技术选择有严格限制。在这些技术中，声能或者说超声治疗、超声波加工不管是技术上还是花费上都是有竞争的，因为在超声波实验低花费的条件下把声能从超声声波发生器转化成物质需要提供一种有效的转化方式。

（2）众所周知，界面现象对于控制许多高温工艺都起重要作用。例如：质量和热能传输，液体金属固化中晶粒的长大，加湿工艺和乳化工艺。声波、超声波通过同一弹性介质没有重大损失。然而，当波动与表面分界现象相联系时，界面波动散射和反射会导致大量发生在界面的非线性现象。这些为控制分界表面现象提供了独一无二的工具。而这种工具用其他任何方法都无法获得。

随着早期超声波加工方法的进步，大量新超声波已应用于未经勘查的冶金学和金属加工领域。这其中也包括燃料燃烧有效利用的提高，控制空气污染，原料铸造合成制造的改进，触态铸造技术提高，表面金属化技术改进，清洁金属滚动加工技术提高和脱落氧化皮技术改进。

研究目的是总结最新研究成果并继续深入研究超声波如何应用于火法冶金学和高温工艺。应该记录的是，即使是在火法冶金学和相关领域，超声波加工也是一个很宽泛的不可能一次回顾就可总结全面的主题。在这一点上，我们仅限于以下两个标准进行评论。首先，所有相关研究都直接或间接与冶金学相关。其次，目前的评论仅限于那些将气体或液体作为传播声能的有效媒介的应用。因为许多有趣的应用是基于超声波通过固体物质广泛传播，而这超出了此次回顾的范围。其中有著名的超声波焊接法，热能治疗，金属制造，电解法分离和加工技术，每一项都值得回顾。

1.5.1 超声波高温废气除尘应用

在钢铁生产过程中，自炼铁原料的生产（如烧结），运输，直到高炉炼铁过程，以及转炉炼钢、电炉炼钢等产生的烟尘，需要进行处理以达标排放，常用的设备有旋风除尘，静电除尘等。这些传统的处理方法在冶金企业中发挥着重要的作用，但在环保要求日益严格的今天，在一些特殊条件下，采用这些方法仍难以达到规定标准，需要开发新的高效的除尘技术。近年来，国内外学者开发了超声波除尘技术。

早在20世纪30年代，已有学者将超声波应用于去除烟雾中的粉尘，研究主要是应用在煤的燃烧，酸的生产，纯碱的生产，水泥生产过程中产生的废气中液滴和固体颗粒的去除。其原理是应用压缩空气冲击共振腔产生超声波，液滴在超声波的空化效应作用下会转化成直径细小的，密度非常大的雾滴，雾滴再捕捉气流中的尘粒，凝聚微细粉尘，达到除尘效果。研究发现直径较小的达到微米级的小颗粒比直径大的颗粒更容易聚集除去。20世纪美国已将功率超声应用于火法冶炼烟气的处理中，实验表明，平炉产生的烟气在离心处理前，经超声处理就可得到较好的效果。在这些实验中，烟气的尺寸大多小于 5μm，超声处理过程中喷射一定量的水，除尘率可达到 90% 以上。Blinov 等人进行了超声除尘技术在炼钢转炉生产中的应用，在冶金生产粉尘密度大，温度高，粉尘粒度不均匀的环境下，超声除尘技术就显现出其优越性。在 160t 转炉上应用的实践表明，在超声作用下，冶炼烟气中的粉尘浓度得到了大幅度的降低。

郎毅翔等人研究了超声除尘在旋风除尘器中的应用，研究结果表明，应用超声波除尘器除尘效率可达 99.8% 以上。刘亦芬等人进行了超声波除尘在热电厂的安装使用研究，对超声频率、经济效益等进行了分析，生产实践结果证明超声除尘可明显降低劳动强度，达到明显的除尘效果，并且操作方便，安全可靠。葛亚勤等人研究了超声雾化除尘技术，探讨了不同的工艺参数，包括待处理的颗粒密度以及雾化处理的密度等条件对雾化处理效果的影响，实验结果表明，应用超声雾化技术可使微细粉尘的透过率增加，阻力减小，从而达到较好的雾化除尘效果。陈卓楷等人研究了气压、水量等因素对超声除尘效率的影响，研究表明超声雾化捕尘技术用水量少，无需清灰，不会造成二次污染，占地空间小，基建投资少，可靠性高，具有广阔的发展前景。

1.5.2 超声波燃料燃烧应用

大量研究表明高强度的超声振动可提高气相传质和热传导，改善湍流搅拌，大幅度提高气流的夹带特性。利用这些性质超声振动在改善燃料燃烧，废弃物处理等方面，进行了大量的研究。研究结果表明超声振动为高温条件下改善燃烧效率和低污染物排放提供了新的方法。Blaszczyk 研究了不同频率下超声振动对燃料液滴分散的影响，研究表明在 100 ~ 150dB 声场作用下燃料燃烧效率可提高 14%。M. Saito 研究了在驻波声场作用下，声场对煤油燃烧效率的影响。结果表明，当液滴聚集在声波波腹位置，燃烧速率提高了 2 ~ 3 倍。R. I. Sujith 等人研究了在声振动下室温时甲醇的气化，发现在 160dB 声场作用下，甲醇的气化速率提高了 100%。大多数研究者认为燃烧速率的提高是由于燃料蒸汽和氧化物的充分混合。实际上，在固体燃料燃烧时，超声也具有同样的效应，Yavuzkurt 等人研究了声场作用下煤粉颗粒的燃烧，结果表明，在声场作用下，燃烧产生的光强比没有声场时提高了 2.5 ~ 3.5 倍。另外，Yavuzkurt 还进行了 100μm 煤粉颗粒燃烧的数值模拟，结果表明，在 160dB 和 170dB 声场作用下，燃料燃烧效率分别提高了 15.7% 和 30.2%，这主要是因为煤粉颗粒表面产物扩散速率加快，从而提高了燃烧效率。

国内在改善燃烧效率方面的研究多集中在燃油乳化方面，如侯瑞娟等人研究了采用超声乳化的方法，将柴油和水混合，添加适量的表面活性剂，使乳化柴油燃烧得更快更完全，既节省了燃料又可以减少污染。李永欣等研究了超声辐照对水煤浆浆体燃烧性能的影响，研究结果表明，经超声辐照后，煤的着火点，燃尽温度以及达到最大燃烧速率时的温度降低，水煤浆的燃烧性能得到改善。导致煤的燃烧性能改善，主要是因为在粒径相同的情况下，煤的孔体积增加，相应氧气在煤孔中的扩散阻力减小，扩散速率增加。

1.5.3 超声波液态金属处理应用

1.5.3.1 液态金属的超声雾化

利用超声能量将液体分散成细的液滴，称为超声雾化。液态金属的超声雾化是高强超声在火法冶金中的重要应用之一。Pohlman 等人首次研究了一些低熔点金属如 Pb、Zn、Cd、Bi 的超声雾化制备金属粉末。应用频率为 20kHz 的超声波在惰性气氛下，制备出了粒度范围非常窄的球形粉末。研究结果表明，应用超声波制粉效率非常高，如制备 1t 的铅粉，采用传统的球磨机需要消耗 357kW · h，生产率为 8kg/h，而采用超声设备生产同样数量的粉末，只需要消耗 42kW · h，生产率为 45kg/h。Kawamura 等人发明了一种聚焦式超声波雾化装置，该装置超声波产生原理为将变幅杆引起的振动效应，经共振器及发射方向变换器转化为超声波，通过氩气的传输作用形成金属液流，将金属液聚集到某个点或某条线上实现液态金属的超声雾化，实验研究结果表明，当金属液流的流速达到 0.7m/s，声波的反射角在 ±45°范围时，可得到理想的粉末。Sheikhaliev 等人通过研究，认为可将离心流体雾化和超声波雾化技术相结合以提高雾化效果。

刘志宏等人采用超声波雾化分解装置对制备超细银粉进行了研究，研究了声场参数、设备温度、溶液参数等条件对雾化效果粒度分布的影响，实验结果表明超声雾化制备金属银粉具有广阔的发展前景。吴胜举等人研究了功率超声雾化制备钛金属粉末的研究，所制取的钛金属粉末平均粒度约为 100μm，小于 180μm 的粉末占 84.0%，小于 125μm 的粉末占 63.7%。

采用超声雾化这种新型技术制备的金属粉末具有表面光洁圆整，粒度均匀，球形度好，并且，相对于传统的制备粉末方法具有设备简单，并且工艺参数稳定、生产能耗低等突出优点，因此得到了广泛的应用。利用超声波对液态金属进行雾化的技术需要应用声学，冶金学，机械工程，电子技术等相关知识，因此，理论上超声波对金属液的雾化机理研究还不是很成熟，尤其物理化学反应有待于进一步的研究，超声雾化设备还需要深入开发，超声雾化基础理论还需科研工作者进行深入的研究。

1.5.3.2 凝固金属结构组织影响

首先尝试利用超声波应用在金属凝固过程中的工作是圣彼得堡大学的 Sokolov 教授，他提出应用超声波探伤和进行超声波照射影响金属结晶化的系列研究。Kuznetsov 等人研究了利用超声波的机械效应来应用于板坯以及方坯的生产过程，细化晶粒可提高钢材质量。超声波在作用金属的凝固过程中可以细化晶粒，提高产品的力学性能，例如伸长率等，国内外众多学者对低熔点金属如镁合金，铝合金等在超声场作用下，合金的凝固组织变化进行了研究。Eskin 等采用 10kW 的超声波对铝合金的凝固过程进行了较为深入的研究。实验结果表明，含有微量元素的铝合金经超声处理拉伸强度可以提高 20% ~25%。L. Moraru 等对超声作用下，熔融铝合金的凝固动力学进行了研究，结果表明在超声场中分散的细小的空化气泡提高了熔体中质点的热传导系数，改善了传质过程，使合金在凝固后得到更细小的晶粒。

李杰、陈伟庆等人研究了超声波导入方式对金属凝固组织的影响，研究指出，当超声波工具杆作用于低熔点合金时，可以选用耐热金属合金材料，当作用于高熔点金属时，宜选用金属陶瓷材料。超声波导入金属液的方式主要有两种，一种是在凝固前导入，一种是在凝固过程中导入。两种导入方式，虽然细化机理不同，但均能使晶粒得到细化。超声波细化凝固组织，主要是利用超声波声空化效应，声流效应，热效应以及机械效应。陈琳等人研究了超声处理对工业纯铝晶粒细化的影响，实验结果表明，随超声功率增加，细化作用增强，超声对晶粒细化的作用存在一个作用阈值。陈康华等人进行了应用超声波处理铝合金，以改善其组织性能，他们认为超声波细化晶粒的机制应该是超声波正压相和负压相交替作用对金属熔体的压缩和拉伸作用，使金属颗粒受到强烈作用，从而改变金属熔体的结晶行为。超声作用于熔体时，细化了晶粒，改善了材料的组织性能，并且还可以起到均匀成分的作用。结果表明，7055 铝合金采用超声波辐射后，其塑性及抗拉强度等力学性能都得到了提高。

1.5.3.3 超声波液态金属去气应用

在炼钢及铸造领域，无气孔和缩孔的高质量金属的生产是非常重要的问题。在超声作用下，存在于液体中的空化核，由于声压的波动，空化核会继续长大形成空化气泡，有的可以长大直到上浮至液面，达到除气效果。用于处理金属熔体及玻璃等的除气可减少在凝固过程中形成的孔隙，已有大量关于金属熔体除气方面的研究，但都是基于铝及其合金的除气。超声在除气过程中，由于具有无污染，不会引入新的杂质及处理时所需功率较小等优点，作为一种环保除气的方法，早在 1926 年，Boyle 等人已经对其进行了初步研究，发现超声对于熔融金属具有除气作用。前苏联也曾报道过有关超声除气的研究，提出超声除气与空化效应密切相关，空化气泡是产生除气效应的主要原因。

李晓谦等人进行了功率超声对 7050 铝合金除气净化作用的研究，考察了功率、频率、温度等参数对铝合金熔体中含氢量的影响，实验结果表明只有当金属熔体内产生的空化效应达到发展 - 发达阶段，随着超声功率的增强，超声波除气效果显著，同时对晶粒细化也可起到一定作用。陈琳等人研究了在超声波作用下，应用伍德合金模拟钢液进行超声除气的研究，实验结果表明，应用超声处理，晶粒尺寸明显减小，除气作用显著。郄喜旺等人研究了不同恒温条件下超声对 Al－Si 熔体的除气效果，实验结果表明当除气时间达到60s 时，可起到明显的除气效果，超声场作用于铝合金凝固过程中，可起到细化晶粒的作用，有的则发生球化，如果是恒温条件下施加超声场，晶粒细化但未球化。同时指出，晶粒细化是由于空化气泡崩溃时产生的过冷晶核造成的。李军文等人研究了将超声波与铸锭底部相结合的方法对铝硅合金铸锭除气的影响，研究结果表明，增加超声波的频率会提高除气效果，采用超声波除气比采用除气剂除气率提高 2.7～3.6 倍，并且超声处理的一个显著优点是晶粒的细化作用。

1.5.4　超声波在金属去夹杂中的应用

钢中的非金属夹杂包括氧化物夹杂、硫化物夹杂及氮化物夹杂，由于非金属夹杂对钢的性能会产生严重影响，如破坏钢基体内部的连续性，使钢材在加工过程中塑性、韧性和抗疲劳性能受到影响，因此在炼钢、精炼和连铸过程中，应最大限度地降低钢液中夹杂物的含量，控制夹杂物的形状和尺寸。

1.5.4.1　夹杂物浸出钢液的行为

夹杂物浸出钢液的行为主要包括形核、长大、扩散传递、沉积等过程。

A　夹杂物行核

夹杂物形成，起源于脱氧、脱硫、脱磷等原始的冶金反应。以典型的脱氧反应为例，脱氧产物首先出现在金属熔体中的溶解［O］与弥散于熔体中的脱氧元素［M］的反应界面，然后以新相析出于金属液中，即形核。根据均相形核理论，脱氧产物的形核自由能变化为：

$$\Delta G = \frac{4}{3}\pi r^3 \Delta G_{\mathrm{v}} + 4\pi r^2 \gamma \tag{1-13}$$

对上式求导，倒数为零时得临界形核半径：

$$r^* = \frac{-2\gamma}{\Delta G_{\mathrm{v}}} = \frac{2\gamma M_{\mathrm{p}}}{\rho_{\mathrm{p}} T \ln S} \tag{1-14}$$

把 γ^* 值代入式（1－13），得临界形核吉布斯自由能：

$$\Delta G^* = \frac{16\pi\gamma^3 M_{\mathrm{p}}^2}{3\rho_{\mathrm{p}}^2 T^2 \ln S} \tag{1-15}$$

式中，ΔG 为形核总的吉布斯自由能变化，kJ/mol；r 为颗粒半径，m；ΔG_{v} 为体积吉布斯自由能变化，kJ/mol；γ 为钢液－夹杂物界面能，$\mathrm{J/m^2}$；r^* 为临界形核半径，m；M_{p} 为 Al_2O_3 的摩尔质量，kg/mol；ρ_{p} 为 Al_2O_3 的密度，$\mathrm{kg/m^3}$；T 为温度，K；S 为过饱和度。

因此，均质形核必须有一定的过饱和度 S，S 越大，所需产生临界晶核的吉布斯自由能越小，并且临界半径也越小。对于一些强氧化剂，如 Al、Ti 等而言，获得较高的过饱和度并不困难，而在使用弱氧化剂如 Si、Mn 的情况下，均质形核则比较困难。但由于在液相的个别微观体积内，组分的浓度核能量常有起伏，当浓度和能量高过其平衡值时，仍可导致新相的形成，称异相起伏。这种情况很可能出现在加入钢液的合金颗粒附近。

B 夹杂物的长大

钢液中，夹杂物的生长包括三种方式，即扩散－反应－析出、奥斯瓦尔德催熟（熟化）和碰撞聚合。

a 扩散－反应－析出

扩散－反应－析出是指夹杂物形核之后，参加反应的元素，以化学计量数，扩散到夹杂物核表面，在那里反应并以产物形式析出。扩散长大一般出现在早期冶炼环节，化学反应是它的显著特征，因此它属于化学生长。坂上六郎研究了硅的脱氧，发现脱氧产物 SiO_2 的生长速度明显慢于扩散－反应－析出理论的预测结果，因此，他认为硅脱氧产物生长的控制性环节不是扩散，而是表面化学反应。由此可见，该理论不具有一般性。

b 溶解－析出长大

溶解－析出长大是指较小的颗粒溶解并在较大颗粒表面析出的生长模式。其热力学依据为：颗粒越小表面自由能越大，从而溶解度越大。1900 年 Oswalds 在研究合金烧结时最早发现这一现象，所以又叫奥斯瓦尔德熟化。Wagner 等对受溶解控制和扩散控制的颗粒熟化进行了研究，并分别确定了颗粒平均半径的表达式。

受溶解控制时：
$$\bar{R}(t)^2-\bar{R}(0)^2=\frac{64}{81}\frac{K_T C_0\gamma V_m^2}{RT}t \tag{1-16}$$

受扩散控制时：
$$\bar{R}(t)^3-\bar{R}(0)^3=\frac{8}{9}\frac{DC_0\gamma V_m^2}{RT}t \tag{1-17}$$

式中，$\bar{R}(t)$ 为颗粒平均半径，m；$\bar{R}(0)$ 为颗粒初始平均半径，m；K_T 为颗粒原子的转移动力学常数；C_0 为液体中元素的浓度，mol/L；V_m 为摩尔体积，m^3/mol；D 为 Fick 扩散系数，m^2/s；γ 为界面能，J/m^2；T 为温度，K；t 为时间，s。

坂上六郎根据该理论计算估计了 SiO_2 夹杂物的长大，得到的结果说明奥斯瓦尔德熟化非常缓慢，可忽略。

c 碰撞聚合

通过机械碰撞使夹杂物聚结，然后烧结或融合的过程，称为碰撞聚合。碰撞聚合是偶然、间断进行的，属于物理生长。夹杂物间的碰撞有三种方式（如图 1－3 所示）：布朗碰撞，斯托克斯碰撞和湍流碰撞。布朗碰撞是指夹杂物在钢液中进行布朗运动时发生的碰撞；斯托克斯碰撞指在钢液中大颗粒夹杂物上浮速度大，追赶上小颗粒夹杂物并与其发生的碰撞；湍流碰撞指湍流漩涡运动引起的夹杂物间发生的碰撞。

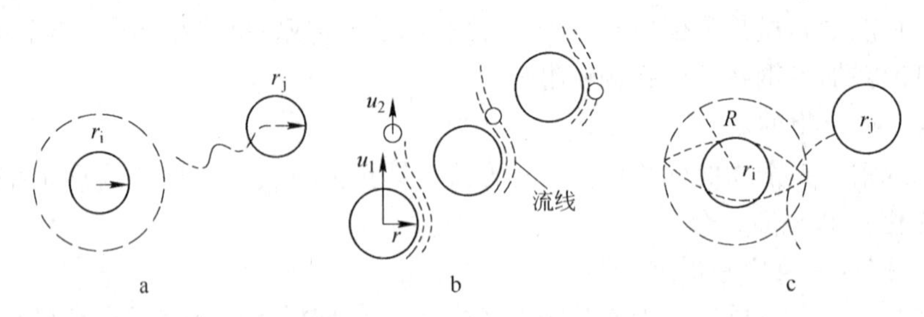

图1－3　夹杂物间的不同碰撞方式

a—布朗碰撞；b—斯托克斯碰撞；c—湍流碰撞

1917年，Smoluchowski 基于碰撞聚合对颗粒数量的影响，建立了离散型的颗粒碰撞速率公式：

$$\frac{\mathrm{d}n_k}{\mathrm{d}t} = \frac{1}{2}\sum_{i+j=k}\beta_{ij}n_i n_j - \sum_{i=1}^{\infty}\beta_{ik}n_i n_k \tag{1-18}$$

式中，β_{ij}为夹杂物 i，j 的碰撞率常数；β_{ik}为夹杂物 i，k 的碰撞率常数；n_i，n_j，n_k 表示夹杂物 i，j，k 的数量密度；$\frac{\mathrm{d}n_k}{\mathrm{d}t}$为夹杂物碰撞速率。

此类模型能方便地研究多种碰撞聚合方式对夹杂物生长的影响，并已被应用于描述精炼反应器 RH 和连铸中间包内夹杂物碰撞聚合。其最大的缺陷在于一旦较大粒径的夹杂物与较小粒径的夹杂物进行碰撞聚合，小粒径的夹杂物就会在计算中消失。

1.5.4.2　夹杂物的传递

传递是夹杂物最重要的行为之一，夹杂物的碰撞、上浮和去除都是通过传递进行的。夹杂物的传递以钢液为载体，了解夹杂物的传递，离不开钢液本身。钢液的传递规律，又与具体冶金反应器的几何特征和操作条件有关，因此，研究夹杂物在特定流动条件下的传递规律，是优化反应器设计和改善操作工艺的基础。

由于钢液夹杂物体系属于稀疏悬浮流，可把夹杂物当做连续相处理，这样就可以从 Fick 扩散定律出发，建立夹杂物扩散的质量守恒方程－浓度场模型：

$$\rho_\mathrm{f}\frac{\partial n_\mathrm{f}}{\partial t} + \left[(U_i + v_\mathrm{p})n_j - D_i\frac{\partial n_j}{\partial x_i}\right] = S_j,\ i = x,y,z,\ j = 1,2,\cdots,m \tag{1-19}$$

式中，U_i 表示流体时均速度，m/s；v_p 表示场力引起的迁移速度，m/s；S_j 表示源项；m 表示夹杂物的最大组分数；D_i 称为颗粒的湍流扩散系数；ρ_f 为液体密度，kg/m^3。

浓度场模型物理概念简洁，善于处理夹杂物的宏观扩散，并且容易与流场匹配。存在的问题是，颗粒湍流扩散系数 D_i 本身是模型化的结果，目前针对 D_i 提出了若干形式，尚无定论。其次，对于沉积性表面，给出合理的边界条件比较困难。

1.5.4.3 夹杂物的沉积

作为传递过程的结果之一，夹杂物被输送到容器表面被吸附和沉积。为了弄清夹杂物在壁面的传质规律，一个基础工作是研究传质系数。大量工作者对其进行了研究，Engh 等在研究感应炉中脱氧产物的壁面传质时得到了传质系数 β 的表达式：

$$\beta = 0.0058 \frac{u^{*3} r^2}{\gamma^2} \tag{1-20}$$

式中，β 为传质系数，W/(m² · K)；u^* 为流体脉动速度，m/s；r 为夹杂物半径，m；γ 为运动黏度，Pa · s。

Engh 的处理基本反映了物理机制，并且有一定的严格性。但一些假设有待推敲，关于颗粒完全吸附的假设不符合实际，对外场力引起的传质也没考虑，在层流液体中，场力是引起壁面传质的主要动力。

传统的钢包精炼主要是采用底吹氩气搅拌的方法，使钢液中的夹杂物与底吹氩气的气泡相碰撞或聚集长大，被捕获上浮从而去除。要实现较高的夹杂物去除率，底吹氩气气泡直径需在较小范围内，但是目前由于使用的透气砖的孔径通常为 2 ~ 4mm，在生产一般应用的气体流量条件下，产生的底吹氩气泡直径较大，气泡在钢液中运动上浮过程中，由于压力的降低，气泡直径会迅速变大，从而导致其与微小夹杂物只能形成较小的碰撞概率，不利于微小夹杂物的去除。T. Mason 等人研究发现将低合金铸锭应用超声辐射处理，可降低碳化物相的偏析，并使其在合金基质中均匀分布；同时通过超声作用于液态金属中，还可细化非金属夹杂物，促进夹杂物的上浮排出，改善钢液的流动性，使浇注温度降低。Shin – Ichihatanaka 等日本学者近几年研究了超声作用下水模型中以及液态金属中夹杂物分离实验，超声换能器位于一透明有机玻璃容器底部，频率 47.4kHz，将一定量的光泽塑胶放置在 13% 的糖溶液中，实验发现糖溶液中的塑胶出现了分层现象，观察到的分层状态与实验得到的声场分布是一致的。

刘金刚等人进行了超声搅拌和气体搅拌去除夹杂物的模拟实验研究。实验中采用的为槽式超声波反应器，研究结果表明超声搅拌的空化作用提高了气泡与夹杂物的吸附面积，有利于夹杂物的去除，同时反应器对夹杂物还可以起到吸附作用，并且超声波作用时，不外加其他原料，使液体免受污染，而传统的底吹气搅拌则达不到这些优点，但是气体搅拌具有去除效率高，速率快的优点。申永刚等人研究了超声与吹氩处理对钢液中夹杂物去除效果，该研究中，直接将工具头浸入到钢液中进行处理，浸入钢液中的工具头为 $Mo-Al_2O_3-ZrO_2$ 陶瓷管，实验结果表明，超声波和底吹氩气均可起到一定的去除夹杂的效果，随着超声处理时间的增加，夹杂物减少，随着超声功率的增大，夹杂物有细化的趋势，夹杂物去除效果降低，吹氩的夹杂物去除率要高于超声搅拌。金焱等人研究了超声波作用下悬浮液中微小颗粒的凝聚聚集作用，考察了微粒在溶液中到达平衡状态所需的凝聚时间及凝聚位置，在到达平衡位置之前，指定时刻微粒所处的位置及到达指定位置所需的时间等参数进行了研究，并进行了数值模拟研究，结果表明数值模拟计算结果是可靠的，可较好的预测凝聚时间和凝聚位置。本书研究的超声去夹杂实验是在钢包精炼水模型中进行的，工具杆直接浸入到溶液中，超声功率最大为2000W，该研究相对于以往模拟用的反应器，容量更大，超声波输入功率更高，研究能更好地模拟钢包精炼过程中夹杂物的行为，对分析超声去除夹杂物机理具有重要意义。

1.5.5　超声探伤

超声波的机械效应是超声应用于超声探伤的理论基础。应用超声波探伤可实现：(1) 检测时间短；(2) 高分辨率；(3) 长期稳定可靠；(4) 能量消耗低；(5) 可在线检测。超声波探伤是目前应用最广泛的无损探伤方法之一。

液态金属的超声探伤方法已有大量研究，而对于高温条件下金属中夹杂物的检测研究较少，Yuanbei Zhang 等人研究了应用超声检测熔融金属中夹杂物的水力学模型研究，结果表明，应用超声可成功检测溶液中 PVC 粒子的浓度、数量及粒度分布，数量计算误差小于10%，粒子的尺寸最小可检测到82.5μm。

随着我国大飞机生产研发的大力开展，对航空用钛合金加工材提出了越来越高的质量要求，尤其是对钛合金加工材的探伤性能要求越来越高。张英明等人对影响钛合金加工材探伤性能的缺陷类型进行了分析，对应用于钛合金加工材的超声探伤技术，如时间反转镜探伤技术和多区聚焦探伤技术与其他探伤技术进行了比较分析。张开良等人对大直径空心轴类探伤系统进行了设计，对超声检测系统，机械控制系统，机械推拔系统等子系统进行了研究，并应用该系统对实际空心轴进行了检测，取得了一定效果。

2 功率超声应用的理论基础

声波按频率范围可分为次声、可听声、超声和特超声。频率低于16Hz的声波称为次声；频率在16Hz～20kHz的声波为可听声。频率大于10^9Hz的声波称为特超声；超声是指频率在20kHz～10^9Hz之间的声波。

2.1 描述超声的基本物理参数

超声是机械振动能量的传播形式，因此描述超声的物理参数基本上都是描述机械振动的物理参数。描述超声的物理参数主要有频率、周期、超声传播速度、振幅、声压、声强、声能密度、质点振动速度等。

超声在传播过程中，传声媒质的质点相对其平衡位置做来回位移，即振动。频率（f）就是指质点每秒钟振动的次数，其单位是周/s，即赫兹（Hz）；周期（T）是指质点每振动一次所需要的时间，单位是s；波长（λ）指两个相邻的同位相点之间的距离。超声传播速度（波速）指单位时间内波传播的距离。频率（f）、周期（T）、波长（λ）、波速（c）之间有以下的关系式：

$$c = \lambda f = \frac{\lambda}{T} \tag{2-1}$$

声化学中，通常使用的超声频率（f）为20～50kHz，与之对应的在水溶液中的声波波长（λ）为7.5～3.0cm。

超声传播时，媒质质点相对其平衡位置的位移x可由式（2-2）描述：

$$x = x_0 \sin(2\pi ft) \tag{2-2}$$

式中，x_0质点的位移振幅（最大振幅）；其他符号意义同前。

超声波在介质中的传播过程中存在着一个正负压强的交变周期，即在压缩区内压力升高，在稀疏区内压力降低，如图2-1所示。这种声压（p_a）是时间（t）和频率（f）的函数：

$$p_a = p_A \sin(2\pi ft) \tag{2-3}$$

式中，p_A质点的声压振幅（最大声压），其他符号意义同前。

声强（I）是指超声在单位时间内通过单位面积所携带的能量，单位是W/cm^{2}或J/(s·cm^2)。声强和质点最大振动速度（v_0）、声压振幅（p_A）有以下关系：

$$I = \frac{1}{2} Z v_0^2 \tag{2-4}$$

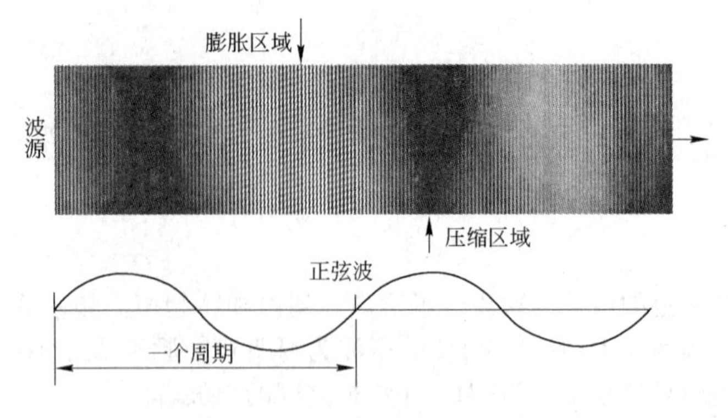

图 2－1 声波的压缩和膨胀示意图

$$I = \frac{p_{\mathrm{A}}}{2Z} \tag{2-5}$$

$$Z = \rho c \tag{2-6}$$

式中 ρ——传声媒质的密度；

Z——传声媒质的声特性阻抗；其他符号意义同前。

由式（2－4）～式（2－6）可知，声强与振动速度（v_0）的平方、声压振幅（p_{A}）成正比。

2.2 超声空化及其效应

超声空化是强超声在液体媒质中引起的一种特有的物理过程。液体中局部的某一区域在涡流或者超声的物理作用下出现负压区。所以在这个区域会产生非稳态的空穴或气泡，在它们爆裂或者闭合的瞬间，会在局部产生很大的压强。这种由产生空化泡，在介质中振荡、生长以及最后的崩溃的一系列动力学过程，就叫空化作用。它伴随着许多奇妙的现象和惊人的效应。

根据空化气泡的热力学稳定性，空化气泡还可以分为亚稳气泡和稳定气泡，即在崩溃时引起的瞬态空化和稳态空化。接近真空的气泡和含蒸汽的空化气泡是亚稳气泡，一般认为是在强度超过 $10\mathrm{W/cm^2}$ 的超声波作用下产生的；而稳定气泡则是在较低强度（$0\sim2\mathrm{W/cm^2}$）的超声波作用下产生的，主要是一些含有气体的空化气泡以及含有气体和蒸汽的空化气泡。

2.2.1 空化泡的主要参数

描述空化泡的主要参数有：空化阈值、崩溃时间和自然共振频率。

2.2.1.1 空化阈值

使液体空化的最低声强或声压幅值称空化阈，亦称 Blake 阈值压力。设液体

的静压力为 p_h，交变声压幅值为 p_m，则只有当 $p_m > p_h$ 时才出现负压，并且当负压超过液体强度时才形成空化。因此空化阈值可按照下式计算：

$$p_b = p_h - p_v + \frac{2}{3}\left[\frac{(2\sigma/R_e)^2}{3(p_h + 2\sigma/R_e)}\right]^{1/2} \quad (2-7)$$

式中 p_b——空化阈值，Pa；

p_h——流体静压力，Pa；

p_v——泡内蒸汽压力，Pa；

σ——流体的表面张力系数，N/m；

R_e——空化泡半径，mm。

可见，不同的液体对应的空化阈值也不同，同一种液体对应的空化阈值也不一定相同。它会随着液体的温度、压力以及含气量和空化核半径的不同而变化。当液体中气体含量越低，空化阈值相应越高；此外，空化阈值会随着液体的静压力的增大而增加。

对于较小的空化泡，即 $2\sigma/R_e \gg p_h$ 时，如果忽略空化泡内的蒸汽压（p_v），则式（2－7）可写成：

$$p_b = p_h + 0.77\frac{\sigma}{R_e} \quad (2-8)$$

利用式（2－8）可以得出空化阈值。我们可以得到在理想的水中（即结构均匀、无杂质、无溶解气体等），得到的空化泡核的声压值约为 1.52×10^8Pa。但是由于理想的纯水我们很难得到，所以实验中测得的声压比理论值低很多，为 2.03×10^7Pa。在液体中含有的溶解气体以及大量的微小气泡或者固体悬浮颗粒和容器表面裂缝中依附的气核将会导致张力薄弱点，其存在将会导致液体中的最大空化阈值还要比理论值更低。

由此式可见，空化阈值随不同的液体介质而不同；对于同一液体介质，不同的温度、压力、空化核半径及含气量，空化阈值也不同。一般来说，液体介质含气量越少，空化阈值就越高。空化阈值还与液体介质的黏滞性有关，液体介质的黏度越大，空化阈值也就越高。另外，超声波频率越高，空化阈值也就越高。超声波的频率越高，空化越难，要产生空化作用，就必须增大超声波的强度。

2.2.1.2 空化泡的崩溃时间

当一个空化泡在液体中从最大开始收缩直到崩溃消耗的时间就是空化泡的崩溃时间（τ）。随着 τ 的大小与超声波的压缩时间进行比较，当前者大于后者的时候，液体中的空化泡会产生振荡，但是不会崩溃。但是当后者时间大于前者时，空化泡就会直接崩溃。所以，超声辐照时的空化泡在液体中的存在时间将会受到崩溃时间的影响。

对于 τ 值的大小，我们可以用下列公式计算：

$$\tau = 0.915R_m\left(\frac{\rho}{p_m}\right)^{1/2}\left(1+\frac{p_v}{p_m}\right) \tag{2-9}$$

式中 R_m——空化泡最大半径，mm；

ρ——液体密度，kg/m^3；

p_m——液体环境压力，Pa；

p_v——泡内蒸汽压力，Pa。

根据式（2-9）计算表明，空化泡的崩溃时间很短。

2.2.1.3 空化泡的自然共振频率

要想将超声波与气泡之间达到最理想的能量耦合，那么只有在气泡的自然频率与超声波的频率相等的时候，就产生共振。所以并不是所有的气泡在液体中都能产生空化过程。因此，了解空化泡的自然共振频率对于如何提高声空化的效率是相当有意义的。Minneart 给出了空化泡自然共振频率的计算公式：

$$f_r = \frac{1}{2\pi R_e}\left[\frac{3\gamma}{\rho}\left(p_h+\frac{2\sigma}{R_e}\right)\right]^{\frac{1}{2}} \tag{2-10}$$

式中 f_r——空化泡自身的共振频率，Hz；

R_e——空化泡的半径，mm；

γ——空化泡内的比热比；

ρ——液体密度，kg/m^3；

p_h——流体静压力，Pa；

σ——液体的表面张力系数，N/m。

2.2.2 超声波作用下空化泡的运动

空化泡的运动是指在超声作用下，在液体中表现出的振荡、生长、收缩以及崩溃的一系列运动。

2.2.2.1 两种空化状态

空化泡的运动有两种状态：稳态空化和瞬态空化。瞬态空化中空化泡的存在时间比较短，一般只存在一个或几个声波周期的时间。瞬态空化时，空化泡在声波负相压作用下迅速增大，一般至少增大到原来半径的两倍，随后在声波的正相压作用下迅速收缩直至崩溃。崩溃时伴随形成许多微空泡，构成新的空化核有的空化泡会溶进液体中。空化泡发生崩溃时产生的高温和高压值可由下式给出：

$$T_{max} = T_{env}\left[\frac{p_m(\gamma-1)}{p_g}\right] \tag{2-11}$$

$$p_{max} = p_g\left[\frac{p_m(\gamma-1)}{p_g}\right]^{\frac{\gamma}{\gamma-1}} \tag{2-12}$$

式中 T_{max}——空化泡发生崩溃时产生的最高温度，K；

T_{env}——环境温度，K；

p_m——环境压力，Pa；

γ——空化泡内气体的比热比；

p_g——泡内气体压力，Pa；

p_{max}——空化泡发生崩溃时产生的最高压力，Pa。

利用式（2-11）和式（2-12）可以算出：25℃（T_{max}）的水中，环境压力（p_m）为 1.013×10^5Pa 时，泡内气体压力（p_g）取25℃的水的饱和蒸汽压 2.33×10^3Pa 的条件下含氮（$\gamma=1.33$）空化泡崩溃时产生的最高压力（p_{max}）和最高温度（T_{max}）分别为 9.80×10^7Pa 和 4290K。由此可见，空化泡崩溃时产生了高温高压的极端条件，有改善反应动力学条件增强搅拌效果的作用。

稳态空化是指在弱声场作用下，气泡所做的稳定的小振幅脉动现象。稳态空化为非线性振荡，它可延迟许多个声波周期。由于长时间的稳态气泡的存在，除了气体质量扩散发生外，还包括液体的蒸发和蒸汽凝聚在液体界面处发生。但是由于振荡过程中气泡的不断膨胀扩大，当扩大到声波频率 f_a 与自身共振频率 f_r 相同时，将会产生瞬态空化。此时，可发生最大的能量耦合，产生明显的空化效应，当 f_r 大于 f_a 时，空化泡将做复杂的持续振荡，当 f_r 小于 f_a 时，在液体中的空化泡有可能发生崩溃。尽管同为崩溃，但这种崩溃程度与纯蒸汽空化泡的崩溃相比，要温和得多。产生这种情况的原因是因为泡内的气体起到了缓冲作用。其中也会有一部分气泡在声波的作用下继续生长，最后上浮到液面逸出。

稳态空化与超声波发生共振时内部的温度和压力有以下的计算公式：

$$\frac{T_{env}}{T_{max}}=\left\{1+Q\left[\left(\frac{p_h}{p_m}\right)^{\frac{1}{3\gamma}}-1\right]-1\right\}^{3(\gamma-1)} \tag{2-13}$$

式中 Q——气泡的共振振幅和静态振幅之比。

对单原子气体的空化泡，$\gamma=1.666$，当声强为 2.4W/cm^2 时，p_h 为3.7倍的泡内蒸汽压。设 $Q=2.5$ 则根据上式可得 $T_{max}=1665$K。气泡共振时内部的压力，理论计算值可达到流体静压力的15万倍。

2.2.2.2 空化泡的运动

尽管在超声场的作用下空化气泡会发生振动，但是溃陷不一定发生。只有当空化气泡振动的频率高于超声波频率的时候才会发生溃陷；但当空化气泡振动频率低于超声波的频率的时候，空化气泡将不会发生溃陷，它将进行更为复杂的振动。而空化气泡在超声的作用下所表现的振荡、生长、收缩和崩溃等一系列的动力学行为可用下式描述：

$$R\left(\frac{d^2R}{dt^2}\right)+\frac{3}{2}\left(\frac{dR}{dt}\right)^2=\frac{1}{\rho}\left[\left(p_h+\frac{2\sigma}{R_e}\right)\left(\frac{R_e}{R}\right)^{3k}-\frac{2\sigma}{R}-p_h+p_A\sin(\omega_a t)\right] \tag{2-14}$$

式中 R——空化泡的半径，mm；

t——空化泡运动时间，s；

k——指数；

ω_a——超声波频率，$\omega_a = 2\pi f$，rad/s。

当式（2－14）中各参数确定后便可以确定空化泡的具体运动状态。即空化泡是属于稳定振荡还是迅速崩溃。

2.2.3　混响场的超声空化

以上讨论的声化学效应都是在单一频率下不考虑超声的散射、绕射、折射和叠加等现象的情况下讨论的。针对于混响场对空化作用的影响的各种因素进行讨论，拥有重要的现实意义。因为混响场基本是现阶段所有的声化学反应器中的声场。目前对混响场中超声空化讨论的比较少，因为大量因素会对其产生影响，在超声除气中应用混响场的研究特别少。声化学反应在混响场中一般有如下特点：

（1）被辐照的液体空化阈值会随着混响场对液面带来的波动使空化核数量增加而降低。

（2）由于在混响场中，超声可以在容器中进行多次的反射，在反射的过程中声能的密度会随着随机相的增加而增加。所以在相同的声强辐照下，在声场中获得的化学产率会比混响场中小。

（3）在建立稳定的混响场中，使用脉冲超声波时，只有当脉冲的宽度足够时才能获得较高的生化学产额。

2.2.4　空化强度的测量

影响空化强度的因素很多，空化泡在单位体积内的数量以及空化泡闭合时压力的大小都会影响空化强度，并且超声处理的效果也会直接影响到空化强度。空化泡内气体的性质、种类以及产生的强度、不能直接测量，只能测出空化泡内的相对强度。现阶段比较常用的两种测量方法是：化学法和腐蚀法。由于测量方法不同，所以测量的结果会存在一定的不同。

（1）腐蚀法：将厚度约为20μm的铝、锡或铅箔置于声场中接受超声空化腐蚀，在一定的时间内取出，称出腐蚀样的重量，这种方法称为腐蚀法，用它可测量相对空化强度。该方法要求金属样品表面的粗糙度要一致，进行多次测量，取平均值，用这种方法可测量液体不同位置的相对空化强度。这种方法的优点是简单易操作，但是在测量结果上存在一定的误差。

（2）化学法：将碘化钠置于四氯化碳中，在声空化作用下释放出碘，用分光光度计或者对释放碘应用放射性示踪方法进行定量分析，从而分析声强与碘释放量之间的关系。

2.3 超声的传播

2.3.1 声波传播的普遍特性

在使用声音或超声振动产生能量的过程中，获得理想效果的一个必要条件是提供足够高的高强度振动。高强度声音振动的传播会导致诸如涡凹、声流和辐射压强等非线性现象。在这次回顾中这些现象是绝大部分超声波效应产生的基础。这部分首先介绍了声音振动的一些重要特性，然后简要说明考虑非线性效应的影响范围对理解本书是必要的。

当振动通过一种没有界限的媒介传播时，振动是时刻进行的。振动与粒子移动的关系可以用式（2－15）表示：

$$\varepsilon = \varepsilon_0 \sin(wt - kx) \tag{2-15}$$

式中 w——声波的频率，rad/s；

t——时间，s；

k——角波数，rad/m；

x——传播的距离，m。

此等式是引出描述振动传播其他问题的基础。用 v 表示振动的速度，p 表示振动的压强，从而我们可以得出：

$$v = v_0 \cos(wt - kx) \tag{2-16}$$

$$p = p_0 \sin(wt - kx) \tag{2-17}$$

一般来说，f 分别代表可听见的声波和听不到的超声波，尽管从本质上说音波和超声波没有区别。这些范围的界限是16kHz。

基于以上补充的特性，源于声音强度的表达，J 被定义为声能以匀速振动的形式向正常的方向穿过单元地区的平均比率。

$$J = 1/2cv_0^2 \tag{2-18}$$

实际上，因为声音强度通过一些重要的程序改变，它经常以一种对数的形式表示，即声音强度标准，SIL：

$$SIL = 10\lg J/J_{ref} \tag{2-19}$$

参照强度，J 等于10。SIL 的单位是分贝，即 dB。

尽管对于声音振动强度的高低没有普遍的定义，但是，很明显，高振动强度必须大幅度高于界限值。在实践中，对于这个价值的评估是基于振动是否能产生非线性效果。对于液体包括可熔化金属来说，v_0 的极限值能够通过以下条件决定。

$$Ma = v_0/c > 10^{-4} \tag{2-20}$$

因为对绝大多数可熔化金属来说，c 限于1600m/s 到5000m/s，为了产生高强度振动速度增幅必须大于0.16~0.5。至于气体，v 比 c 的比率应该更大。

2.3.2　超声的反射和折射

超声在传播过程中由于传声介质的声特性阻抗变化会发生反射或折射。当超声从声特性阻抗为 Z_1 的介质垂直入射到声特性阻抗为 Z_2 的介质时，声强反射系数 r 和透射系数 t 分别为：

$$r = \frac{I_r}{I} = \left(\frac{Z_2 - Z_1}{Z_2 + Z_1}\right)^2 \tag{2-21}$$

$$t = \frac{I_t}{I} = \frac{4Z_1 Z_2}{(Z_2 + Z_1)^2} \tag{2-22}$$

式中　Z_1——声特性阻抗，Pa · s/m³；

Z_2——声特性阻抗，Pa · s/m³；

I_r——反射声强，W/m²；

I_t——透射声强，W/m²；

I——入射声强，W/m²。

空气、水、玻璃的声特性阻抗分别为0.000417，1.50，15.2。因此如果超声垂直辐射到某玻璃声化学反应器中，那么超声能量在容器内表面几乎全部被反射，不会透射到反应器外边的空气中。由此可见，进行超声搅拌或其他应用时最好把超声的声源直接放置在溶液中或者将溶液直接放置于反应器中，应避免超声隔着玻璃等反应器皿进行辐照。

2.3.3　超声的衰减

超声强度会随着超声的传播逐渐减弱。超声的衰减主要来自媒质对超声的吸收和散射。超声的衰减可表示为：

$$I = I_0 e^{-2\alpha x} \tag{2-23}$$

式中　I——距声源距离为 x 处的超声强度，W/m²；

I_0——声源处超声强度，W/m²；

α——声压衰减系数，它与频率的二次方成正比，与速度的三次方成反比；

x——距声源的距离，m。

一般认为超声的衰减是因为媒质的黏滞性、热传导和其他吸收机制引起的。声压衰减系数（α）可表示为：

$$\alpha = \frac{\omega^2}{2\rho c^2}\left[\frac{4}{3}\eta + \eta_B + K\left(\frac{1}{c_V} - \frac{1}{c_P}\right)\right] \tag{2-24}$$

式中　α——声压衰减系数；

ω——超声的角频率，$\omega = 2\pi f$；

ρ——媒质的密度，kg/m^3；

c——超声波传播速度，m/s；

η——媒质的切变黏滞系数，反映媒质内摩擦引起的超声吸收，$N \cdot s/m^2$；

η_B——媒质的容变黏滞系数，反映非黏滞性与热传导引起的超声吸收，$N \cdot s/m^2$；

K——热传导系数，反映媒质热传导引起的超声吸收，$W/(m \cdot K)$；

c_V——媒质的比定压热容，$J/(kg \cdot K)$；

c_P——媒质的比定容热容，$J/(kg \cdot K)$。

根据式（2－24），α/f^2值对一定温度的给定液体应该是常数，也就是说，超声频率（f）的增加会导致声压衰减系数（α）迅速增长，从而使超声能量随传播距离迅速衰减。这表明要想在同一距离上获得同样强度的声强，在使用高频声源时，必须采用较高的声功率输出。换句话说高频超声辐照的有效范围较小。

2.3.4 超声的散射和绕射

遇到尺度可与超声波长相等或者小于超声波长的声阻抗界面时，就会发生散射与绕射现象。超声散射有以下特点：

（1）散射使超声向各个方向传播。

（2）散射不仅和散射元的声阻抗有关，而且还与散射元的尺度和数目有关。

（3）散射与超声频率有关，一般来说，频率增高，散射增强。

超声散射改变了超声部分能量的传播方向，导致声能衰减。在一般的声化学反应研究中，只有溶液中存在悬浮介质时才会导致超声的散射。对于我们经常使用的频率为20～50kHz超声波，其波长为7.5～3.0cm，故一般情况下应考虑一定的超声散射效应。

2.3.5 超声的干涉

当两列或两列以上的超声波同时传播到空间某一点时，该质点的振动可看成是各列波单独引起的振动之和，这就是超声的干涉。驻波是超声干涉的一个典型例子。

当两列频率相同、振幅相同的超声以相反的方向在一条直线上传播时，就产生驻波。驻波发生时，某些质点会静止不动，某些质点振幅是单列波引起振幅的两倍。

要形成驻波，振源与反射面之间的距离应满足半波长的整数倍。在超声波解吸中经常使用的频率为20～50kHz的超声波不大可能形成驻波。但有人认为对超声的化学效应而言，驻波是必需的。

频率为20～50kHz的超声波在水溶液一类的液体媒质中吸收比较少，它在声化学反应器中要经历在容器内壁、液面和超声辐射面上的多次反射。这些频率虽然相同但相位无规则变化的超声在空间某点相遇叠加的合成声场，其总的声强等于各列超声强度之和，即它们之间不发生干涉。这种声场称为混响场。混响场应该是声化学反应器内声场的主要形式。

超声辐射用换能器的辐射面一般可看成是由无数个点状声源组成的。这些点状声源发射出的球面子波在声场中任意空间点上相遇可发生干涉，结果就造成了声场的近场区超声分布强弱起伏，远场区则成发散的状态。

当声源半径远远大于超声波长时，$r \gg \lambda$ 时，声场的近场区距离可表示为：

$$N = \frac{r^2}{\lambda} \tag{2-25}$$

式中 N——声场近场区距离，m；

r——声源半径，m；

λ——超声波长，m。

在近场区内，轴线上的声强周期起伏；在远场区内，声束呈发散状，当距声源的距离大于 $3N$ 时，声场满足球面波衰减规律。

由式（2－25）可以看出，超声发生器的发射端半径（r）越大，频率（f）越高（即相应波长 λ 越小），则声场的近场距离越大。对于较常使用的频率为 20～50kHz 超声波，其相应波长为 7.5～3.0cm。如果取换能器的辐射端面半径为 $r=1\text{cm}$，则近场距离为 0.13～0.33cm。可见这个距离相当短，即声场中大部分超声处于发散区。

3 超声处理器设计

3.1 超声处理器概述

工业超声波设施包括一个将电能或机械能转化为声能的传感器，电源，辐射器，提供测量和控制操作参数的系统。在火法冶金中由于温度较高，对超声波设备提出了较高的要求，但高温超声处理设备也遵循超声工程设备设计的一般原理。根据能量转换原理的不同，超声处理器可分为电声系统和机声系统。

3.1.1 电声系统

电声系统是基于传感器转换能源将电能转化为声振荡。这些传感器可分为基于电，压电或磁致伸缩效应。电动力变换装置原理与扩音器原理相似，将一个交替的电子信号转换成对应的磁场，然后连接到一个电线线圈转变为机械振动。虽然由电动传感器转换的声功率是比较低的，但它有一个很大的优势，它可将声频率调整到一个理想的值，例如为获得共振的条件可采用此方法。这就是为什么电动传感器在实验室及中试规模试验设备中应用较广的原因。一般情况下，电动传感器所使用的频率范围从20~2000Hz。

压电传感器的操作原理是基于所谓的反向压电效应，在电场的作用下，一些各向异性的绝缘体和半导体产生张力。压电传感器由于具有众多优点，在工业上应用非常广泛。其电声效率高（高达80%）操作频率范围从几千赫到数十兆赫，价格相对较低。但是，由于传感器冷却困难，具有脆性，寿命短，限制了压电传感器在高温领域的应用。

磁致伸缩传感器是高温条件下最有前途的超声波装置。对经极化的铁磁体施加外力，铁磁体将发生变形，其内部的晶格将发生变化，晶格的变化将引起磁畴内自发磁化方向的变化，由此会产生一个附加的磁场，这就是纵向磁致伸缩反效应的机理。铁磁材料（如铁、镍、钴及其合金等）制成的棒在受外磁场作用时。沿磁力线方向会产生伸缩相对形变的效应称为纵向磁致伸缩正效应，该效应是焦耳（Joule）在1842年首先发现的，因此又称为焦耳效应。与压电变换装置比较，电声变换的磁致伸缩装置比压电变换装置小，可提供更高的力学性能，更加简单和更加有效的冷却系统正在开发，可能设计为非常强有力和紧凑的模块。

与压电传感器相同，磁致伸缩变换装置以共鸣频率运行。因此，所有传感器装置的振动部分必须依靠刚性并且根据一个半波长共振装配，振动零件的长度与半波长度相等。

3.1.2　机声系统

机声系统是将机械能转化为声振动的装置。包括气动产生装置和特殊机械振荡器，这对高温下的应用是非常有吸引力的。空气流经过哨嘴至环形狭缝，通过环形狭缝喷射出高速气流到共振腔而激发空腔气体共振而产生超声。哈特曼哨气体喷气型振动装置是最可能应用于高温冶金的。哈特曼哨喷嘴内没有芯柱，有时做成锥形；要求空气流速高于其声速。当气流高速从喷嘴喷出时，在喷嘴与共振腔之间的局部压力产生周期性起伏，这是由于气流速度超过声速而产生的，具有不稳定性。当把共振腔口置于不稳定区内时，即可激发出强的声波。

随着超声加工处理应用的不断扩大，研制生产了多种类型的超声加工处理设备及装置。根据超声加工处理设备的特点，不论其复杂或简易程度，大多包括以下三部分：

（1）超声电源（超声发生器）：超声电源是一个产生超声频电信号的功率源，它供给换能器工作时所必需的超声频电功率。其功能是将 50Hz 交流电转化为超声频电功率输出。

（2）声学部分：其功能是实现电声能量转换以及把超声能传递给加工、处理对象。声学部分的组成原件，视超声加工、处理设备类型的不同而异，但最主要的部分是换能器与变幅杆。涉及的声学部分是指由超声换能器、变幅杆和工具组成的整个超声振动系统。

（3）机械部分及附属装置：此部分随超声设备类型不同，差异较大。声学部分是超声处理设备的核心部分，其性能优劣直接决定超声设备的工作性能。图 3－1 是功率超声发生器装置的示意图。

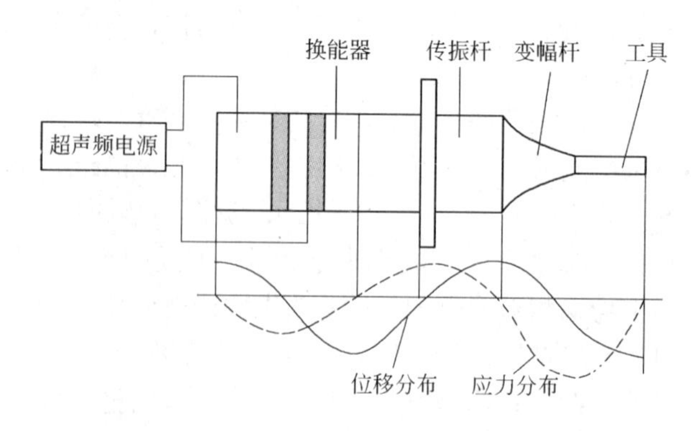

图 3－1　功率超声发生器

3.2 功率超声的产生原理

产生大功率超声的方法主要有两种：一种是利用电能转换成声能的电声换能器产生超声，另一种是利用流体作为动力来产生声和超声。在工业上，大多采用第一种方法来产生功率超声。为了获得大功率的超声，除了提高单个换能器的功率容量外，还时常采用多个换能器联合工作来获得大功率超声。

根据超声频电源工作原理可以分为振荡 - 放大型和逆变型两类。本设备采用振荡 - 放大型超声频电源，其基本组成如图 3 - 2 所示。

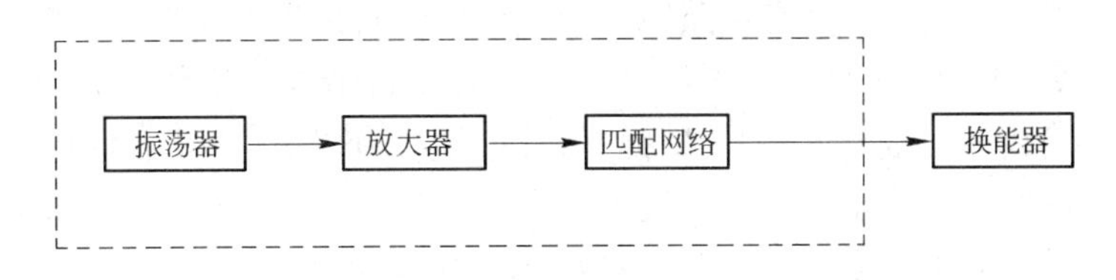

图 3 - 2　超声电源

振荡器产生一定频率的信号，用以推动放大器。它可以是独立的振荡器，如由分立元件做成的正弦波发生器或由集成块做成的方波发生器等，也可以是一个反馈网络。前一种称为他激，后一种称为自激式发生器。他激方式产生的振荡频率比较稳定，可以在较宽的范围内调节。自激方式比较简单，且有利于实现频率自动跟踪。

放大器将振荡信号放大至所需电平，它可以是单级，也可以是多级放大器。目前大多采用晶体三极管或场效应管。由于超声换能器是一阻抗负载，匹配网络除了阻抗匹配之外，还应有调谐作用。

超声发生器在电路上分为七个部分：电子管振荡器、电压放大器、推动放大器、功率放大器、输出变压器、电源及磁化电源，如图 3 - 3 所示。

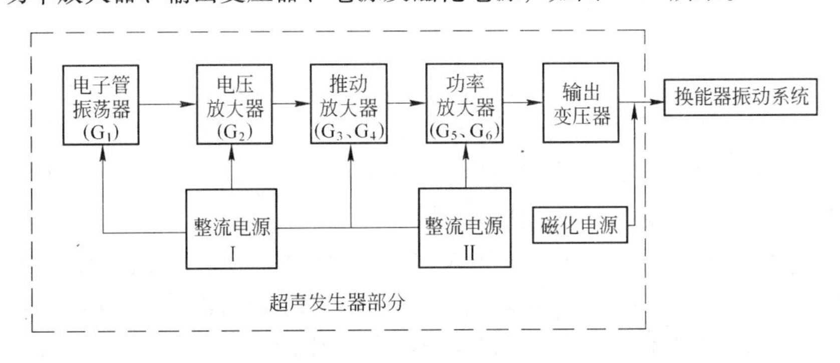

图 3 - 3　超声发生器电路图

第一级是由一只束射速四极管接成 LC 单回路调板式电子耦合振荡器，本电路的特点是振荡回路与本级负载之间不是采用元件 LCM 直接耦合的，而是通过电子流把振荡器回路与负载耦合起来，这样既能得到良好的振荡性能，又能获得较大的输出。显而易见，这个电路实际上包括了主振和放大两级，不过这两级之间不是用通常的元件来耦合而已。这里，前三级当做振荡器的三个电极，为便于调节振荡的强弱，在振荡板路（即 G_1 的帘栅电路）中串入了带锁紧的电位器 W_1，供机器调试时候使用。回路电容 C，容量是可变的，用来调节振荡频率。阴极电路内接有正常工作偏压电阻 RZ 和截止阴偏电阻 R_3 当发生器的负载已经接好，由于负载的插座上具有短路线，通过传输线将发生器输出插座第三脚与地短接，因而使电阻 R_3 短接，电子耦合振荡器在正常情况下工作。如果负载没有接上（指传输线有一端未插好）R_3 就不会被短接，此时，电子流在 R_3 上产生压降、足以使该级电路截止，使整个发生器没有信号输出，这样能有效地防止发生器在空载情况下工作而损坏输出变压器及其他电路元件。

电压放大器由束射四极管 FU－7(G_2) 接成变压器耦合放大电路，电路工作于甲类状态，输入信号取自于电位器 W_2，改变 W_2 滑动触头的位置便获得发生器输出功率调节、推动放大器为一个常见的电子管推挽放大电路，经两个 FU－7（G_3，G_4）放大的信号，通过变压器 B2 耦合到功率放大器。

工作在甲乙类状态的功率放大器，由两只五极管 FU－80（G_5，G_6）接成推挽形式。输出变压器 B3 次级 G_1，接至换能器，G_1，起隔流作用，使直流电流不能进入输出变压器，I_2 起阻流作用，使交流电流不进入低压电源。而交、直电流同时都能通入换能器。

整流电源分为两组，都为桥式整流电路，从高压变压器的第一组次级中心抽头，可以获得桥式输出的一半电压，供给电子耦合振荡器，电压放大器，推动放大器。功率放大器的板压，为两个桥式整流输出电压的叠加，约 2700V。磁化电源采用四只 5A、50V 二极管装成桥式整流电路，以获得大于 7A 的直流电流。

3.3　超声装置的类型

超声波反应器是指有声波参与并在其作用下进行反应的容器或系统，它是实现超声反应的场所，常见的超声反应器有槽式、探头式、杯式等几种形式。超声反应器通常采用单一频率，也可以使用两种或更多种频率组合成复频反应器，效果比单一频率反应器好，但加工比较复杂。

（1）槽式反应器超声换能器紧密贴在反应器外壁或内壁。反应器材料必须具有化学稳定性，避免槽内处理液发生化学反应；如果换能器贴在外壁。要求有良好的透声性，换能器透过反应器侧壁向反应器内辐射超声波。反应器结构如图 3－4 所示。

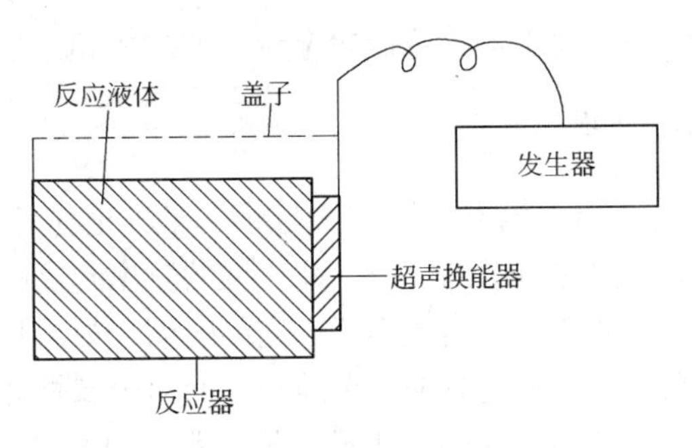

图 3－4 槽式反应器

（2）探头式反应器是一种很有效的反应器，声强高，而且因为探头直接浸入反应液中发射超声波，所以能量损耗很低。反应器结构如图 3－5 所示。本书中实验均采用该类反应器进行。

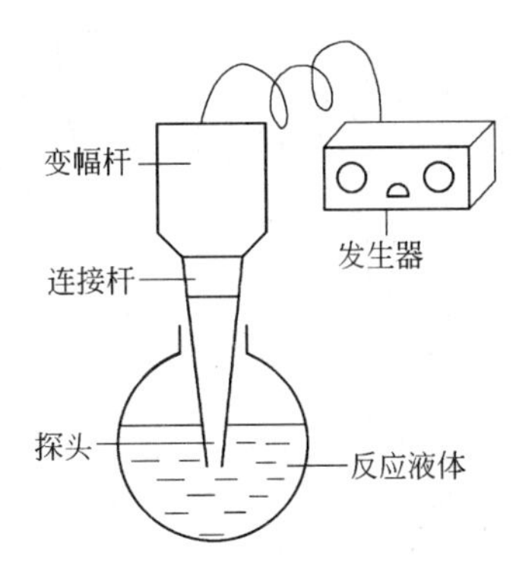

图 3－5 探头式反应器

（3）杯式反应器用化学稳定性好的不锈钢材料制作，在杯的底部紧密粘贴圆片式或夹心式换能器，透过反应器底面向反应器内辐射超声波。反应器结构如图 3－6 所示。

（4）流动型反应器适合工业在线使用，如图 3－7 所示。处理液在反应器外可构成回路，换能器的输入功率、液体流速及其温度均可控，缺点是超声探头可能受到腐蚀。

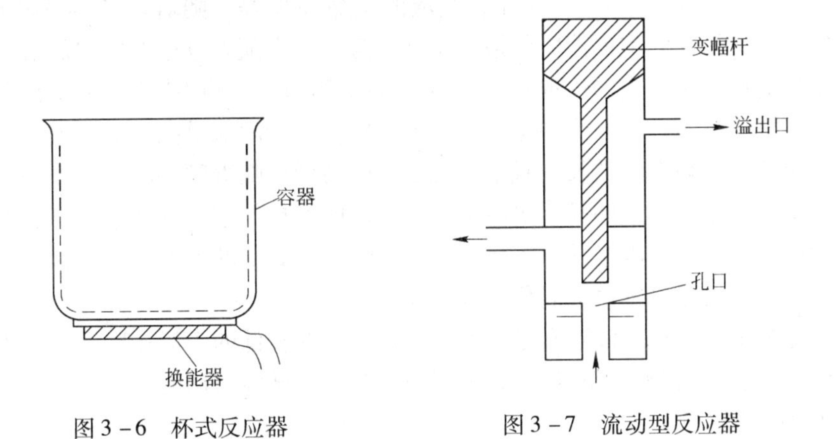

图 3－6 杯式反应器　　图 3－7 流动型反应器

3.4 功率超声发生器的设计与改造

本节将在现有的超声波发生器的基础上选择合适的超声频率参数，换能器以及变幅杆的尺寸，将超声发生器改造成冶金专用的功率超声发生器。

3.4.1　超声波频率的选择

据式 $I = 2\pi^2 \rho cfm$ 可知，超声波强度 I 与频率 f 成正比，从这一点看，频率大，对提高超声波的声强是有益的。但是超声波的频率越高，液体中的空化作用就越难发生。因为气泡的成长与消灭需要一定的时间，如果振动频率高，在超声波的半周期中，气泡进行膨胀与收缩的余地小。而对金属熔体凝固过程起作用的主要是超声空化作用，如果空化作用不显著，那么对凝固组织的改善也就不明显。

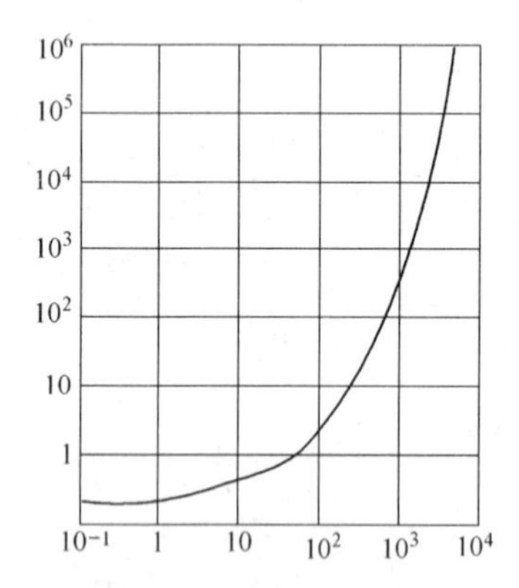

图 3－8　在水中发生空化作用的声强与频率的关系

图 3－8 表示将超声波发射到溶解有空气的水中，发生空化作用的声强与频率的关系。

由图可知，频率在 5kHz 以下时，发生空化作用所需要的声强为一常数，与频率无关。但是如果在 10kHz 以上，随着频率的增加，产生空化作用的声强也随之增加。当频率超过 100kHz 时，产生空化作用所需的声强急剧增加。该图虽然反映的是在水中的情况，但在其他液体中，情况大体是类似的。

当频率变化时化学效应的最大值与以下几个因素有关：气泡内的温度，气穴极限，气泡数量，气泡的生命周期等。随着声波频率的增加，根据气泡动力学，气泡崩溃时的最高温度下降。气穴随着频率的增加而增加，这个更窄的活性区域产生的气泡在一个不一致的声域内。这些因素导致了化学效应的降低。另一方面，在一个固定波范围内，气泡数量增加是因为活性区域间隔的缩短相应的更高频率下波长的减小。气泡的生命周期随着频率的增加而减小。这就造成了在气泡中形成的具有更高活性的物质能够从气泡中逃逸出来与溶液中的其他物质反应。这些因素导致了化学效应的降低。其他的因素如气泡云和一个气泡内蒸气分子的数量等也会对化学效应产生影响。

因此为了保证超声波既有足够的强度，又能在较低的声场强度下利于产生空化作用，一般采用 18～25kHz 的超声频率。对于本试验所用的超声波发生器采用 18～20kHz 的频率。

3.4.2　超声波换能器的选择

（1）换能器形式的选择。超声换能器是超声处理设备中把超声频电能转化为超声能的器件。超声换能器有以下几种类型：压电型、磁致型、电致型、电磁型。目前，在国内外广泛采用的换能器是磁致伸缩换能器和压电换能器。

(2) 超声波功率的选择。超声波冶金在理论上，超声功率越大，效果就越显著。然而超声波功率过大，其电磁设施复杂，费用高，同时由电功率到声功率的转化并不与电功率成正比。而且随着功率的增大，热效应越来越显著，这将延长金属的结晶时间，又会使晶粒有长大的趋势。但功率如果太小，因金属熔体比重和黏滞系数较大，作用效果可能不明显。因此超声处理时应该从效果、能源、时间等方面综合考虑，选择合适的超声功率进行处理。考虑到目前试验所需金属量较少，而且采取上导入的方法，因此超声功率选择0～2kW，并在此范围内可调，这样可以保证单位面积的功率达到或超过文献介绍的指标。

3.4.3 功率的确定

一般来说，增大超声波强度（即功率）会使声化学效应增强。因为提高功率有利于空化泡的形成并且在高声强下气泡崩溃时产生的高温值（T_{max}）和高压值（p_{max}）会变大。但是声强不能无限制提高，这是因为太高的声强产生的气泡通过反射、散射会减少部分能量的传递，而使空化能减少。声强的增加和功率呈非线性关系；同时因为最大的空化气泡半径（R_{max}）与使用的声压幅值 p_A 有如下的关系：

$$R_{max} = \frac{4}{3\omega_a}(p_A - p_h)\left(\frac{2}{\rho p_A}\right)^{1/2}\left[1 + \frac{2}{3p_h}(p_A - p_h)\right]^{1/2} \quad (3-1)$$

式中，ω_a 是角频率，rad/s；p_h 是蒸汽压，Pa；ρ 是液体密度，kg/m^3。

根据本实验所用钢包尺寸及日本桑原守教授论文中已做的超声波实验的结果，确定本实验所用超声波功率范围为0～2000W。

3.4.4 材质的选择

由于超声波处理器本身空化时对变幅杆就有一定的腐蚀作用，而实验采用的溶液为碱液，工具杆直接与液体接触，容易被腐蚀，所以为保证变幅杆不被腐蚀、超声波空化的效果、功率不被消耗以及产品的使用寿命，超声波变幅杆材质的选择十分关键，可直接决定实验的成败。普通超声波变幅杆所选用的材质一般都是不锈钢材料的，但是由于本实验溶液腐蚀性较强、工作强度较大、试验比较密集，考虑诸多因素本实验选取钛合金材料的变幅杆。

3.4.5 转换器恒温处理

超声波作用于液体介质时，可以产生两方面的效果：质点的运动和空化作用。这均会导致热效应使转换器中线圈的温度不断上升，而温度对超声空化行为的影响比较复杂。由式（2－12）可知，随着温度的升高，蒸汽压（p_V）增高，表面张力系数（σ）和黏性系数（η）下降，而空化阈值的降低，即具有较高蒸汽压或较低表面张力的液体介质，在较低超声波强度下即可产生空化。但从另一个方面看由于温度升高导致的蒸汽压增高，更易于蒸汽进入空化气泡，结果对空化泡的内破裂起到缓冲作用，空化强度减弱。由此可见温度对超声空化的影响是两方面的。

对于大功率超声波处理设备，声能转换时散热更加明显，如不及时导热，生成的热量极容易对空化效果造成影响，表现为空化气泡不均混，空化能量大幅降低，甚至转换器内部线圈损坏。所以本实验所应用的超声波处理器需要恒温冷却装置。

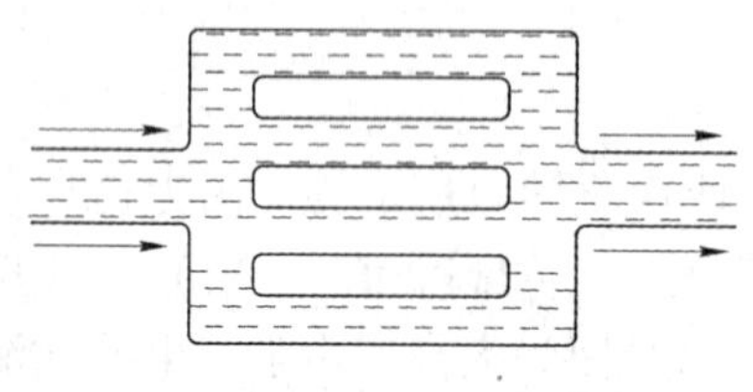

图 3－9 冷却水管剖面图

在超声波作用于反应体系的过程中，工作温度不断变化，在转换器内部线圈周围设计网状管道，然后通入冷却水，使冷却水带走线圈散发的热量。本实验需高密度使用超声波处理器，所以需保证此冷却水常开。如图 3－9 所示为冷却水管剖面图。

3.5 功率超声发生器的调试

3.5.1 声功率的测定和换能器效率的计算

声功率是反映声场中总能量关系的一个物理量。为得到有关声功率的表达式，需先导出声场中的平均声能量密度。考虑弹性媒质的声场中一个小体积元 V，由于声扰动使该体积元具有的动能为：

$$E_{\mathrm{k}} = \frac{1}{2}\rho_0 u^2 v \tag{3-2}$$

其势能为：

$$E_{\mathrm{p}} = -\int_0^p p\mathrm{d}V \tag{3-3}$$

式中，ρ_0 为媒质的密度，kg/m^3；v 为质点速度，m/s；p 为声压，Pa；$\mathrm{d}V$ 为小体元 V 因声压 p 而被压缩的量。

考虑到 V 中质量守恒及小振幅条件，可得：

$$E_{\mathrm{p}} = -\int_0^p p\mathrm{d}V = \frac{V}{\rho_0 c_0^2}\int_0^p p\mathrm{d}V = \frac{p^2}{2\rho_0 c_0^2}V \tag{3-4}$$

式中，c_0 为媒质中的声速，m/s。

显然，小体积元里的总能量为动能和势能之和。而单位体积里的声能量，即声能量密度为：

$$\varepsilon = \frac{E_k + E_p}{V} = \frac{1}{2}\rho_0\left(u^2 + \frac{1}{\rho_0^2 c_0^2}p^2\right) \tag{3-5}$$

对平面简谐波

$$p = p_m e^{j(\omega t - kx)} \tag{3-6}$$

其中 $p_m = j\omega\rho_0 A$

$$u = u_m e^{j(\omega t - kx)} \tag{3-7}$$

其中 $u_m = jkA \quad (j = \sqrt{-1})$

式中，ω 为角频率，rad/s；A 为传播过程中振幅的任意值；k 为角波数，$k = \frac{\omega}{c_0} = \frac{2\pi}{\lambda}$，rad/m。

将上两式代入，可得平面简谐波场中各点的声能量密度为：

$$\varepsilon = \frac{p^2}{\rho_0 c_0^2} \tag{3-8}$$

此处，E 是随时间变化的，将其瞬时值在一个周期积分并取平均，即得到单位体积里的平均声能量，亦即我们要导出的平均声能量密度：

$$\bar{\varepsilon} = \frac{p_m^2}{2\rho_0 c_0^2} = \frac{p_n^2}{\rho_0 c_0^2} \tag{3-9}$$

式中，$p_n = \frac{p_m}{\sqrt{2}}$为有效值声压。

据此，可以定义平均声功率 W，它是单位时间里通过垂直于声传播方向的面积 S 的平均声能量。即：

$$\overline{W} = \bar{\varepsilon} c_0 S \tag{3-10}$$

平均声功率的单位是瓦（W）。1W＝1N · m/s。

量热法可以测量媒质中的总声功率，下面介绍其基本原理。

在一液体量热系统中，由超声功率在同种液体中转变为热的功率。在该系统的热损耗可以忽略的情况下，根据热功转换基本关系，下列关系式成立：

$$Q = cm\Delta T \tag{3-11}$$

式中，Q 为超声功率转变成的热量，J/mol；c 为液体的比热容，J/(kg · K)；m 为液体的流量，kg/(m^3 · K)；ΔT 为超声功率引起的温升，K。

可见在一个具有确定液体的量热计中，向其中辐射超声能使该液体温度上升，则由该温升，可以计算出超声功率转换成的热量，然后由热功当量可知液体中的总声功率。

3.5.2 声强的计算

3.5.2.1 声强的计算公式

声强 I 定义为通过垂直于声传播方向的单位面积上的平均声能量流。即

$$I = \frac{\overline{W}}{S} = \bar{\varepsilon} c_0 \tag{3-12}$$

式中，$\overline{W}$ 为平均声功率，W；S 为垂直于声传播方向的面积，m^2；$\bar{\varepsilon}$ 为声能量密度；c_0 为媒质中的声速，m/s。声强的单位为瓦每平方米，即 W/m^2。

$$I = \frac{1}{T}\int_0^T R_e(p) R_e(\mu)\, dt \tag{3-13}$$

声强 I 是矢量，它的指向就是声传播的方向。因此，声强矢量的空间分布，实际上反映的是声场中能量流的状况。当需要从总体上估计声场能量及作用效果（如声波使宏观媒质产生温升效应等）时，或者根据所需能量对发声系统进行设计时，声功率是个可作依据的参量。然而，当具体考虑声场中各处，声与局部媒质相互作用的程度时，声强起决定作用。一个功率大而声束发散的超声换能器，其声场可能弱到满足小振幅声波的条件；而一个小功率聚焦超声换能器，在其焦点处，声场不仅可达到大振幅非线性范围，而且可强到足以破坏媒质结构，如使液体媒质产生空化及伴随发生各种强烈的物理化学效应。另外，从时域声压波形来看，声压幅值并不大的连续波，可以拥有较大的平均声功率；而平均声功率甚小的脉冲波，其瞬时声压波形的正、负峰值也可达到足以使液体媒质产生空化的程度。所以声强的大小对我们以后的试验结果有着直接的影响。

3.5.2.2 声强的计算结果

根据声强的定义，可以计算熔体中的声强：

$$I_{熔体} = \frac{P_{输入} \times \eta}{\pi \times \left(\frac{D}{2}\right)^2} \tag{3-14}$$

式中 $P_{输入}$——发生器输入熔体中的总功率，W；

η——换能器效率，%；

D——坩埚直径，m。

4　超声空化气泡数值模拟

声空化是大量功率超声应用的物理基础，特别是声化学反应的主动力。声空化现象本身包括核化、空化引发、空化泡动力行为及空化效应等一系列复杂的瞬变过程。有学者采用每秒30万次的高速摄影与再现空化场的三维全息技术，直接而形象地揭示空化过程的产生及发展，已取得一定研究成果。但是，更多的则是通过由超声引发的空化效应来研究它。这些效应包括生物的（大分子解裂、细胞死亡等），物理的（次谐波、光发射及冲击波等）及化学的（碘释放、ESR技术、TA荧光法及声电化学效应等），应用研究领域包括超声清洗，超声焊接，超声金属凝固等方面。要获得一定的超声效果，必须对不同条件下空化泡生长运动行为，声场分布，空化泡与其他物质的相互作用进行研究，本章主要涉及空化产生机理，空化强度的测量，空化泡在水溶液中及钢液中的运动行为及影响因素。

4.1　超声空化机理

超声在化学化工中应用的原理主要取决于高强度声波对介质的独特作用。超声对物理或化学过程的作用机理主要源于其空化效应。超声在液体中传播时能够产生一系列的物理、化学效应，通常产生这些效应的主要原因为超声的空化机理。

在温度不变的情况下，若液体中某处的压强降到或低于某一临界压强，液体内部原来含有的很小的气泡将迅速膨胀，该处会产生可见的含有蒸汽和其他气体的微小空泡。这种现象类似于沸腾。为了与沸腾相区别，常把由于压强降低使水（或其他液体）汽化的过程称为“空化”。空泡中饱含液体的蒸汽和由液体中析出的原来溶解于液体中的某些气体。以含液体蒸汽为主的空泡可称为蒸汽空泡或汽化空泡，而含气体为主的空泡则称为气体空泡或汽化空泡。含有空泡的液流称为空泡流。显然，空泡流是一种两相流。实际观察表明，有时空泡大部分是气体，而有时则大部分是蒸汽，因此又引进了气体空泡和蒸汽空泡二词以资区别。液体流经的局部地区，压强若低于某临界值，液体也会发生空化。在低压区空化的液体挟带着大量空泡形成了“两相流”运动，因而破坏了液体宏观上的连续性，水流挟带着的空泡在流经下游压强较高的区域时，空泡将发生溃灭。因此空化现象包括空泡的发生、成长和溃灭，它是一个非恒定过程。空化现象是液体从液相变为汽相的相变过程，同时又是瞬息变化的随机过程。显然，空化现象是极其复杂的。由于空泡在溃灭时产生很大的瞬时压强，当溃灭发生在固体表面附近时，水流中不断溃灭的空泡所产生的高压强的反复作用可破坏固体表面，这种现象称为“空蚀”（caviation damage）。空化泡溃灭后可以在空化泡外观察到两个重要的现象：流体微射流的形成和从空化区发射出来的强冲击波。微射流的形成主要是由于边界层附近空化泡呈对称溃灭。这些微射流和冲击波是设备发生空蚀的主要原因（例如泵的空蚀）。空蚀是最为引人注意的现象，至少在工程界，这是最广泛地被承认的空化后果。因为空蚀破坏与空化现象的关系如此密切，所以相当多的工程技术人员常常简单地将这种破坏泛称为“空化”。空蚀剥蚀表面材料，从而破坏过流的固体边界。人们发现，空化能破坏各种固体。因而，所有金属不论是软和硬，脆性的还是塑性的，在化学上是活性还是惰性的，都曾遭受过空蚀破坏。

因此超声空化是一个极其复杂的过程。从而引发很多物理、化学效应，如破坏生物组织，加快化学反应速度，产生光辐射等。在液体中，空化气泡可因空化泡在崩溃时产生的高温高压对物体产生很大破坏。气泡崩溃时，极短的时间在空化泡周围的极小的空间里，将产生高温高压的极端物理条件，并伴生强烈的冲击波和高速的微射流，这就为在一般条件下难以实现或不可能实现的化学反应，提供了一种新的非常特殊的物理环境，在这一条件下，化学反应被加速，化学产率被提高，即所谓的声化学，也称为超声波化学。

4.1.1　空化核

常温下的纯净水，按照热力学统计系统理论计算，其强度为 1.7×10^{8}Pa；按液体的容积弹性计算，其强度为 3.2×10^{8}Pa。而实测表明，液体的实际强度远低于理论值。仍以水为例，用S形管作离心拉断实验，即使纯净的水，其实际强度也只有 0.3×10^{8}Pa。为解释这种矛盾，便产生了“空化核”的假说。即认为，由于种种原因，液体中早已存在很多微小的气泡，构成液体中的薄弱环节，因而在比理论值低很多的负压下，液体就先在这些地方被拉开。现在，这一假说已被很多实验所证实。然而在回答这种空化核是否能在液体中稳定地存在的问题时，却曾经碰到疑难。因为按照斯托克斯定理，液体中半径较大的气泡，将因浮力迅速上浮到液面，然后失去表面张力而破裂；而半径较小的气泡，则因表面张力作用，产生使泡中气体向周围液体作“定向扩散”过程，从而很快溶解。又以水为例，计算表明，气泡半径 $R_0>0.01$mm 时，气泡上浮速度 $v_b$mm/s；而当 $R_0<0.01$mm 时，气泡在 $t_b=6.63$s 内完全溶解。这表明，在一般情况下，空化核难以在水中稳定地存在。

经过多方面研究，现已证实，至少在以下几种情况下，空化核可以在液体中稳定地存在：

（1）液体因热起伏，不断产生小的蒸气泡。这种蒸气泡在液体中存在的条件是泡内的蒸气压 p_{ev} 与表面张力和液体的静压力 p_0 相平衡。由这种蒸气泡构成的空化核，具有由式（4－1）确定的平衡半径：

$$R_{e0} = \frac{2\sigma}{p_{ev} - p_0} \tag{4-1}$$

式中 p_{ev}——蒸气压，Pa；

p_0——静压力，Pa；

σ——表面张力系数，N/m；

R_{e0}——平衡半径，m。

（2）液体中存在带气隙的悬浮固体粒子，当液体不浸润时，在固体粒子的气隙中，由于表面张力为负值，可使缝中的气体同时达到力学与热力学平衡，因而能稳定地存在。而一旦外加声压超过空化阈值时，这种缝隙式气泡便开始增大，其液－气界面也由凹面变为凸面，形成空化核。

（3）带有薄的有机物外壳的小尺寸气泡（一般指 $R_0 < 0.01\text{mm}$），由于这层有机膜的存在阻碍泡内气体向外扩散，并能抗拒表面张力，所以能形成稳定的空化核。而在足够强的声波作用下，可打破此有机层外壳，产生空化。

（4）高能粒子流，如宇宙线、中微子流或激光脉冲等照射液体，产生空化核。法国 Cemme 曾测量 1MHz 超声在水中的空化阈。实验证明，当用铅罩屏蔽水容器后，空化阈值有所提高；而当取出铅罩后，空化阈值又出现回降。这一实验结果为这类空化核的形成机制提供了佐证。

由于炼钢的特殊性，钢液中总是存在着或多或少的非金属夹杂物粒子，这些非金属夹杂与钢液是不润湿的，钢包炉中的耐火材料的缝隙中也存在孔隙，这些粒子或孔隙的存在都为空化核的形成创造了条件。

4.1.2 空化气泡的运动

设气泡及其所处环境状况如图 4－1 所示。气泡的初始半径为 R_0；泡内压力为 p_i，它与泡内气体性质、热力学状态、蒸气压、表面张力及泡的形状、尺寸有关；η 为液体的黏滞系数；σ 为表面张力系数；周围液体为不可压缩均匀液体，其静压力为 p_0，密度 ρ，声速为 c。

当有外加声压 $p = p_m \sin wt$ 作用时，一般用著名的 Rayleigh－Plesset 方程来描述气泡的径向运动规律，故通常称其为气泡的运动方程，形式为：

$$\rho\left[R\left(\frac{d^2R}{dt^2}\right) + \frac{3}{2}\left(\frac{dR}{dt}\right)^2\right] = p_i - p - p_0 - \frac{2\sigma}{R} - 4\eta\frac{1}{R}\left(\frac{dR}{dt}\right) \tag{4-2}$$

为简化分析，设泡内为理想气体，气泡呈球形，并作径向运动。由气体的

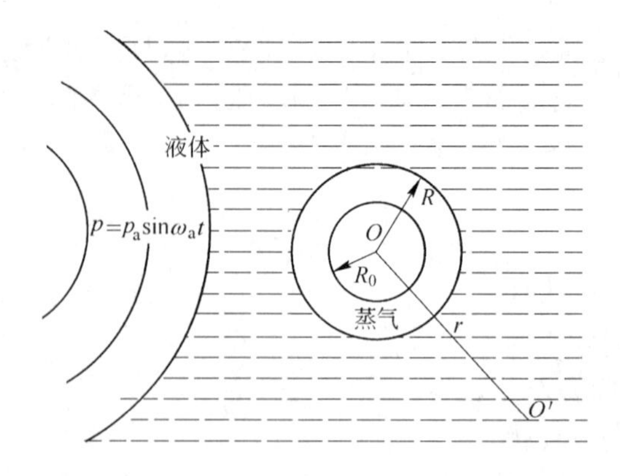

图 4-1 液体中气泡在声场中运动的示意图

Vander Waals 方程可推出泡内气压为：

$$p_i = p_0 - p_v + \frac{2\sigma}{R_0}\left(\frac{R_0}{R}\right)^{3n} \tag{4-3}$$

式中 p_v——蒸气压，Pa；

p_i——泡内压力，Pa；

R——任意时刻 t 时气泡半径，m；

n——反映过程热力学状态的多方指数，其数值范围为 $1 \leqslant n \leqslant \gamma$；

γ——气体的比热比。

具体来说，对等温过程，$n=1$；对绝热过程，$n=\gamma$；介于两者之间的状态，取 $1<n<\gamma$。γ 值则取决于气体的种类与状态。多原子气体的 $\gamma \approx 1.2$，水蒸气的 $\gamma \approx 1.3$，惰性气体的 γ 值较大，如氦，$\gamma \approx 1.67$。

将式（4-3）和外加声压 p 的表达式代入运动方程（4-2），并令 $\eta=0$ 则得：

$$\rho\left[R\left(\frac{\mathrm{d}^2R}{\mathrm{d}t^2}\right)+\frac{3}{2}\left(\frac{\mathrm{d}R}{\mathrm{d}t}\right)^2\right] = p_m\sin wt - p_0 - \frac{2\sigma}{R} + \left(p_0 - p_v + \frac{2\sigma}{R_0}\right)\left(\frac{R_0}{R}\right)^{3n} \tag{4-4}$$

显见，上式是一个非线性方程，一般得不到解析解。在特殊情况下，可使此运动方程线性化。例如，当 $p_m \ll p_0$ 时，气泡振幅很小，可令 $R=R_0+\delta$，$\delta \ll R_0$，并设运动为绝热过程，则在一级近似下，方程（4-4）简化为

$$\rho R_0^2\frac{\mathrm{d}^2\delta}{\mathrm{d}t^2} + \left[3\gamma\left(p_0+\frac{2\sigma}{R_0}\right) - \frac{2\sigma}{R_0}\right]\delta = 0 \tag{4-5}$$

此式显然是对时间 t 的齐次二阶常微分方程。由此可解出气泡做简谐运动时的固有频率为

$$f_r = \frac{1}{2\pi R_0}\left\{\left[3\gamma\left(p_0 + \frac{2\sigma}{R_0}\right) - \frac{2\sigma}{R_0}\right]/\rho\right\}^{\frac{1}{2}} \quad (4-6)$$

这种在弱声场作用下，气泡所做的稳定的小振幅脉动现象，通常称为“稳定空化”。然而，在一般情况下，方程（4－4）只能借助于计算机进行数值计算。

一般情况下，当 $p_m \geqslant p_0$ 时，计算得出下述结论：

（1）若外加声场的频率为 f_r，按式（4－6）可算出相应的气泡共振半径 R_{0r} 对初始半径大于共振半径（即满足 $R_0 > R_{0r}$ 时）的气泡，将发生复杂的形变运动，但一般不产生闭合过程。

（2）对初始半径小于共振半径（即满足 $R_0 < R_{0r}$ 时）的气泡，随着声压负压相的到来而不断增大，而当声压正压相到来时，气泡先因惯性继续升到最大半径 R_m，然后迅速收缩，直到闭合。这种有闭合的气泡运动，通常称为“瞬时空化”。

4.1.3 空化气泡的闭合与反跳

前面讨论的是空化气泡在声场作用下的一般运动规律。实际上气泡的运动，特别是气泡经最大半径以后，在声压的正压相，由于声压、液体中静压力、表面张力等多种压力联合作用下，其闭合阶段泡壁的速度将愈来愈快，因而引起气泡快速、复杂和剧烈的运动。泡壁的这种高速闭合，正是所有空化效应的决定性因素或缘由。因此，在分析空化效应之前，有必要先从气泡运动学角度来研究一下泡壁的闭合速度。

早在 1917 年，瑞利就从理论上计算了不可压缩液体中真空气泡在不计表面张力和黏滞情况下的泡壁闭合速度

$$U = \left[\frac{2p_0}{3\rho}\left(\frac{R_m^3}{R^3} - 1\right)\right]^{\frac{1}{2}} \quad (4-7)$$

式中 R_m——气泡开始闭合的初始半径，也即气泡生长的最大半径；

R——闭合过程中，任意时刻的气泡半径。

利用 $U = \frac{dR}{dt}$ 的关系，瑞利借助上式，导出气泡由半径 R_m 完全闭合到 $R = 0$ 所需要的时间为

$$\tau = \int_0^{R_0} \frac{1}{U} dR = 0.915 R_m \left(\frac{\rho}{p}\right)^{\frac{1}{2}} \quad (4-8)$$

式中 p——气泡闭合的外部压力。

后来，Noltingk 和 Neppiras 考虑了气泡初始半径 R_0 时，泡内压强（蒸气和空气含量的总压强）为 Q，在绝热压缩下，导出泡壁闭合速度为

$$U=\left\{\frac{2p}{3\rho}\left[\left(\frac{R_m}{R}\right)^3-1\right]-\frac{2Q}{3\rho(\gamma-1)}\left(\frac{R_m^{3\gamma}}{R^{3\gamma}}-\frac{R_m^3}{R^3}\right)\right\}^{\frac{1}{2}} \tag{4-9}$$

可以看出，当 $Q=0$ 时，式（4－9）就退化为式（4－7）。顺便指出，利用式（4－9）还可导出下面几点重要结果。

令 $U=\mathrm{d}R/\mathrm{d}t=0$，可得气泡最大及最小条件，由此得出最大气泡半径 $R=R_m$，而最小半径为

$$R=R_{min}=R_m\left[\frac{p(\gamma-1)}{Q}\right]^{\frac{1}{3(1-\gamma)}} \tag{4-10}$$

而令 $\mathrm{d}U/\mathrm{d}t=0$，可得泡壁速度 $U=\mathrm{d}R/\mathrm{d}t$ 最大值时的 R 值为

$$R=R_m\left[\frac{p(\gamma-1)+Q}{Q\gamma}\right]^{\frac{1}{3(1-\gamma)}} \tag{4-11}$$

一般 $Q\ll p(\gamma-1)$，故

$$R\approx R_m\left[\frac{p(\gamma-1)}{Q\gamma}\right]^{\frac{1}{3(1-\gamma)}} \tag{4-12}$$

将式（4－12）代入式（4－9），可得最大闭合速度为

$$U_{max}\approx\left\{\frac{2}{3\rho}\frac{p(\gamma-1)}{\gamma}\left[\frac{p(\gamma-1)}{Q\gamma}\right]^{\frac{1}{\gamma-1}}\right\}^{\frac{1}{2}} \tag{4-13}$$

同时，由式（4－10）和式（4－12）比较可知，气泡闭合速度最大值 U_{max} 出现在气泡最小半径之前的瞬间，即气泡半径满足下述条件

$$R=[\gamma]^{\frac{1}{3(\gamma-1)}} \tag{4-14}$$

对空气，$\gamma=1.4$，则有

$$R\approx1.3R_{min} \tag{4-15}$$

由上面的分析，特别是从泡壁闭合速度公式（4－9）和式（4－13）来看，闭合速度主要取决于气泡外部压力 p，泡内气压 Q，以及泡中气体的热力学状态 γ。在适合条件下，泡壁的闭合速度很快，可超过泡内气体中声速。可以设想，在这种极端条件下，气泡难以保持球形，泡内将产生内聚“微骇波”，进而发生高温、放电、发光等效应，此时的液体也不再是不可压缩的了。而当气泡完全闭合，即发生崩塌之后，这些积累的能量将以向外辐射的冲击波形式释放出来，同时还将伴随有气泡的“小脉动”与反跳过程，直至最后完全消失。以上是对单个气泡一次完整运动的简略描述。实际的情形还要复杂得多。首先可想到，在超声连续作用下，液体中众多气泡的复杂行为。因此应该说，无论对条件典型化了的“单泡空化”，还是对超声场中的“多泡空化”，仅就其运动特性及规律而言，仍是需要继续深入研究的。

4.1.4 空化的基本效应

4.1.4.1 高温效应

根据气泡作绝热闭合的速度公式（4－9），并利用气体绝热方程

$$TV^{\gamma-1} = T_0 V_0^{\gamma-1} = \text{const} \tag{4-16}$$

可导出气泡闭合到最小半径时，气泡温度为

$$T \approx T_0 \frac{p(1-\gamma)}{Q} \tag{4-17}$$

式中 T_0——气泡初始（即最大半径）时的气泡温度；

V_0——气泡初始时的体积。

设 $T_0 = 300\text{K}$，$Q = 0.01\text{atm}$，$p = 1\text{atm}(1\text{atm} = 101325\text{Pa})$，则按上式算出气泡闭合到最小半径时，气泡温度为 $T \approx 10000\text{K}$。

D. Srinivasan 等曾对饱含氩、氦、氮的水中空化光谱分析表明，空化发光相应的黑体辐射温度与按上式的计算值相符。

近期，1993 年 Carlson 等将他们获得的单泡声发光的光谱与黑体辐射光谱进行拟合，表明它与温度高达 $T = 16000\text{K}$ 的黑体辐射光谱很好地符合。

4.1.4.2 放电效应

空化气泡闭合瞬间产生电磁辐射，即存在放电效应。此现象在 1960 年之前，已被当时苏联学者进行的早期实验所证实。但对此现象的理论解释，却无法得出定论。

在实验方面，1960 年，有科学家曾用电探针在变压器油中，测出频率 21.3kHz 下超声空化的电磁辐射脉冲信号，但由于他收到的电脉冲宽度差不多占了超声波周期的一半，故不能从放电与气泡运动的相位关系上，来评价放电理论能否成立。

由此可见，通过严格的实验，准确测定放电和发光的产生与气泡运动的相关关系，是澄清这一学术争论的关键，也是揭示空化放电、发光产生机制的必要途径。

基于这一观念，并为避免超声场中多泡空化实验上的困难，我国学者从 1960 年开始，决定采用机械动力式方法，产生一个单个的较大气泡，并让它只做一次完整的空化运动过程，以便精确测定空化放电、发光的时间，两种辐射与被测液体性质、空化核气体性质以及各种实验参数之间的关系。参照 Chasterman－Schmid 动力式产生单个空化气泡的原理，自行研制了气泡产生以及放电、发光测量的实验系统。盛液容器在弹簧拉动下，迅速向上运动，当它突然被机械制动时，由注气管预先置于容器中心部位的空化核（$R_0 \approx 0.1 \sim 0.2\text{mm}$），因液体向上的惯性力拉动而开始长大，拉至最大（$R_m \approx 10\text{mm}$）后，因惯性力失去及因液

体与大气的压力而缩小闭合。用高速摄影机（拍摄速度 250～40000 帧/s）拍摄了多种液体（水、乙二醇、变压器油、氯化钠溶液等）中，不同气体（空气、氢、氧、二氧化碳等）空化核情况下，单个空化气泡运动的完整过程，即生长—最大—压缩—闭合—小脉动—崩塌—反跳—消失的全过程。

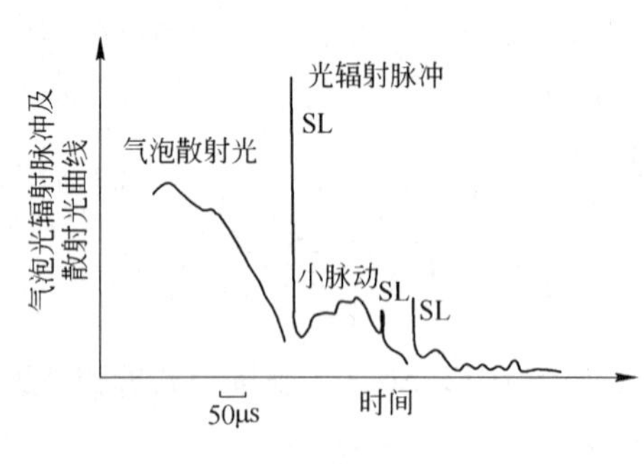

图 4 -2　单泡闭合阶段光辐射脉冲与气泡散射光时间曲线

用电探针在气泡附近接收到电磁辐射脉冲。用光电倍增管测得光辐射脉冲。双线示波器显示表明，两种辐射脉冲同时发生。进一步由光电倍增管记录的光辐射脉冲发生前后气泡散射光曲线（见图 4 -2）证明，最强的光脉冲发生在气泡完全闭合的短暂瞬间。并首先发现，在最强光脉冲之后，气泡产生“小脉动”。每次小脉动闭合前均有较弱的光辐射脉冲。

根据以上实验结果，我们对空化放电、发电机制曾提出如下论点：两种辐射极可能起源于相同的原因。即气泡闭合时，由于泡壁运动速度极快，超过泡内气体声速，从而在泡内产生微骇波，并向中心会聚。由于正离子与电子质量不同，发生电荷分离，形成很强的内部电场，同时产生高温，导致光、电辐射。而小脉动的产生，估计是微骇波会聚后又反射回来，对泡壁的反作用所致。

实验还表明，在气泡第一次生长 - 闭合过程中，气泡基本保持球形。只是在闭合阶段失去球形。从泡内气体的热力学状态来看，气泡的生长期应为等温过程，闭合期为绝热过程。因而产生很强的光辐射脉冲。小脉动闭合前的弱光辐射脉冲，表明它们的热力学状态处于等温与绝热之间。在小脉冲之后，即气泡崩塌后，还会产生多次反跳。这些反跳过程中，气泡往往是一些形状各异的气泡群。反跳闭合一般无电、光辐射脉冲产生，且逐次衰减，直至消失。表明这些反跳属等温过程。图 4 -3 为根据光电接收的气泡半径 - 时间曲线绘制的气泡运动及热力学状态曲线。

4.1.4.3　发光效应

近几年来，Crum 和 Gaitan 等，在单泡声发光研究上，取得了突破性进展。他们首创的声悬浮单泡空化实验。这种实验技术的重要优点在于：利用液体容器中驻波声悬浮新技术，将单个气泡稳定在指定的位置上，在超声换能器的激励下，产生连续性的空化运动；便于观察与测量；并非常接近于超声空化的实际情况。缺点是，这种方式下，气泡一般只作周期性的脉动或一定模式的形变振动。估计难以发生真正的闭合效应。

4.1.4.4　压力效应

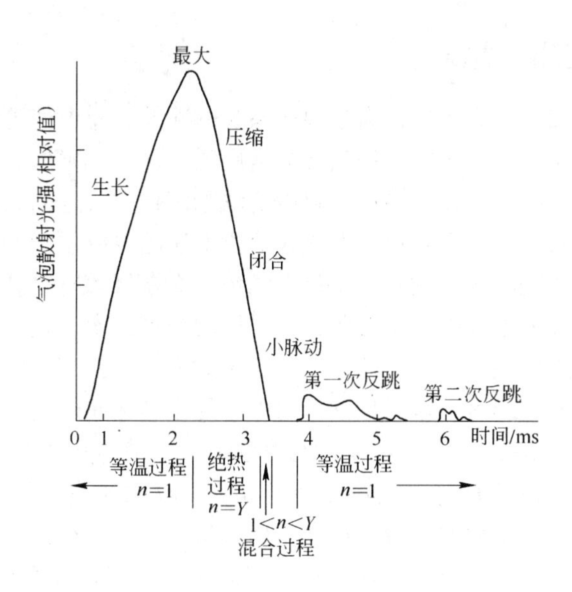

图 4-3 单泡运动的半径-时间及热力学状态曲线

借助气泡闭合速度公式，结合欧拉方程和连续性方程，可以导出气泡闭合时，在距气泡中心距离 r 处，液体中的压力方程。

瑞利借助于公式（4-7）导出了真空气泡闭合时液体中的压力公式。并证明，当气泡由 R_m 闭合到 R 时，在液体中距中心距离 $r=1.587R$ 处，产生的瞬间压力最大，可达：

$$p_{max} \approx p \times 4^{-\frac{4}{3}}(R_m/R)^3 \tag{4-18}$$

按此式计算，当 $R=1/20R_m$，$p=1\text{atm}$（$1\text{atm}=101325\text{Pa}$）时，气泡附近液体中可产生的最大压力为 $p_{max}\approx 1260\text{atm}$。

后来，Noltingk 和 Neppiras 由式（1-9），以相似方程推出其压力公式为：

$$p(r)=p+\frac{R_m}{3Z\gamma}\left[\frac{Z^\gamma Q}{\gamma-1}(3\gamma-4)+\frac{ZQ}{\gamma-1}+(Z-4)p\right]-\frac{R_m^4}{3Z^4\gamma^4}\left[p(Z-1)-\frac{Q}{\gamma-1}(Z^\gamma-Z)\right] \tag{4-19}$$

式中，$Z=\left(\frac{R_m}{R}\right)^3$。

可以看出，气泡最大半径 R_m 愈大，闭合愈小，即 Z 值愈大，则闭合产生的压力也愈大。气泡内气体压强 Q 愈小，则闭合速度也愈快，且最大压强产生在临近气泡壁的距离上。

4.2 空化强度测量方法

在理论研究和工业应用中，衡量超声系统的性能和超声处理效果，都需要对声场进行测量。大功率超声的应用领域非常广泛，比如超声医疗、超声清洗、声化学反应器等。直接影响超声治疗、超声清洗和声化学反应的关键因素是声致空化效应，声空化的强度及空化场分布成为分析上述超声应用中的重要问题。尤其空化状态下的声场测量比较困难，所以人们也一直在努力解决高强声场的测量问题，以确定超声液体处理中的最佳条件。早期的测量技术，是为了评价超声医疗应用设备所辐射声场强度的安全性而发展起来的。这些医疗诊断和治疗设备的工作频率都在兆赫兹范围内。以医疗领域为中心的小功率超声场，已经有了标准的测量方法。然而，低频 20 ~ 100kHz、大功率条件下液体中声场的测量是一个较复杂的难题，迄今还没有完全成熟的测量方法。应用在冶金领域中的超声波研究，为了在高温，高黏度的钢液中产生作用效果，对功率提出了更高的要求，功率在钢包中的分布情况，对于合理设置超声波源，增强搅拌效果是非常重要的，目前常用空化测量方法有以下几种：碘释放测量法、金属薄膜腐蚀法、电学法、晶体显色法、染色法、水听器法。

4.2.1 碘释放测量法

含有一定溶解空气的碘化钾溶液经超声辐照后，碘离子会形成分子析出，即当用超声辐射 KI 溶液时，I^- 被氧化为 I_2。当溶液中 I^- 过剩时，会与 I_2 反应生成 I_3^-。

$$I_2 + I^- = I_3^-$$

KI 的浓度为 0.1mol/dm^3，I_3^- 的吸光率在 355nm 下测量。

若在溶液中加入少量淀粉，则碘遇到淀粉呈蓝色，再采用硫代硫酸钠溶液滴定，当完成滴定时，溶液恢复为无色，这样由硫代硫酸钠的消耗量即可确定碘分子的释放量。大多数化学研究都使用频率为 20 ~ 50kHz 的低频超声，南京大学陈兆华等用碘释放法研究了超声的声化学产额随声强和辐照时间的变化，实验中将超声变幅杆的端部（直径为 10mm）插入研究样品中，然后由低向高依次改变超声发生器的输出功率（由仪器自身的屏极电流表监示），每次超声辐照 2min，然后加入少量淀粉并用摩尔浓度为 0.01mol/L 的硫代硫酸钠来滴定，测出相应的硫代硫酸钠用量，结果如图 4 - 4 所示，图中曲线为 6 组实验数据的平均值，I 为标准差范围，得到声化学产额声强呈非线性，随辐照时间近似呈线性的变化规律。而随辐照时间近似呈线性变化，进而研究了由 28kHz 与 1.06MHz 组成的正交辐照系统的声化学产额，结果表明该双频辐照产生的声化学产额远远大于两个单频分别辐照产额之和，这一结果，对探讨如何提高声化学产额具有令人鼓舞的

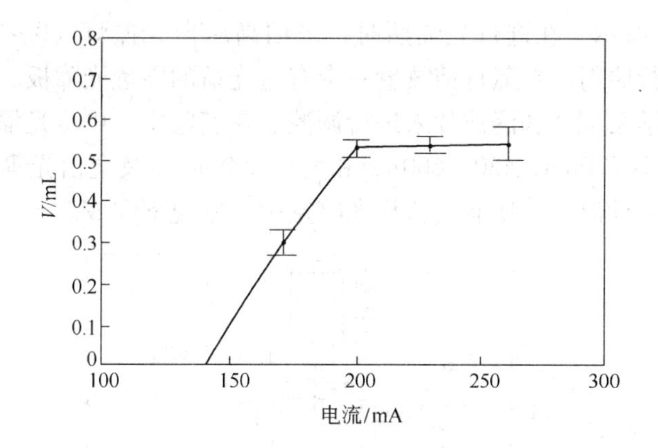

图 4－4 硫代硫酸钠用量与电流关系图

价值。

朱昌平、冯若等人研究了采用碘释放法发现双束脉冲超声辐照的空化产率增强效应（见图 4－5），实验结果表明，双束脉冲超声同时正交辐照的空化产率明显大于两束超声分别单独辐照的空化产率之和，如两束的超声脉冲声强大于 $5W/cm^2$ 时，则由图可见同时辐照的空化产率大约为其独束辐照空化产率之和的 2.8 倍；增强效应主要可解释为两束超声在相互作用声场内由于干涉作用使声扰动增强；同时每束超声空化时空泡内爆产生的新空化核，不仅为自身的再空化，也可为另一束超声的再空化提供贡献。

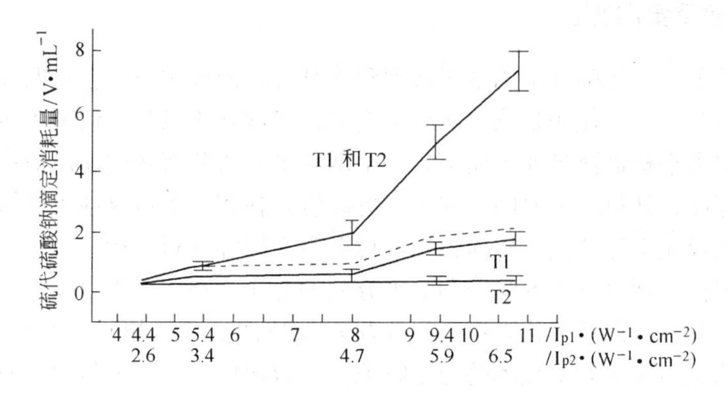

图 4－5 双束脉冲超声辐照空化产率的增强效应
（峰值声强化，脉冲周期 10ms）

南京大学声学研究所马春迎等人研究了碘化钾水溶液中碘释放现象与超声可见光协同效应。采用超声变幅杆换能器（20kHz，0～$3W/cm^2$）作为超声辐照源。实验时，将变幅杆换能器探头置于装有碘化钾水溶液（100mL）的烧杯中央，如图 4 -6 所示。在进行光辐照时，采用高压白光氙灯（0 ~ 7.64mW/cm^2）从烧杯侧面进行照射。在氙灯前放置一带有透光窗的不透光障板。辐照光的强度和波长利用光学衰减片和滤波片来进行调控。在实验中，可将光辐照波段分为小于 270nm，270 ~ 420nm，420 ~ 600nm 和大于 600nm 以及全白光等波段。光辐照功率采用光功率计测量。所有实验均在暗室中、室温下完成。

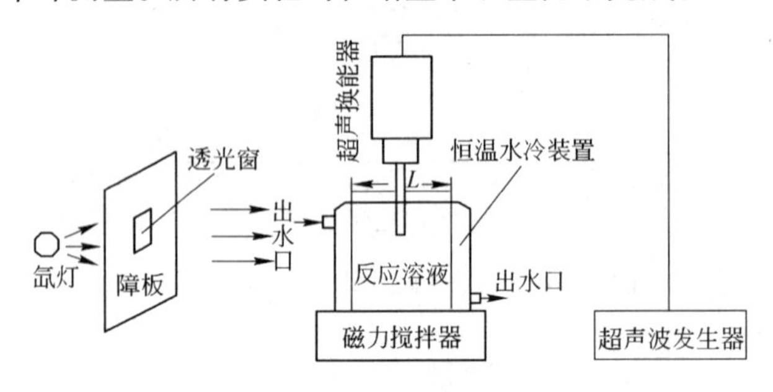

图 4 -6 实验装置

发现超声波和可见光共同辐照下，碘化钾水溶液中碘释放的产率显著高于超声波和可见光分别辐照下碘化钾水溶液中碘释放的产率之和，即该反应体系呈现出显著的声光协同效应。反应动力学研究表明，产生声光协同效应的原因可能是超声空化发生过程中对非均匀光化学反应系统理想的搅拌作用所导致的反应系统均匀化，并进而提高了光化学反应的产率和速率。

4.2.2 金属薄膜腐蚀法

在工业上，空化强度可用金属薄膜和将其悬在液体中由于空化腐蚀而损失的重量来表示。其具体做法是取表面平整光滑，厚度几十微米的铝箔固定在一框架上，其面积大小根据测量要求而定。将铝箔水平浸入装有水的超声清洗槽中并固定在某一深度，开机一定时间后取出，可以看到在铝箔上被腐蚀出许多小孔。用麻点计数法及光学显微镜、双筒扫描电镜对表面损坏进行分析、观察，这个方法能直观、定性地观察空化的强弱和水平方向的分布，铝箔应垂直插入槽中；比较不同功率时某个方向的空化强度时，应尽量保持测试条件相同，如水深、水质、温度等。从其结果可知空化场的力学特征，结合流体力学、材料力学及物理化学等方面知识，可进一步探索空蚀机理。目前空化声场测量的难点在于其复杂性，高强超声场测量的复杂性在于空化以及一系列的物理效应。

广西大学王向红等人对洗涤槽内超声空化的相对强度及其分布进行了研究。超声频率 28kHz，清洗液为自来水且在室温（250℃）时，液面离清洗槽顶部为 70mm，超声功率 300W，超声作用时间 3min 分别在单面超声作用（B 面的换能器工作）、双面超声作用、单面超声且扫频作用（B 面的换能器工作）和双面超声且扫频作用时，用长 × 宽为 295 × 270mm^2 的木框固定铝箔纸，先后平行A、B两个面垂直放入水中并固定，以声源为起点，A、B两个面以步长分别为5.85cm、6cm的距离测量不同的八个位置的空化强度。采用铝箔腐蚀法，应用图像、数据处理软件对试验结果进行处理，最后对实验结果进行讨论（见图4－7）。

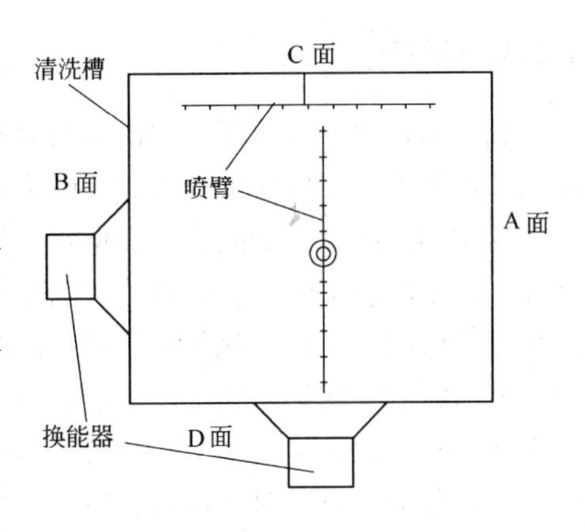

图4－7　洗涤槽俯视图

实验结果表明空化强度在清洗槽中部最大，而在远离声源的地方声波强度有所减弱。这是由于较高的声强会造成空化泡过多，形成声波屏障，使声波不容易传播到整个液体空间，因而造成在离声源较远的地方，空化相对强度变小。有扫频作用时比没有扫频作用时清洗效果要好。由于清洗槽是有限空间，超声波由声源向液面传播时，在液体和清洗槽壁及和气体的交界面会反射回来而形成驻波。这样会造成清洗不均匀的现象。要减少驻波的影响，可将清洗槽特意做成不规则的形状，避免驻波的形成，或者在超声电源方面采取扫频的工作方式，也就是在清洗过程中使超声频率在合理的范围（25～30kHz，步长为100Hz）内往复扫动，让声压最小点不固定在一个地方，而是不断地移动，同时带动清洗液形成细微回流，以减少清洗的不均匀现象。通过比较图4－8和图4－9，可以明显地看出，扫频作用后铝箔纸腐蚀孔较小且分布比较均匀，也就是说超声空化场分布较均匀，而无扫频作用时铝箔纸腐蚀孔较大，集中在局部，使局部易产生蚀点，对餐具和清洗槽都是不利的。这一点从图4－8和图4－9中也能反映出来。

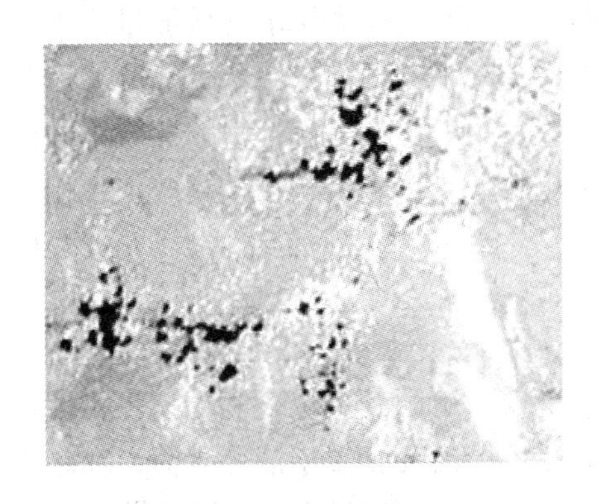

图4－8　有扫频作用时铝箔腐蚀情况

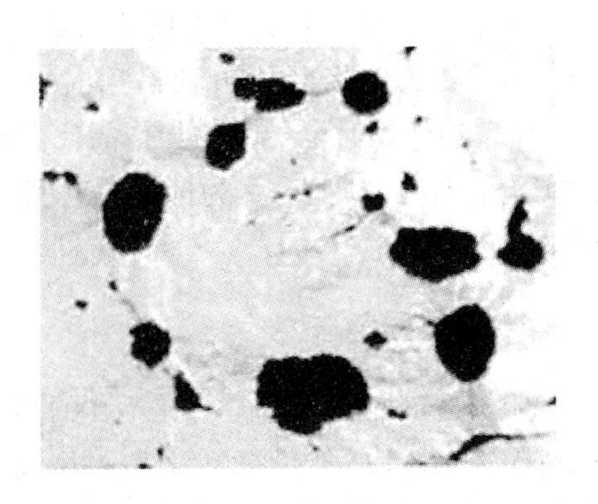

图4－9　无扫频作用时铝箔腐蚀情况

4.2.3　电学法

在一般情况下，溶于水中的氮与氧不发生化学反应，但声空化却可使溶于水中的氮和氧发生反应而形成 NO，进而又被氧化生成 NO_2，NO_2 与水发生反应生成等摩尔的硝酸和亚硝酸，从而使水的导电性发生变化，具体表现为水的电导率增加。测出电导率的变化，就可以间接地推知空化效应的产量。利用声空化产生的化学效应间接了解空化场特性是目前广泛采用的方法。关于声化学的研究，目前比较活跃的领域是生化学反应器及如何加速化学反应，提高生化学产额。南京大学从实验与理论上均证明要获得高的声化学产率，声化学反应应在混响场中进行，多频照射，辐射时间控制、最优辐照频率、功率等都会影响产率。有研究学者采用电学法对 28kHz 分别与 1.04MHz 和 1.7MHz 组成的双频超声辐照系统的空化增强效应进行了研究，实验结果如图 4－10 和图 4－11 所示。

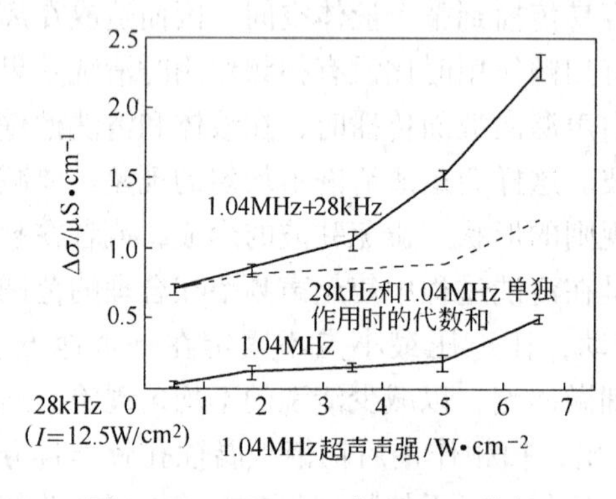

图 4－10　1.04MHz 与 28kHz 联合作用的电导率增强效应

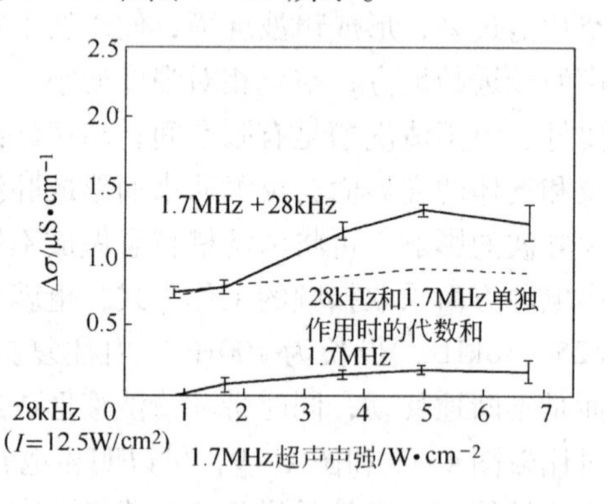

图 4－11　1.70MHz 与 28kHz 联合作用的电导率增强效应

图中上面的一条实线为低兆赫兹与 28kHz 联合作用时电导率增加量，下面的一条实线为低兆赫兹单独作用时电导率增加量，中间的虚线为低兆赫兹与 28kHz 单独作用时电导率增加量的代数和。图 4－10 和图 4－11 中的实线均为两次实验数据的平均值，*I* 为标准差范围，图左侧给出的是 T_1（28kHz）单独作用时的声空化产额。

4.2.4　晶体显色法

胆甾型液晶受光时，会在不同的温度下呈现出不同的颜色，利用这一特性可以对超声场成像。将一面涂有胆甾型液晶的黑色聚乙烯膜置于液体表面，在超声波作用下，随着薄膜吸收声能的温度变化，胆甾型液晶的温度也相应发生了变化，在光的照射下，会呈现出反应声场声强分布的彩色图案。此方法的特点是直观，但操作复杂，易受干扰，误差大。

4.2.5 染色法

染色法是一种测量低频高强声场的声强分布方法，该方法是将纸板放入染色料一定的水溶液中，在声场作用下，染色料将优先附着在声能较强处，经过声场短时间辐照后，在纸板上就可以得到代表声场空间分布和声强大小的染料图案。由于在纸板上形成的染料图案不仅与声强有关，而且还与染料溶液的浓度、作用时间和纸的质量有关。因此，需要进一步研究这些因素的影响，探讨其作用机理，并将这一方法与其他测量方法相比较，使之更定量化。

西安科技大学张涛、张勇元等人利用染色法测量侧置换能器清洗水槽中声空化场，通过改变功率，对多种染色载板的染色效果加以比较，实验中对不同厚度的国产白卡、荷兰白卡、国产铜版纸和韩国铜版纸 12 种规格的载体纸进行染色对比，以确定其中最适合染色法使用的纸张，并提出染色法最佳观测时间为染色结束第一时间，最佳观测方法为用专业作图的背景光桌面观察，同时，研究了变频条件下清洗水槽中的空化分布。实验用侧置换能器清洗水槽中的空化场呈现葫芦状分布，并且轴线上出现强弱变化区域，但强弱区域分布与理想驻波分布相差很大。连续变频下的空化场强度与分布比恒定频率下要强很多，并且分布非常均匀，如果忽略变频对换能器产生的机械影响，这个结果对多频清洗和提高清洗效率有借鉴价值。连续变频下获得均匀的空化场，染色法能形象描述超声清洗设备和声化学反应器中的声空化分布，并且具有简单、直观、经济、可信度高的优点，是一种实际可行的声空化定性评价方法。

4.2.6 水听器法

水听器法是目前使用最广泛的一种声场测量方法，主要利用水听器直接接收声场中的声信号。水听器通常由以下三个基本部件构成：电缆接头、灵敏元件和前置放大器。灵敏元件是水听器的核心部件，它能产生一个正比于被测声压的电压。灵敏元件可由磁致伸缩、压电或铁电材料做成，或者利用导线在磁场中运动产生电压的原理做成。为了防水，灵敏元件通常都密封在一个充油的橡胶罩中。因为压电或铁电材料的灵敏度高、频带宽，所以大多数水听器的灵敏元件都是使用压电或铁电材料。按作用原理的不同，水听器可分为压电水听器、磁致伸缩水听器和光纤水听器等，目前最常用的是压电式声压水听器。针形压电陶瓷水听器由于其坚固耐用，具有高的灵敏度以及较小的尺寸等优点，使其适合于测量高强超声场。但由于针形水听器的尺寸太小使得接收到的信号很微弱，这将给后期信号的观测和处理带来极大不便，此外压电陶瓷元件的径向振动和声吸收等影响给水听器的结构设计带来困难，使得实测的频率、指向性和理论值会有一定的偏差。目前，使用较多的压电材料还有高分子聚合物——偏氟乙烯（PVDF），它的主要优点是化学性能稳定，能与水形成很好的匹配以及频响宽，但是使用时间长了以后压电元件和连线的接触容易出现问题，而且 PVDF 在 60℃时会出现退极现象。

在过去 50 年里关于声空化的物理解释和应用，已有了大量的技术资料。在诸如超声清洗这样的大功率超声应用中，超声技术的重要性长期以来都受到人们的重视，并且也有了稳步的提高，但对设备的好坏未能给出一个量化的评价标准。这种情况的出现，毫无疑问是由于空化过程的复杂性导致的。另一个阻碍大功率测量方法发展的因素是缺乏合适的空化测量设备。基于此种原因，英国国家物理实验室（NPL）的 Zeqiri 等人研制了一种新型传感器，它的设计就是为了监测在外加声场作用下，微气泡振动而产生的空化辐射。它的独特特征在于空心开放性的圆柱状外形，传感器的高度为 32mm，外部直径为 38mm。它的内部直径为 30mm；内表面被 110μm 厚的压电材料薄膜覆盖，它的测量带宽很大，足够测量到声辐射所达到的（或超过）10MHz 信号。测量时传感器被浸入液体测试媒质中，它可以监测到出现在传感器内部的兆赫级声辐射。为了消除传感器外部空化产生的影响，它的外表面被一层特殊的 4mm 厚的聚氨酯所密封。密封层的作用就是屏蔽外部空化声场和减小对 40kHz 外加声场的干扰，这种材料在兆赫级频率时会对外部声场产生衰减（在 1MHz 时平面波的传播损失大于 30dB）。并利用大量实验验证了这种新型传感器的实用性。近年来国内外出现了一种被称为矢量水听器的新型接收换能器，这种水听器用于测量水声场中媒质的质点振速或声压梯度。因为振速或声压梯度是“矢量”，所以称这种水听器为矢量水听器。根据这种原理，贾志富于 2000 年提出了一种用于测量超声波声场强度的新型水听器，它是由声压型水听器与振速水听器组合构成的，通过测量某点的声压值和振速矢量来计算该点的声能流大小和方向。

基于水听器测量原理，杭州成功生产了超声波功率测量仪，可随时随地，快速简便地测量声场强度，并直观地给出声功率数值。根据使用场合的不同。超声波功率测试仪可做成便携式和在线检测式。测量仪运用的是压电陶瓷的正压电特性，即压电效应。当对压电陶瓷施加一个作用力时，它就能将该作用力转换成电信号。在同样条件下，作用力越强，电压越高。若该作用力的大小以一定的周期变化，则压电陶瓷就输出一个同频率的交流电压信号。由于空化作用和其他干扰，实际的电压波形是一个主波和许多次波的叠加。要了解声场的实际作用波形，建议用频谱分析仪或示波器观察。探测棒的输出端接通用的交流微伏表或交流毫伏表，亦可接示波器，仪表量程一般可设定在 10mV 或 100mV。本书进行实验的设备是中美合资扬中科泰电子仪器有限公司（原扬中市光电仪器厂）CA2171 毫伏表。探测棒头部是超声波敏感区域，不要敲击或碰撞硬物。声功率强度计算如设定是在水介质中，声速 $c=1450\text{m/s}$，密度 $\rho=1\text{g/cm}^3$，则超声波 $I=XV^2$，声强 I 单位 W/cm^2，电压 V 单位 V，X 为本机（YP20A094）出厂检验校准值，由厂方提供的具体数值，本机的检验校准值 X 为：0.64。

4.3 超声空化泡的数值模拟方法

由前面的叙述可知，研究气泡动力学的目的是为了确定气泡内气相和液相的流场以及获得气泡壁的运动方程，从而进一步研究超声场下气泡运动情况以及可能导致的各种效应，为实践提供了坚实的理论依据。对超声场下空化气泡的运动方程的建立，一般通用的做法是求解气泡内气相和液体液相的连续性方程以及动量、能量方程以及通过气泡壁的质量、动量、能量传递方程。从而得到所需要的各类参数的表达式。

本书沿用 Rayleigh 方程推导方法，同时考虑多种影响空化气泡壁运动的参数，把气泡看作一个以液体为负载的振子，由能量守恒推导出多种参数作用下空化气泡壁的运动方程，使整个过程的物理意义更加清晰。

4.3.1 模型的建立

当一束以 $p_A\sin wt$ 为波动特性的超声波在液体中传播时，液体中存在的微小气泡将受到超声波的拉伸和压缩。气泡在超声波作用下运动，如图 4-12 所示。气泡在超声波负压相位时，由于气泡壁受到的合力指向液体，所以气泡会快速膨胀；在超声波正压相位时，由于气泡壁受到的合力指向泡内，所以气泡会快速地收缩。现一含气体和水蒸气的气泡在声波压缩相的某一时刻在合外力 p 作用下从半径 R_0 减小到半径 R，把气泡看作一个以液体为负载的振子，由能量守恒推导出多种参数作用下空化气泡壁的运动方程。为了建立超声波作用下气泡壁的运动方程，对模型进行简化，做以下假设：

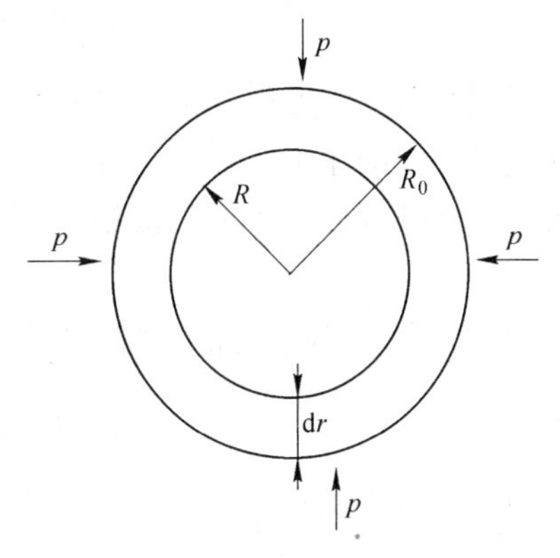

图 4-12 空化气泡振动简化模型

(1) 气泡在运动过程中球心固定；

(2) 气泡在运动过程中其形状始终保持球形；

(3) 气泡壁只做径向运动；

(4) 忽略重力的影响；

(5) 气泡内气体近似看作理想气体；

(6) 液体为不可压缩的液体；

(7) 气泡在运动过程中能量无损耗；

（8）不考虑声辐射损耗。

4.3.2 气泡壁运动方程的推导

在以上模型简化的基础上，当气泡在合外力 p 作用下从半径 R_0 减小到半径 R，则合外力对气泡做功为：

$$W = -\int_{R_0}^{R} p4pR^2 \mathrm{d}R \tag{4-20}$$

这个功应该等于空泡获得的动能，把气泡看作一个以液体为负载的振子，在密度为 ρ 的流体中，半径为 R 的径向振动的气泡，它的共振质量 M 为：

$$M = 4\pi R^3 \rho \tag{4-21}$$

因此空泡获得的动能为：

$$EK = 2\rho\pi R^3 (\dot{R})^2 \tag{4-22}$$

气泡在合外力 p 作用下从半径 R_0 减小到半径 R，则合外力对气泡做功等于空泡获得的动能，即：

$$2\rho\pi R^3 (\dot{R})^2 = -\int_{R_0}^{R} p4\pi R^2 \mathrm{d}R \tag{4-23}$$

现对合力 p 进行分析，气泡在液体中运动，除受到超声波的作用外，还受到其他多个力的作用，在 t 时刻，当半径为 R 的气泡在液体中保持平衡时，此时作用在气泡壁内外的压力应该相等。设泡内压力为 p_w，泡外压力为 p_{out}，则有：

$$p_m = p_v + p_g \tag{4-24}$$

式中，p_v 和 p_g 分别为泡内的蒸气压及气体压力。

$$p_{out} = p_0 - p_A \sin wt + \frac{2\sigma}{R} + 4\mu \frac{\dot{R}}{R} \tag{4-25}$$

式中，p_0 为作用在气泡壁上的流体静压力，Pa；在此取大气压；$p_A \sin wt$ 为超声波作用在气泡壁上的压力，Pa；$\frac{2\sigma}{R}$为作用在气泡壁上的表面张力，Pa；$4\mu \frac{\dot{R}}{R}$为作用在气泡壁上的黏滞力，Pa；$\dot{R}$ 为空化气泡壁上质点的运动速率，m；R 为气泡的瞬时半径，m；$w = 2\pi f$，为超声波的角频率，Hz。

则作用在气泡壁上的合力 p 应该对于：

$$p = p_{out} - p_m = p_0 p_A \sin wt + \frac{2\sigma}{R} + 4v \frac{\dot{R}}{R} - p_v - p_s \tag{4-26}$$

由于假设泡内气体为理想气体，则气体压力变化符合理想气体变化方程：

$$p_g = \left(p_0 + \frac{2\sigma}{R_0}\right)\left(\frac{R_0}{R}\right)^{3k} \tag{4-27}$$

式中，k 为多变指数，它可从比热比 γ（绝热条件下）变到 1（等温条件下）；R_0 为气泡初始半径，m。

将式（4-27）带入式（4-26），得到最终合力 p 的表达式：

$$p = p_{\mathrm{out}} - p_{\mathrm{m}} = p_0 - p_{\mathrm{A}}\sin wt + \frac{2\sigma}{R} + 4\mu\frac{\dot{R}}{R} - p_{\mathrm{v}} - \left(p_0 + \frac{2\sigma}{R_0}\right)\left(\frac{R_0}{R}\right)^{3k} \quad (4-28)$$

将式（4-27）带入式（4-23），方程两边对 R 求导，可以得到：

$$R\ddot{R} + \frac{3}{2}(\dot{R})^2 = \frac{1}{\rho_{\mathrm{L}}}\left[\left(p_0 + \frac{2\sigma}{R_0}\right)\left(\frac{R_0}{R}\right)^{3k} - \frac{2\sigma}{R} - 4\mu\frac{\dot{R}}{R} - p_0 + p_{\mathrm{v}} + p_{\mathrm{A}}\sin wt\right] \quad (4-29)$$

式（4-29）为瑙汀克-尼皮拉斯方程，即为超声波作用下气泡壁的运动方程，式中 $\ddot{R}$ 为空化泡壁上质点的加速度，初始条件为 $t=0$，$R=R_0$，$\dot{R}=\frac{\mathrm{d}R}{\mathrm{d}t}=0$。

式（4-29）表示在各种参数作用下，气泡壁的运动方程。式（4-29）属于二阶非线性常微分方程，求不到解析解，为了充分分析方程中各个参数对气泡壁的运动影响，需要利用数值迭代法求其数值解。

4.3.3 气泡壁运动方程的数值计算

由于方程式（4-29）属于二阶非线性常微分方程，求不到解析解，需要采用数值迭代法求其数值解。为此，本书采用 Matlab 计算工具对建立的模型方程进行求解。通过计算机模拟，为超声在实验研究及工业应用方面提供了一定的理论指导。对方程式（4-29）采用 4~5 阶的龙格库塔算法，利用 Matlab 进行程序编写，计算画图程序为：

```
function drawPicture(Pa,str)
global f R0 P0 Pa Ki pi rho sigma mu w Pv fr I
f =2 * 10^4;
R0 =5 * 10^(-6);
time =1/f;
P0 =1.013 * 10^5;
Pv =6;
Ki =1.35;
rho =7000;
mu =6.7 * 10^(-3);
sigma =1.4;
pi =3.1415926;
w =2 * pi * f;
step = time/240;
ttime =8 * time;
omigar = sqrt(3 * Ki * (P0 +2 * sigma/R0) -2 * sigma/R0 -4 * mu^2/(rho * R0^2))/(rho * R0^
2);
```

```
[t,y] = ode45('qipao',[0 ttime],[R0;0]);
fr = omigar/2/pi
I = Pa^2/(rho * 4000);
omigar
fr
I
% plot(t/time,y(:,1)/R0,'k');
plot(t/time,y(:,1)/R0,str);
hold on;
```

函数程序：

```
function dy = qipao(t,y)
global f R0 P0 Pa Ki pi rho sigma mu w Pv
    dy = [y(2);((P0 +2 * sigma/R0) * (R0/y(1))^(3 * Ki) - 2 * sigma/y(1) - 4 * mu * y(2)/y(1) + Pv - (P0 - Pa * sin(w * t)))/rho/y(1) - (3/2 * y(2)^2)/y(1)];
```

执行程序：

```
clc;
clear all;
close all;
global f R0 P0 Pa Ki pi rho sigma mu w Pv fr I
PaArray = [1 * 10^5 1.2 * 10^5 1.5 * 10^5 3 * 10^5];
    colorArray = {'k','k','k','k'};
    figure;
hold on;
for i = 1:4
    Pa = PaArray(i);
    drawPicture(Pa,cell2mat(colorArray(i)));
end
box on;
xlabel('t = Time/T');ylabel('Solution R(t)/R0');legend('R = R(t)/R0')
```

4.4　水溶液中空化气泡影响因素

由于方程式（4－29）属于二阶非线性常微分方程，求不到解析解，需要采用数值迭代法求其数值解。为此，本书采用 Matlab 对建立的模型方程进行求解。为了尽量和实际实验条件一致，本书采用 25℃ 的水作为模拟体系。由于频率，声压等因素的改变对方程式（4－29）的影响很大。下面就对这些影响因素进行数值分析。

由于空化现象涉及诸如液体、气泡、声场及环境等多方面的条件因素，因此反映这些条件的很多有关物理参数都会影响到空化过程，如成核、空化泡振动、生长及崩溃。

4.4.1 液体若干物理参数的影响

4.4.1.1 液体的黏度（μ）

现以25℃的水为模拟体系，计算采用参数 $p_0=1\times10^5$Pa，$p_v=2.3388\times10^3$Pa，$k=1.33$，$\rho=1000$kg/m^3，$\sigma=7.275\times10^{-2}$N/m，$R_0=5\times10^{-5}$m，初始条件 $t=0$，$R=R_0$：

$$\dot{R}=\frac{\mathrm{d}R}{\mathrm{d}t}=0$$

应用频率 f 为20kHz，应用声压振幅为 $p_A=1.325\times10^5$Pa 的正弦变化的超声作用，液体的黏度分别为 1.0×10^{-3}Pa·s，3×10^{-2}Pa·s，1.0×10^{-1}Pa·s 状况下，对方程式（4-29）进行数值计算模拟得到的空化泡半径随时间的变化关系见图4-13。

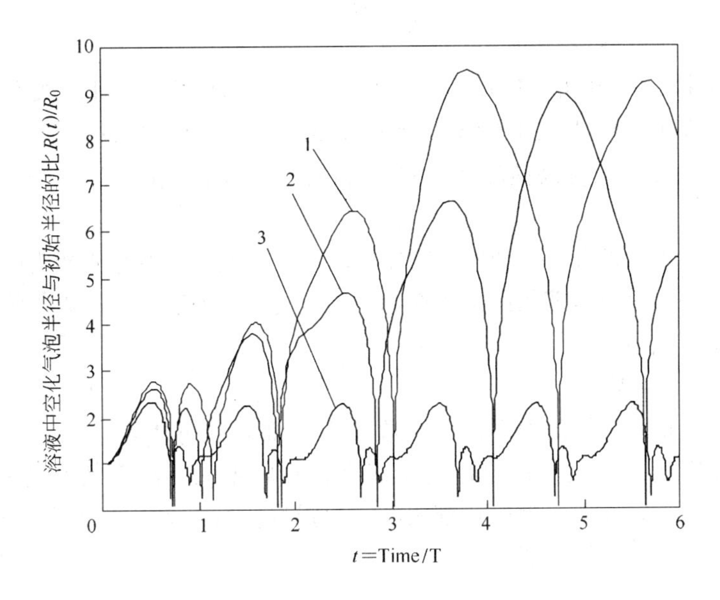

图4-13 不同液体黏度下气泡半径随时间的变化曲线

1—$\mu=1.0\times10^{-3}$Pa·s；2—$\mu=3\times10^{-2}$Pa·s；3—$\mu=1.0\times10^{-1}$Pa·s

从图4-13可以看出，随液体黏度的增大，气泡的振幅逐渐减小，空化情况减弱。这是因为在液体中形成空腔或充气空腔，要求在声波膨胀相内产生的负压能克服液体分子间的引力。所以黏滞性大的液体中空化较难发生。但是液体黏度对气泡振幅的影响比较小。不同液体的空化阈值声压幅值如表4-1所示。

表 4-1　不同液体的空化阈值声压幅值

液　体	μ/Pa·s	p_A/×1.013×10^5Pa
海狸油	6.3	3.9
橄榄油	0.84	3.6
玉米油	0.63	3.1
亚麻籽油	0.38	2.4
四氯化碳	0.01	1.8

由表 4-1 可见，液体黏度对 p_A 值的影响虽然不大，但可以看出，如海狸油的黏滞系数是玉米油的 10 倍，相应的空化阈值声压增大了 30%。

4.4.1.2　蒸汽压（p_v）

现计算采用参数 $p_0=1\times10^5$Pa，$k=1.33$，$\rho=1000$kg/m^3，$\sigma=7.275\times10^{-2}$N/m，$R_0=5\times10^{-5}$m，$\mu=1.0\times10^{-3}$N·s/m^2，初始条件 $t=0$，$R=R_0$：

$$\dot{R}=\frac{\mathrm{d}R}{\mathrm{d}t}=0$$

应用频率 f 为 20kHz，应用声压振幅为 $p_A=1.325\times10^5$Pa 正弦变化的超声作用，气泡的内压分别为 2.3388×10^3Pa，2.3388×10^2Pa，8.66×10^3Pa 状况下，对方程式（4-29）进行数值计算模拟得到的空化泡半径随时间的变化关系见图 4-14。

从图 4-14 可以看出，随着气内压的增大，气泡在声波膨胀相内的振幅也随之增大，但是在声波压缩相内由于作用于气泡的总压力减小，所以气泡在声波压缩相内的振幅减小。

4.4.1.3　温度

温度升高将使液体的表面张力系数 σ 及黏滞系数 η 下降，从而导致空化阈值下降，使空化易于发生；但是由于温升，p_v 将增大，从而使空化强度减弱。因此，在声化学处理中，为得到较大的空化强度，通常要在较低的温度下进行，而且要选用蒸汽压较低的液体。

4.4.2　声场参数的影响

4.4.2.1　声波频率（f）

选取 $p_0=1\times10^5$Pa，$p_v=2.3388\times10^3$Pa，$\rho=1000$kg/m^3，$\sigma=7.275\times10^{-2}$N/m，$k=1.33$，$R_0=5\times10^{-5}$m，$\mu=1.0\times10^{-3}$Pa·s，初始条件 $t=0$，$R=R_0$：

$$\dot{R}=\frac{\mathrm{d}R}{\mathrm{d}t}=0$$

应用声压振幅为 $p_A=1.325\times10^5$Pa 正弦变化的超声作用，应用频率 f 分别为

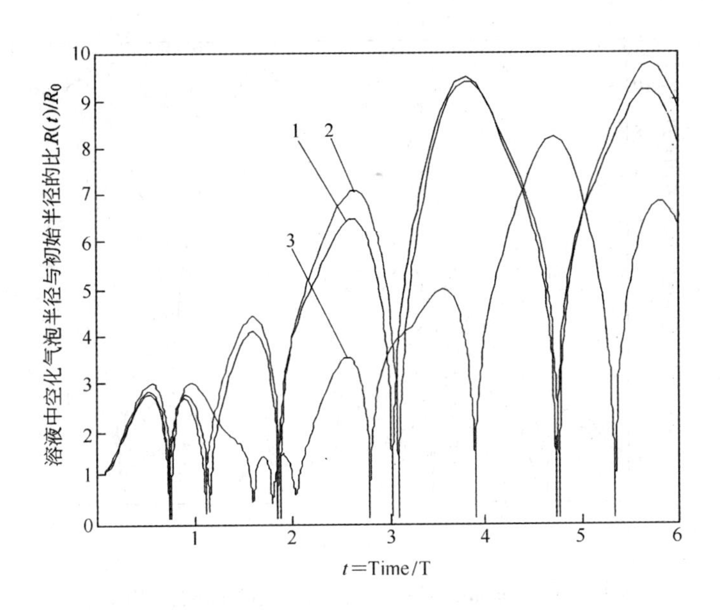

图 4-14 不同气泡蒸气压下气泡半径随时间的变化曲线

1—$p_v = 2.3388 \times 10^3$ Pa，2—$p_v = 2.3388 \times 10^2$ Pa，3—$p_v = 8.66 \times 10^3$ Pa

20kHz，40kHz，60kHz 状况下，对方程式（4-29）进行数值计算模拟得到的空化泡半径随时间的变化关系见图 4-15。

由图 4-15 可发现，在其他条件和实验数据保持不变时，随着超声波频率的变大，不仅空化泡的振幅在逐渐变小，并且空化气泡所达到的最大半径值的时间也变长了，这就说明随着超声波的频率变大，空化气泡带来的空化效应也将减弱，当超声波频率大到特定数值时，声空化会变得难以发生。这是因为随着频率的增高，声波膨胀相时间变短，空化核来不及增长到可产生效应的空化泡，即空化泡形成，声波的压缩相时间变短，空化泡来不及发生崩溃。

因此在超声应用过程中，当其他实验条件保持相同时，为了提高超声作用的效果，应该采用低频的超声波。

4.4.2.2 声强（I）

声强 I 定义为通过垂直于声传播方向的单位面积上的平均声能量流。即 $I = \frac{\overline{W}}{S} = \bar{\varepsilon} c_0$。声强的单位为瓦每平方米，即 W/m²。根据程序，声强也可以用公式（4-30）表示：

$$I = p_A^2 / (\rho \times 3000) \tag{4-30}$$

一般来说，在声空化阈值声强以上，提高声强会使声化学反应产量增加，但

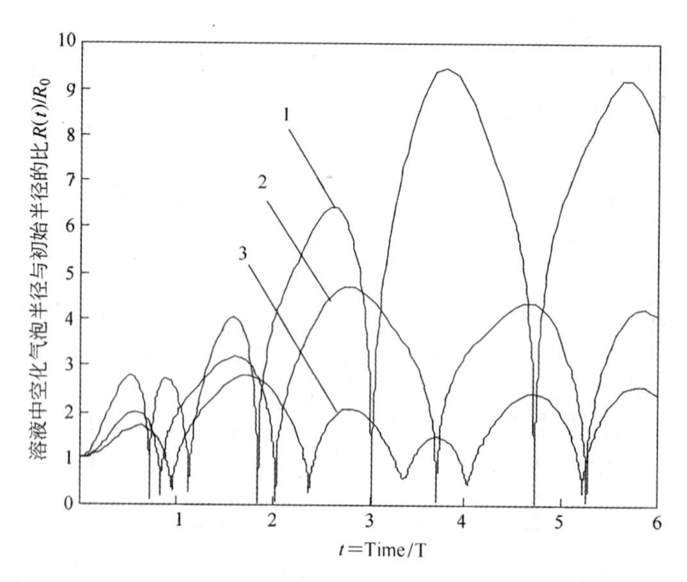

图 4 - 15 不同超声频率下气泡半径随时间的变化曲线

1—f=20kHz，2—f=40kHz，3—f=60kHz

提高声强有一定的界限，超过这个界限，空化泡在声波的膨胀相内可能增长过大，以致它在声波的压缩相内来不及发生崩溃，从而使声化学反应产额趋于饱和甚至会下降。

现以25℃的水为模拟体系，计算采用参数 $p_0 = 1\times10^5$Pa，$p_v = 2.3388\times10^3$Pa，$k = 1.33$，$\rho = 1000$kg/m³，$\sigma = 7.275\times10^{-2}$N/m，$R_0 = 5\times10^{-5}$m，$\mu = 1.0\times10^{-3}$Pa · s，初始条件 $t = 0$，$R = R_0$，$\dot{R} = \frac{dR}{dt} = 0$。

应用频率 f 为20kHz，应用声压振幅为 p_A，p_A 根据公式（4－29）可计算出来，即 $p_A = \sqrt{I(\rho\times3000)}$。声压 I 分别为20W/cm²，40W/cm²，60W/cm² 正弦变化的超声作用，对方程式（4－29）进行数值计算模拟得到的空化泡半径随时间的变化关系见图4－16。

由图4－16可以看出，随着声压 I 的增大，在超声的正压区，超声对空化泡的拉伸作用加强，使得空化泡的半径增加也变大了；而在超声的负压区域，超声对空化泡的压缩作用加强下，使得空化泡的半径减小得更多，这必然导致空化泡运动加剧。由此可知，无论是瞬态空化还是稳态空化，要使空化泡的运动比较剧烈，都需要采用声压幅值比较高的超声波。

4.4.2.3 声压（p_A）

现利用Matlab程序对方程式（4－29）进行数值计算模拟，以25℃的水为模

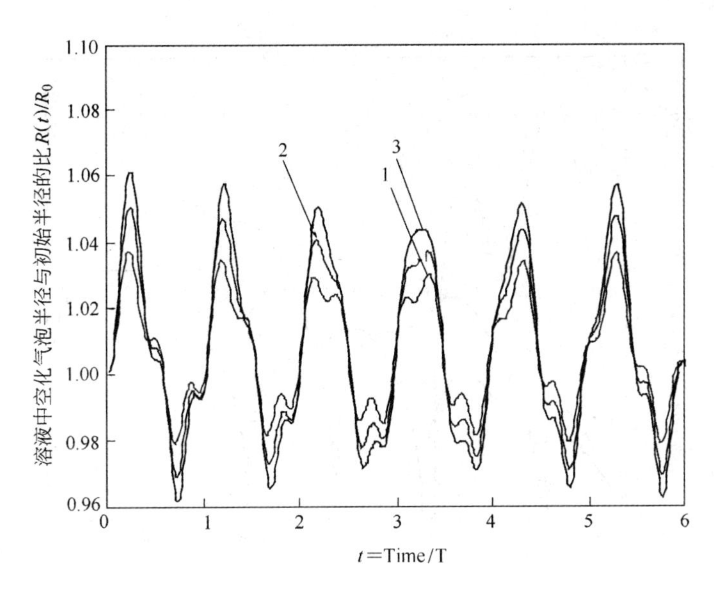

图 4-16 不同超声声强下气泡半径随时间的变化曲线

1—$I=20\mathrm{W/cm^2}$；2—$I=40\mathrm{W/cm^2}$；3—$I=60\mathrm{W/cm^2}$

拟体系，采用参数 $p_0=1\times10^5\mathrm{Pa}$，$p_v=2.3388\times10^3\mathrm{Pa}$，$k=1.33$，$\rho=1000\mathrm{kg/m^3}$，$\sigma=7.275\times10^{-2}\mathrm{N/m}$，$R_0=5\times10^{-5}\mathrm{m}$，$\mu=1.0\times10^{-3}\mathrm{Pa\cdot s}$，初始条件 $t=0$，$R=R_0$，$\dot{R}=\dfrac{\mathrm{d}R}{\mathrm{d}t}=0$。应用频率 f 为 20kHz，应用超声波声压振幅分别为 $3.026\times10^5\mathrm{Pa}$；$2.026\times10^5\mathrm{Pa}$；$3.026\times10^6\mathrm{Pa}$ 的正弦变化的超声作用，对方程式（4-29）进行数值计算模拟得到的空化泡半径随时间的变化关系见图 4-17。

由图 4-17 可以知道，当超声波声压振幅取最大值 $p_A=3.026\times10^6\mathrm{Pa}$ 的时候，在第一个周期内，气泡并没有被压缩，反而是在持续张大。于是，在气泡内，达不到想要的高温高压的状态，空化泡在声波膨胀相内可能增大到如此之大，以致它在声波的压缩相内来不及发生崩溃。

4.4.3 空化气泡本身的影响

4.4.3.1 空化泡初始平衡半径对空化气泡运动的影响（R_0）

现利用 Matlab 程序对方程式（4-29）进行数值计算模拟，以 25℃的水为模拟体系，采用参数 $p_0=1\times10^5\mathrm{Pa}$，$p_v=2.3388\times10^3\mathrm{Pa}$，$\mu=1.0\times10^{-3}\mathrm{Pa\cdot s}$，$k=1.33$，$\rho=1000\mathrm{kg/m^3}$，$\sigma=7.275\times10^{-2}\mathrm{N/m}$，初始条件 $t=0$，$R=R_0$，$\dot{R}=\dfrac{\mathrm{d}R}{\mathrm{d}t}=0$。应用频率 f 为 20kHz，声压振幅为 $p_A=1.325\times10^5\mathrm{Pa}$ 的正弦变化的超声作用，空化气泡的初始半径分别为 $5\times10^{-6}\mathrm{m}$；$10\times10^{-6}\mathrm{m}$；$15\times10^{-6}\mathrm{m}$ 的状况下，对方

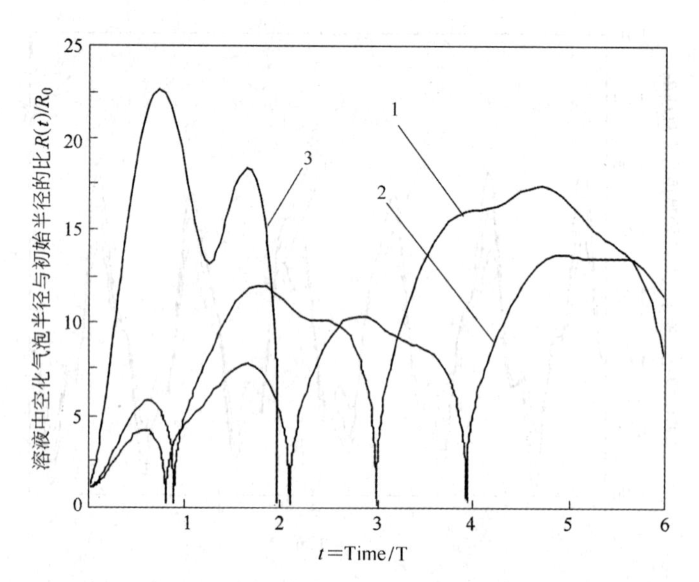

图 4－17　不同超声声压下气泡半径随时间的变化曲线

1—$p_A=3.026\times10^5$ Pa；2—$p_A=2.026\times10^5$ Pa；3—$p_A=3.026\times10^6$ Pa

程式（4－29）进行数值计算模拟得到的空化泡半径随时间的变化关系见图 4－18。

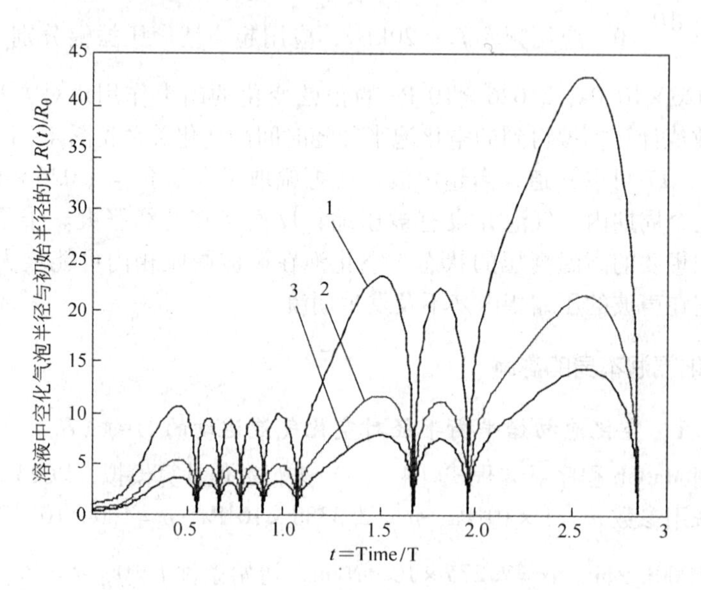

图 4－18　不同超声的初始半径下气泡半径随时间的变化曲线

1—$R_0=5\times10^{-6}$ m；2—$R_0=10\times10^{-6}$ m；3—$R_0=15\times10^{-6}$ m

从图4-18可以看出，$R_0=5\times10^{-6}$m的时候，气泡的振幅最大，空化情况最为激烈，声空化效果最好，而$R_0=10\times10^{-6}$m和$R_0=15\times10^{-6}$m的时候，气泡的振幅明显减小，空化现象十分微弱。

4.4.3.2 表面张力对空化气泡运动的影响（σ）

现以25℃的水为模拟体系，计算采用参数$p_0=1.013\times10^5$Pa，$p_v=3.2718\times10^3$Pa，$k=1.33$，$\rho=1000$kg/m^3，$R_0=5\times10^{-5}$m，$\mu=1.0\times10^{-3}$Pa·s，初始条件$t=0$，$R=R_0$，$\dot{R}=\frac{dR}{dt}=0$。应用频率f为50kHz，应用声压振幅为$p_A=1.01\times10^5$Pa的正弦变化的超声作用。在表面张力分别为7.275×10^{-2}N/m、3.62×10^{-1}N/m、7.275×10^{-1}N/m的条件下对方程式（4-29）进行数值计算模拟得到的空化泡半径随时间的变化关系见图4-19。

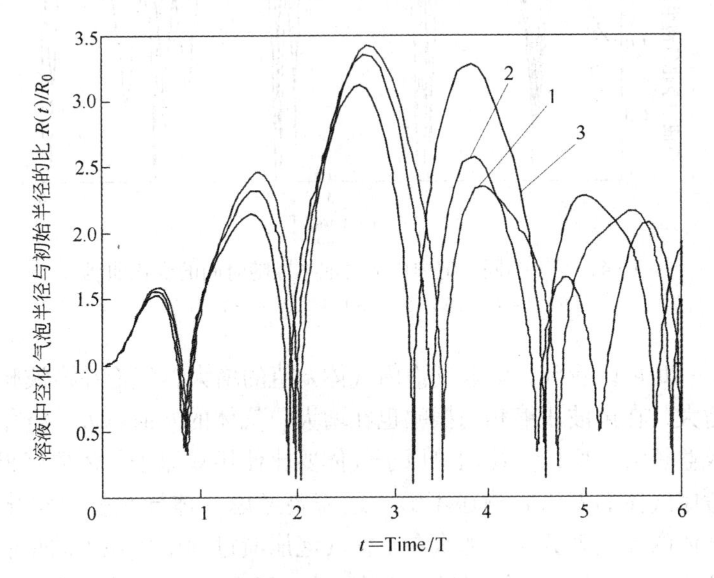

图4-19 不同表面张力下气泡半径随时间的变化曲线

1—$\sigma=7.275\times10^{-2}$N/m；2—$\sigma=3.62\times10^{-1}$N/m；3—$\sigma=7.275\times10^{-1}$N/m

从图4-19中可看出，随着液体表面张力的增大，气泡在声波膨胀相内的振幅逐渐减小，但是在声波压缩相内由于作用于气泡的总压力增大，所以气泡在声波压缩相内的振幅变大。液体表面张力对气泡的振幅影响比较小。

4.4.3.3 气体种类对空化气泡运动的影响（k）

现利用Matlab程序对方程式（4-29）进行数值计算模拟，以25℃的水为模拟体系，采用参数$p_0=1.013\times10^5$Pa，$p_v=3.2718\times10^3$Pa，$\rho=1000$kg/m^3，$R_0=5\times10^{-5}$m，$\mu=1.0\times10^{-3}$Pa·s，$\sigma=7.275\times10^{-2}$N/m，初始条件$t=0$，$R=R_0$，

$\dot{R}=\frac{dR}{dt}=0$。应用频率f为50kHz，声压振幅为$p_A=1.01\times10^5$Pa的正弦变化的超声作用，k值分别为1.66、1.33、1.03对方程式（4－29）进行数值计算模拟得到的空化泡半径随时间的变化关系见图4－20。

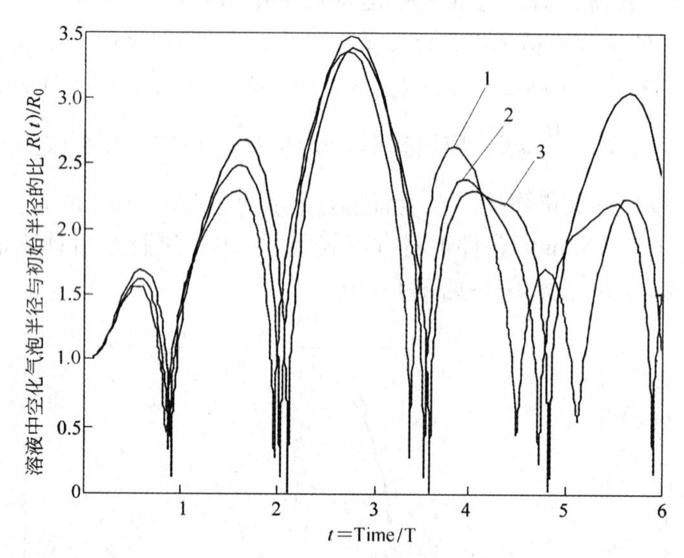

图4－20 不同气泡内压下气泡半径随时间的变化曲线

1—$k=1.66$；2—$k=1.33$；3—$k=1.03$

从图4－20可以看到，随着气泡内气体k值的增大，气泡在声波膨胀相内的振幅逐渐增大，在声波压缩相内振幅也在增大。气体的k值越大，空化效应获得的声化学效益越大。所以，使用单原子气体要比使用双原子气体要好得多。

除了考虑气体的k值影响还不够，还需要考虑气体导热性对空化效应的影响。如果气体的导热系数大，那么在空化气泡崩溃过程中所积累的热能将更多地传向周围液体，从而使T_{max}值降低。由表4－2所列的数据可以看到气体种类对空化过程的影响的确和由数值模拟演算得到的结论是一致的。

表4－2 含CCl_4的水经超声辐照形成氯气的速率与水中饱和气体的关系

气体	反应速率/mM·min^{-1}	k值	导热系数/10^{-2}W·m^{-2}·K^{-1}
氩	0.074	1.66	1.73
氖	0.058	1.66	4.72
氦	0.049	1.66	14.30
氧	0.047	1.39	1.64
氮	0.045	1.40	2.52
CO	0.028	1.43	2.72

从表4-2可以看出，k 值相同的氩和氦的导热系数不同，所以形成氩气的速率也相差很多。k 值大的氦形成氩气的速率快于 k 值小的氧气，即 k 值大的氩所导致的空化效应大于 k 值小的氧。这与数值模拟得到的结论是一致的。

4.4.4 环境压力对空化气泡运动的影响

选取 $p_v = 2.3388 \times 10^3 \text{Pa}$，$\rho = 1000 \text{kg/m}^3$，$\sigma = 7.275 \times 10^{-2} \text{N/m}$，$R_0 = 5 \times 10^{-5} \text{m}$，$\mu = 1.0 \times 10^{-3} \text{Pa} \cdot \text{s}$，$k = 1.33$，初始条件 $t = 0$，$R = R_0$，$\dot{R} = \frac{\mathrm{d}R}{\mathrm{d}t} = 0$。应用声压振幅为 $p_A = 1.325 \times 10^5 \text{Pa}$ 的正弦变化的超声作用，应用频率 f 为20kHz，环境压力分别为 $3.013 \times 10^5 \text{Pa}$、$1.013 \times 10^5 \text{Pa}$、$0.7013 \times 10^5 \text{Pa}$ 状况下，对方程式（4-29）进行数值计算模拟得到的空化泡半径随时间的变化关系见图4-21。

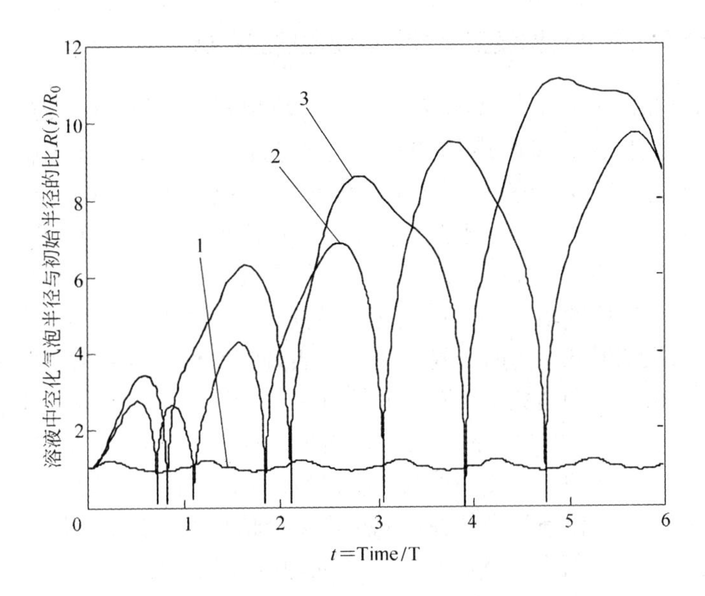

图4-21 不同环境压力下气泡半径随时间的变化曲线

1—$p_0 = 3.013 \times 10^5 \text{Pa}$；2—$p_0 = 1.013 \times 10^5 \text{Pa}$；3—$p_0 = 0.7013 \times 10^5 \text{Pa}$

从图4-21可以看出，随着环境压力的增大，气泡的振幅逐渐减小，空化现象减弱。尤其是 $3.013 \times 10^5 \text{Pa}$ 相对于其他的变化不大。

4.5 钢液中空化气泡计算

洁净钢冶炼的目的就是控制钢中的夹杂物。在冶炼工序中，精炼和连铸是去除夹杂物的主要场所。夹杂物在钢液中的上浮主要有两种方式：依靠自身浮力上浮、黏附在气泡表面上浮。在钢液运动过程中，夹杂物之间会碰撞凝聚成大颗粒夹杂物依靠自身浮力上浮；还有一部分夹杂物会黏附在气泡表面，依靠气泡的浮力上浮。因此，夹杂物以及气泡的大小对钢液中夹杂物的去除有着非常重要的影响。传统精炼方式为气体经透气砖进入金属液后会产生大量气泡，通过透气砖向金属液中鼓入惰性气体是一种重要的精炼工艺，具有搅拌熔池、提高反应速率以及去气、去夹杂等作用。利用微气泡对金属液进行净化处理已在制铝业中被广泛应用，小气泡主要由旋转喷嘴产生。目前有许多学者对小气泡在炼钢工艺中的应用进行了研究，但多集中在水模型试验的基础上。超声波产生的空化气泡相对于底吹气产生的氩气泡，直径小得多，目前有学者研究了超声作用对钢液凝固组织，去除夹杂物效果等的影响，对气泡的去夹杂机理也尚不明确，本节从理论出发，分析了声场参数对钢液中空化气泡运动行为的影响，为超声波装置在高温条件下的应用提供了设计理论基础。

4.5.1 超声声压幅值对钢液空化气泡运动过程的影响

当空化气泡初始平衡半径 R_0 为 5μm、超声频率为 20kHz 的气体多变指数后为 1.35 时，采用不同超声声压幅值，分别为：p_0、$1.2p_0$、$1.5p_0$、$3p_0$、$4p_0$、$5p_0$、$10p_0$、$30p_0$、$50p_0$、$100p_0$、$300p_0$、$500p_0$。模拟得到的空化气泡半径随时间的变化曲线如图 4－22 所示，不同 R_0 对应的 f_r 值见表 4－3。从图 4－22a 中可见，在超声声压幅值低于 $4p_0$ 时，钢液内空化气泡的运动过程表现为明显的正弦曲线，且随声压幅值的增大，空化气泡半径变化幅度增加，只是超声声压为 $3p_0$ 时，稍微偏离正弦形状。这时为稳态空化，表现为空化气泡半径大小在其平衡尺寸附近振荡，振动周期达数个循环。在图 4－22b 中，可以看到，当超声声压幅值大于或等于 $4p_0$ 时，空化气泡振动周期缩短，且空化泡的半径变化幅度明显增大，为瞬态空化。当超声声压幅值为 $4p_0$ 和 $5p_0$ 时，空化气泡振动周期随声压幅值的增加而缩短；空化泡的半径在不同声压幅值情况下，其变化没有很明显的规律性。当超声声压幅值大于 $5p_0$ 时，空化气泡振动周期随声压幅值的增加而延长，在超声声压幅值为 $10p_0$ 时，空化气泡振动周期最短；随着声压幅值的增加，空化气泡的半径变化幅度明显变大，且崩溃前气泡的半径最大值数目也随之增多，即气泡经过反复或更多次的膨胀压缩后崩溃。从上面的分析可知，稳态空化转为瞬态空化有一个转化阈值，根据声强公式：

$$I = p^2 / rho \times c \tag{4-31}$$

式中，I 为声强，单位是 W/m^2；p 为声压，为 $4p_0$。rho 为密度，为 $7000kg/m^3$；c 为声速，为 4000m/s。则有，转化阈值 I 为 $5866W/m^2$，远小于水中的 $1 \times 10^5 W/m^2$。

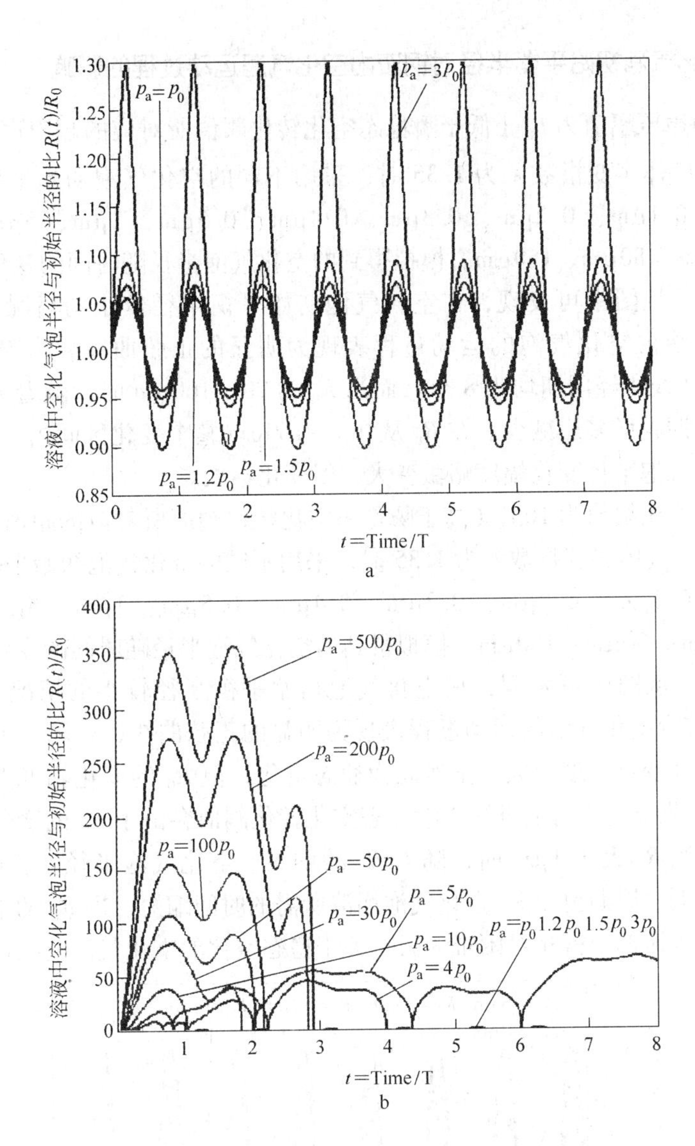

图 4－22 不同超声声压幅值下钢液内的空化气泡运动过程变化

表 4－3 不同 R_0 对应的 f_r 值

R_0/μm	0.1	0.2	0.3	0.4	0.5	1
f_r/Hz	1.76×10^8	6.24×10^7	3.41×10^7	2.22×10^7	1.59×10^7	5.69×10^6
R_0/μm	5	10	20	40	80	160
f_r/Hz	5.54×10^5	2.14×10^5	8.70×10^4	3.76×10^4	1.71×10^4	8.10×10^3

4.5.2　空化气泡初始平衡半径对钢液内空化气泡运动过程的影响

当超声声压幅值为 p_0（低于瞬稳态空化转化阈值所对应的超声声压）、频率为20kHz、气体多变指数 k 为1.35时，采用不同的空化气泡初始平衡半径 R_0，分别为：0.1μm、0.2μm、0.3μm、0.4μm、0.5μm、1μm、5μm、10μm、20μm、40μm、80μm、160μm。模拟得到的空化气泡半径随时间的变化曲线如图4－23所示。从图中可发现，在空化气泡初始平衡半径较小的情况下（0.1～10μm），钢液内空化气泡的运动过程表现为明显的正弦曲线。当 R_0 为0.1～10μm时，曲线所经周期均为8个。而当 R_0 为20～160μm时，随着 R_0 的增大，曲线所经周期先增多后减少。在 R_0 从0.1～160μm整个变化区间内，随着 R_0 的增大，空化气泡半径变化幅度略微变大，但变化不大。

当超声声压幅值为 $10p_0$（高于瞬稳态空化转化阀值所对应的超声声压）、频率为20kHz、气体多变指数 k 为1.35时，采用不同的空化气泡初始平衡半径 R_0，分别为：0.1μm、0.2μm、0.3μm、0.4μm、0.5μm、1μm、5μm、10μm、20μm、40μm、80μm、160μm。模拟得到的空化气泡半径随时间的变化曲线如图4－24所示。从图中可发现，在空化气泡初始平衡半径较小的情况下（0.1～1μm），钢液内空化气泡的运动过程表现为明显的正弦曲线，且随着 R_0 的增大，空化气泡半径变化幅度变大，虽然同为稳态空化，但 R_0 的变化幅度大于声压幅值 p_0 时的变化幅度。由上可知，瞬稳态空化转化阀值会由于 R_0 的变化，产生细微的改变。当 R_0 大于1μm时，随着 R_0 的增大，空化气泡半径变化幅度变小，而空化气泡振动周期也变短，空化气泡崩溃所需的时间缩短。即 R_0 的增大使空化气泡膨胀和压缩都变得相对困难。另有关于稳态空化的空化气泡的共振频率 f_r：

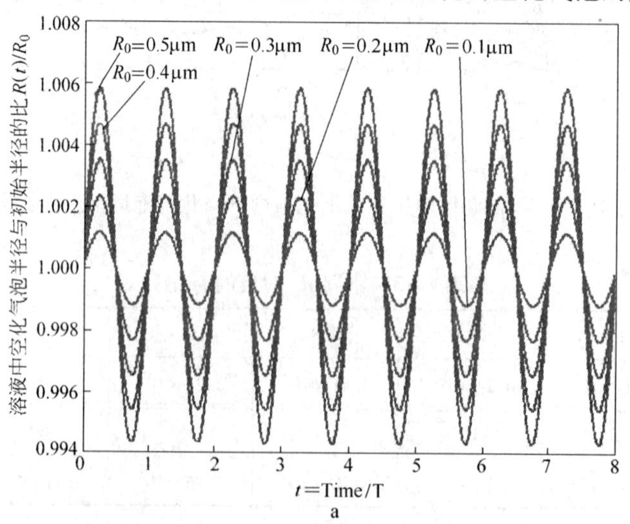

a

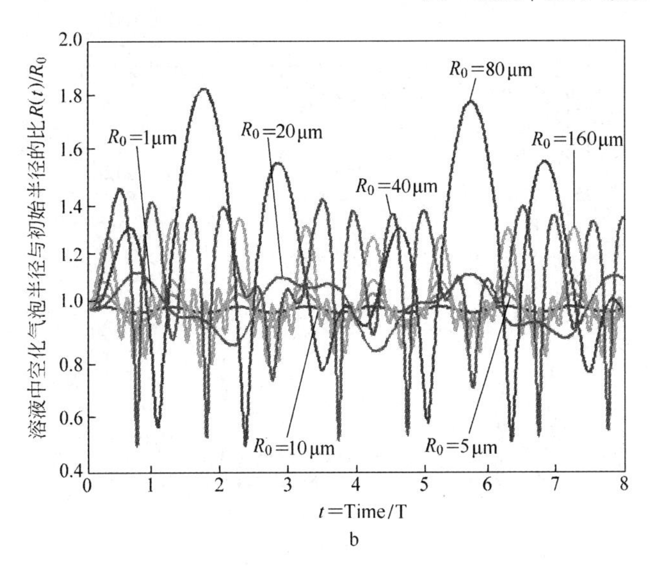

图4-23 不同 R_0 下钢液内的空化气泡运动过程变化（p_0）

$$f_g=\frac{1}{2\rho R_0}\times\left\{\left[3r\left(p_0+\frac{2\sigma}{R_0}\right)-\frac{2\sigma}{R_0}\right]\Big/p\right\}^{\frac{1}{2}} \tag{4-32}$$

计算可得，各 R_0 值对应的f_r 值，列入表4-3中。将这两组数据画图，并拟合曲线，如图4-25所示，可看到随着 R_0 的增大，最开始f_r 显著减小，而当 R_0 大于10μm后，曲线趋于平缓。由此可知，在稳态空化时，通过适当的增大 R_0 就可在较小的超声波工作频率下，达到超声与空化气泡的共振，发生声场与气泡的最大能量耦合，从而明显提高空化效果。

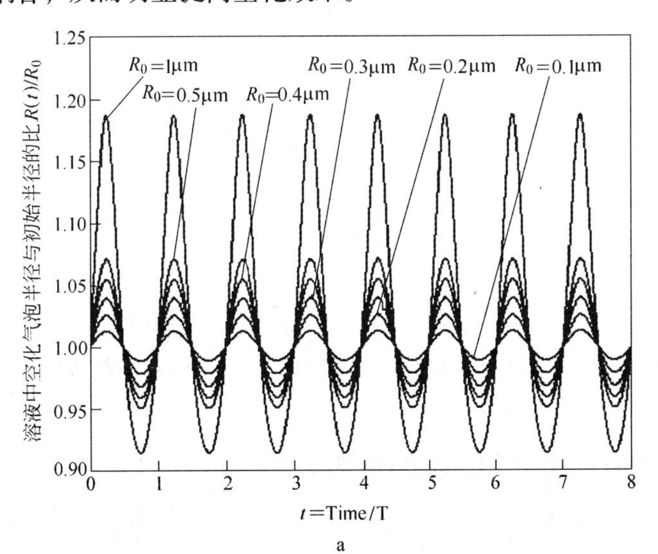

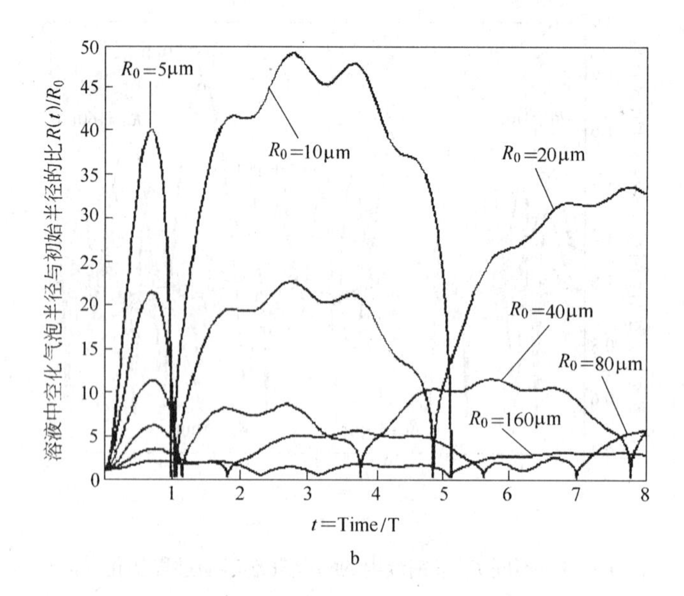

图 4-24 不同 R_0 下钢液内的空化气泡运动过程变化（$10p_0$）

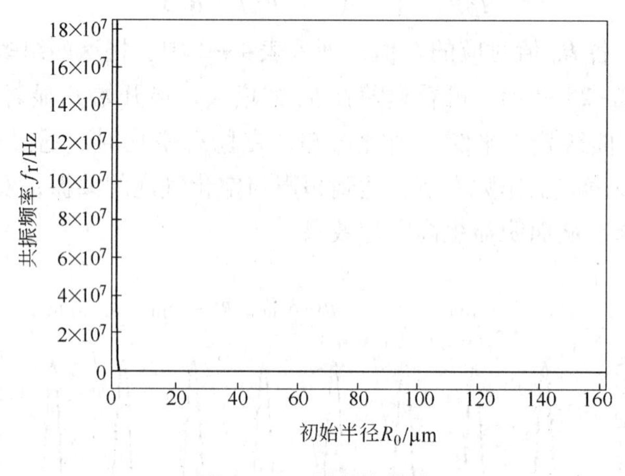

图 4-25 拟合的曲线

由以上模拟结果讨论可知，在实际的超声波处理钢液过程中，当其他处理参数恒定时，应根据不同的实验目的，采取如预先脱气或向钢液内吹气等手段，来改变空化气泡的初始半径。

4.5.3 超声频率对钢液空化气泡运动过程的影响

当超声声压幅值为 p_0、空化气泡初始平衡半径 R_0 为 5μm、气体多变指数 k

为 1.35 时，采用不同超声频率 f，分别为：20kHz、25kHz、30kHz、40kHz、60kHz、80kHz、160kHz、320kHz。模拟得到的空化气泡半径随时间的变化曲线如图 4-26 所示。从图 4-26 中可发现，在频率较低的情况下（20kHz、25kHz、30kHz、40kHz、60kHz、80kHz），钢液内空化气泡的运动过程表现为明显的正弦曲线，周期为 8 个；这些频率下的曲线几乎是完全重合的。而当频率大于 100kHz 时，如图 4-26b 所示，随着频率的增加，空化气泡半径变化幅度略微变大，但这个变化极其有限。当超声声压幅值为 $10p_0$、空化气泡初始平衡半径 R_0 为 5μm，气体多变指数 k 为 1.35 时，同样采用不同超声频率 f，分别为：20kHz、

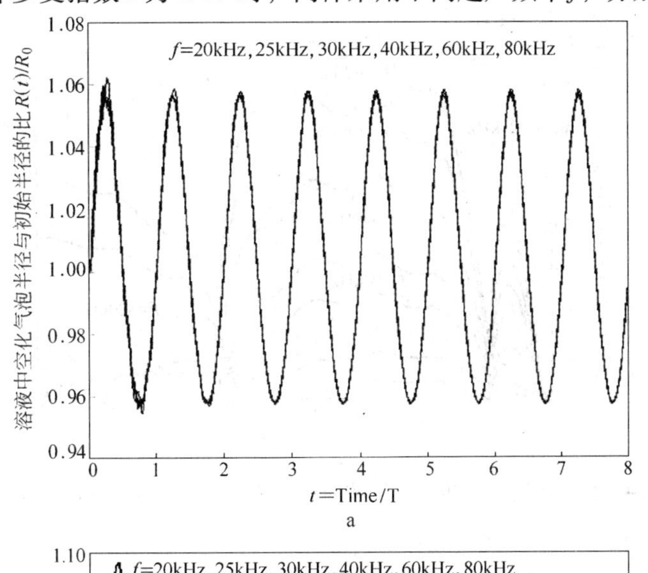

a

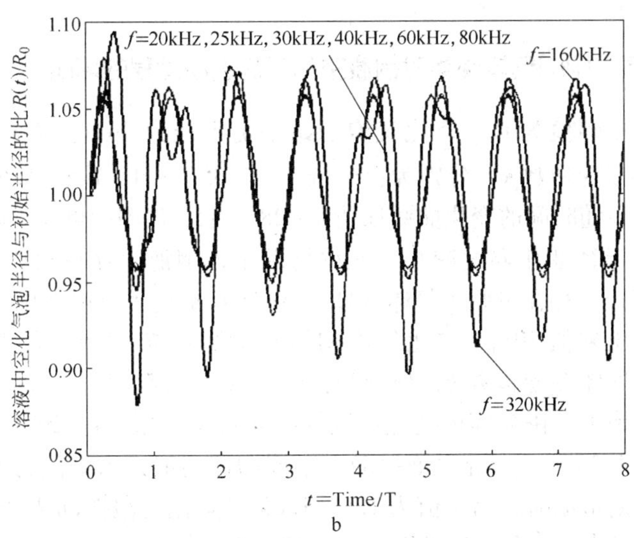

b

图 4-26 不同超声频率下钢液内的空化气泡运动过程变化（p_0）

25kHz、30kHz、40kHz、60kHz、80kHz、160kHz、320kHz。模拟得到的空化气泡半径随时间的变化曲线如图 4 – 27 所示。从图中可发现，随着超声频率的增高，空化气泡半径变化幅度变小，而空化气泡振动周期也变短，空化气泡崩溃所需的时间缩短。这是由于，频率的增高使声波膨胀相时间变短，空化气泡膨胀减小，声波的压缩时间也缩短，空化泡来不及发生崩溃。另外，超声空化的阈值声强会随频率的升高而增高，且高频在液体中的能量消耗快。因此在超声波处理钢液的过程中，为保证超声空化的效应，应采用相对低频的超声波。

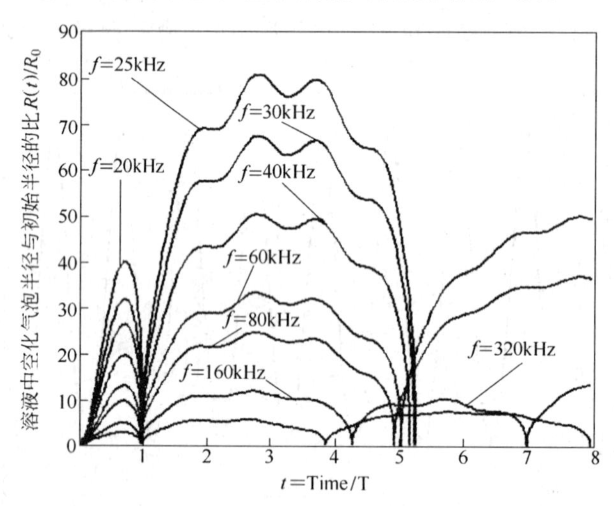

图 4 – 27 不同超声频率下钢液内的空化气泡运动过程变化（$10p_0$）

4.5.4 空化气泡中的气体种类对钢液空化气泡运动过程的影响

当超声声压幅值为 p_0、空化气泡初始平衡半径为 5μm、频率为 20kHz 时，采用不同气体多变指数 k，分别为：1、1.2、1.35、1.4、1.5、1.65。模拟得到的空化气泡半径随时间的变化曲线如图 4 – 28 所示。从图中可知，随着 k 值的增加，空化气泡半径变化幅度减小。此种情况下，钢液内存在双原子气（氮气、空气及氧气等）比存在单原子气体（He、Ar 等）更利于超声空化。

当超声声压幅值 $10p_0$、空化气泡初始平衡半径 R_0 为 5μm、频率为 20kHz 时，采用不同气体多变指数 k，分别为：1、1.2、1.35、1.4、1.5、1.65。模拟得到的空化气泡半径随时间的变化曲线如图 4 – 29。从图 4 – 29 中可发现，当 k 值为1、1.2、1.35 时，空化气泡振动 1 个周期即崩溃；当 k 值为 1.4 时空化气泡振动 2 个周期未崩溃；当 k 值为 1.5、1.65 时空化气泡振动 2 个周期未崩溃。即随着 k 值的增大，空化气泡的振动周期随之变长，空化气泡半径变化幅度有所增加。此种情况下，钢液内存在单原子气体（He、Ar 等）比存在双原子气体

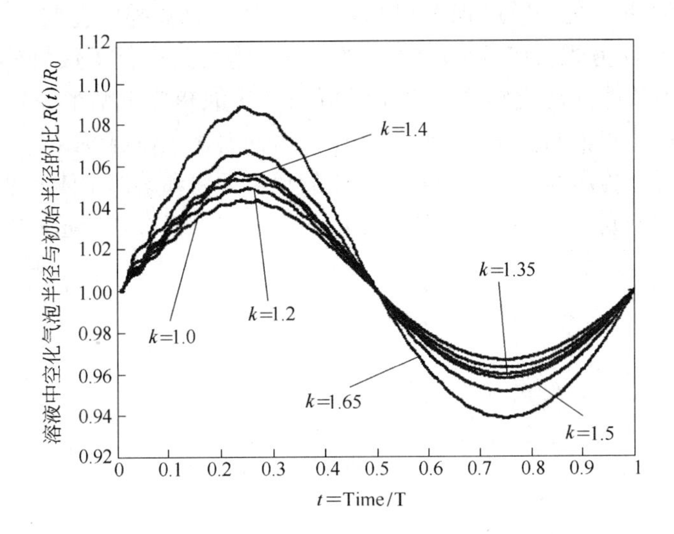

图 4-28 不同 k 值的钢液内的空化气泡运动过程变化（p_0）

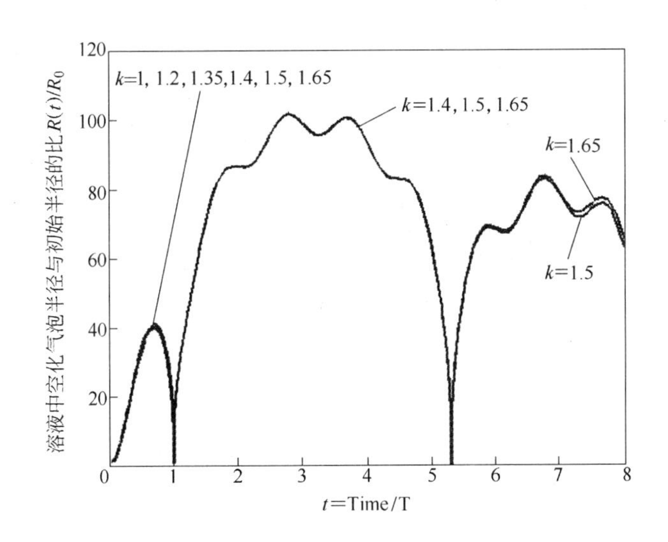

图 4-29 不同 k 值的钢液内的空化气泡运动过程变化（$10p_0$）

（氮气、空气及氧气等）更利于超声空化。

但应注意，只考虑气体的 k 值还不够，还应考虑气体导热性对空化效应的影响，如果气体的导热系数大，则在空化气泡崩溃过程中所积累的热量将更多的传向周围液体。钢液中含气量的增加也导致超声空化阈值下降及空化气泡崩溃时形成的冲击波强度减弱。另外气体的溶解度大也会导致空化强度的降低。

东北大学邵志文，乐启炽等以超声空化理论为基础，应用 Matlab 软件对 Rayleigh－Plesset 方程对镁合金熔体中超声空化泡行为进行了数值模拟，主要研究了不同超声条件（超声频率、声压幅值和空化泡初始平衡半径）对镁合金熔体中空化泡行为的影响，并且探讨了声压幅值和熔体主体温度对空化泡崩溃时的泡内温度和压力的影响。结果表明，较低的超声频率和熔体主体温度、较高的声压幅值以及小于或等于共振尺寸的空化泡初始平衡半径有利于超声空化效应。

5 精炼钢包内空化行为表征

为了使声空化在工业上应用，并且节约能量，高效率地利用声波，我们必须设计一个操作域和声域共鸣的区域，但是声域随着声空化是非线性的，声空化过程是复杂的，研究尚不清晰。伴随着空化气泡崩溃产生的微射流可促进两种液相的混合。因此它的研究和控制声空化，包括微射流在内的相关现象的有效利用是非常重要的。

以前的声空化泡的研究主要集中在单个的空化气泡上，理论研究中，一个空化泡崩溃前的极限状态所用数学公式是假定气泡膨胀和压缩时的能量变化是平衡的相对于气泡周围的液体推导的。然而，声空化的单个气泡已被研究，包括它的尺寸变化。到目前为止，这些研究反映了在许多声压循环，声波的产生过程中，气泡尺寸变化的基本概念，也就是固体器壁附近，一个气泡的不均匀的崩溃伴随着冲向器壁的微射流。然而，声空化现象一般不是由单个气泡产生而是由空化气泡群产生，空化气泡群受它们自己的影响。因此对空化泡群的更详细的研究对声空化现象的应用是必要的。目前空化泡群的行为已经越来越引起关注。在一些类似的研究中，液体中声空化气泡群的结构用一台高速摄像机来观察。空化泡群结构的产生机制由临近气泡的相互作用决定。理论上空化气泡的结构是通过考虑相邻气泡的相互作用力，像 Bjerkness 力来被讨论和模拟的，对此需要更深入的研究。

在本课题小组实验中，采用染色法结合铝箔腐蚀法测定空化强度分布，采用高速摄像机来直接观察空化泡群和一系列的微射流。频率大约为 20kHz 的超声波被发射到盛有蒸馏水的水模中。声空化气泡在强波场中产生。声空化泡的动力学行为和微射流通过高速数字摄像机显示。根据实验观测的结果来讨论微射流的产生机制和微射流的动力学行为伴随着超声空化气泡的现象。进而为超声搅拌与超声去除液体中的夹杂物机理研究奠定基础。

5.1 水模实验方法

冶金工业中，在相当长的时期内其工艺和速率的研究主要依靠实验室研究和现场观测，这在很大程度上要依靠长期积累的经验，这些方法至今仍具有重要的现实意义。但是，随着冶金工艺及相关科技的发展，随着激烈市场竞争对工艺优化的要求，传统的研究方法已不能适应新形势发展的需要。而数值模拟作为一种理论分析的方法，正越来越发挥着重要的作用。由于冶金反应器的复杂性，仅仅依靠数值模拟的办法有时难以进行，这时实验研究就成了不可缺少的手段。而且，实验研究可以为数值模拟研究提供指导，在验证和完善数值模型结果方面发挥着重要的作用。

钢包精炼是钢铁冶金工艺流程的重要环节。其主要冶金功能是去除钢水中的有害元素、非金属夹杂物以及对钢水进行成分和温度的调整。

水模实验中主要模拟钢包熔池，根据相似理论，如果现象能满足相似第二定理，则由模型得到的规律可以推广到原型中去。然而，实际过程比较复杂，不可能完全做到满足相似第二定理，一般考虑的是主要方面的相似，这里主要考虑的是几何相似和动力相似。几何相似主要考虑的是模型与原型主要尺寸的相似（D/H）。本书中研究的物理模型是水模型，用有机玻璃制成钢包的模型，用普通水代替钢水。模型与原型上相对应的尺寸有一定的相似比例。

根据相似原理选择气体惯性力和钢液重力之比的修正 Froude 准数为水模试验的定性准数。即：

$$F_{r_{水}} = F_{r_{钢}} \tag{5-1}$$

对于气－液两相流，取模型的实型修正 Froude 准数$\left(F_{r'} = \dfrac{u^2}{gD} \times \dfrac{\rho_g}{\rho_c - \rho_g}\right)$准数相等。则可得：

$$\frac{u_{水}^2}{gD_{水}} \times \frac{\rho_g'}{\rho_c' - \rho_g'} = \frac{u_{钢}^2}{gD_{实}} \times \frac{\rho_g}{\rho_c - \rho_g} \tag{5-2}$$

即：

$$Q_{N水} = \sqrt{\left(\frac{D_{水}}{D_{实}}\right)^5 \times \frac{\rho_g}{\rho_g'} \times \frac{\rho_c' - \rho_g'}{\rho_c - \rho_g}} \times Q_{N实} \tag{5-3}$$

式中　Q——流量，m^3/h；

D——熔池直径，mm；

ρ_c——液体的密度，kg/m^3；

ρ_g——气体的密度，kg/m^3。

由上可得，表 5－1 为给出的气体流量及主要实验参数。

表 5－1　某钢厂 180t 钢包有关数据及实验数据

项　目	吹气密度/$kg \cdot m^{-3}$	气体流量/$m^3 \cdot h^{-1}$	熔池直径/mm
原　型	1.78（氩气）	20～60	3080
模　型	1.29（空气）	0.04～0.12	385

采用超声设备则钢模型包取与底吹氩模型大小相同。

5.2 声场分布测量方法

根据实验条件，声场测量可结合铝箔腐蚀法与染色法进行，所用实验药品及设备为（见表5－2）：

实验药品：亚甲基蓝、铝箔、相纸、秒表、有机玻璃钢包模型。

实验设备：超声发生装置、电子天平、数码相机。

表5－2 超声空化测量设备仪器表

序号	名称	规格型号	备注
1	超声波发生器	HN2000	无锡市华能超声波公司
2	有机玻璃钢包模型	—	抚顺有机玻璃厂

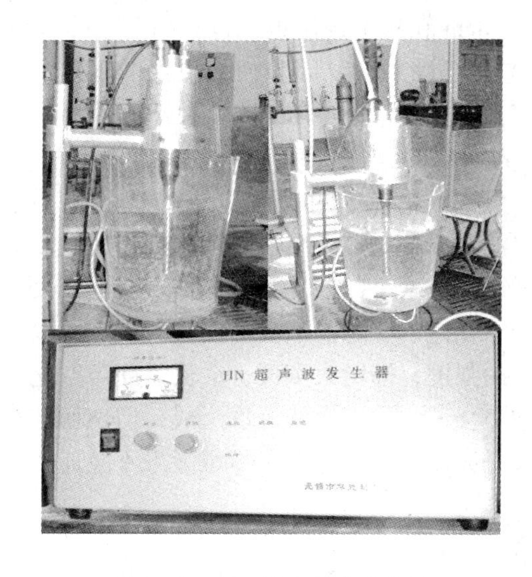

图5－1 超声波水模实验装置

超声波水模中注入5mg/L的亚甲基蓝染料水溶液。亚甲基蓝染料为北京化学试剂公司的产品。采用相纸（铝箔）作为记录材料，将纸片固定在框架后直接浸入到亚甲基蓝染料溶液中，采取竖放（纸面与辐射面垂直）方式以测量超声的纵向分布。在模拟钢包中加入400mm高的水，打开超声波发生器，按照超声波发生器使用手册先将仪器功率调至0W，运行3min使其预热，将超声波功率调到1500W进行调谐操作，使超声波处理器功率调到最佳状态。测量时，固定好纸的位置后，控制超声发生器的功率，控制在声场中作用的时间，一般1～3min。然后将纸取出，冲洗、晾干。

5.3 变幅杆式超声波声强测量

5.3.1 精炼水模内变幅杆式超声波声场分布

在铝箔竖放的超声波腐蚀实验中，实验结果如图 5 –2 所示。

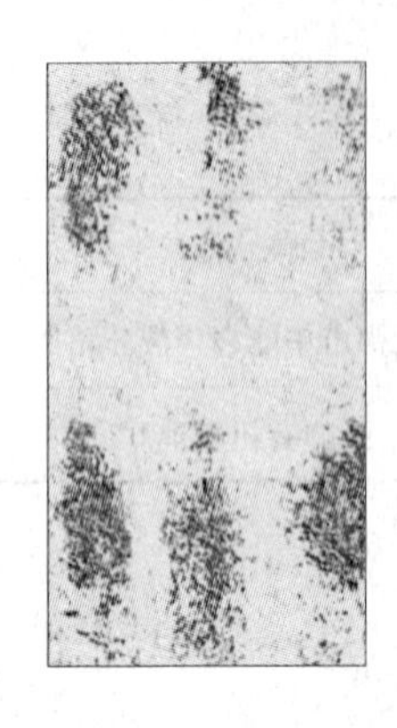

图 5 –2 竖放的纸上的腐蚀图案

图 5 –2 为超声波功率为 1870W 时，作用时间为 2min 的腐蚀图片。从图中可以看出腐蚀点分布是很不均匀的，腐蚀点分布不均匀是声场强度不均匀的体现。由于超声波变幅杆的振动形成驻波场，在水平方向上横向传播，由于驻波的波腹及节点处对铝箔的作用不同，导致腐蚀点分布不均。图中水平方向有 3 个腐蚀点分布较多的区域，在左部 1. 9cm 以内区域，斑点分布较密集，腐蚀也较明显，在离左部边缘 5. 6cm 和 9. 3cm 附近，也有两个较强区域，这刚好对应于驻波的波腹位置。因为在水中频率 20kHz 时波长为 7. 5cm，这 3 处是 1/4、3/4 和 5/4 波长地方。相互之间相距半波长，约为 3. 8cm。

由图 5 –3 可以看出，在不同频率的声场作用下，作用相同时间时，随超声波功率的增加，腐蚀逐渐增强，腐蚀点更加明显。这是由于功率的提高，超声强度相应增大，空化相对较强烈，波腹处的腐蚀斑点较密集，腐蚀较为严重。由于空化泡崩溃时的最高温度及最大压力以及崩溃时间都和声压有关，因而增加超声的强度，即增大声压，会促进超声空化。比如在高频下，如果适当的加大超声波声强，空化泡仍然可以形成，但声压存在一个上限，超过这个上限，空化泡生长过大以至于气泡在正声压下来不及崩溃，空化效果减弱。可

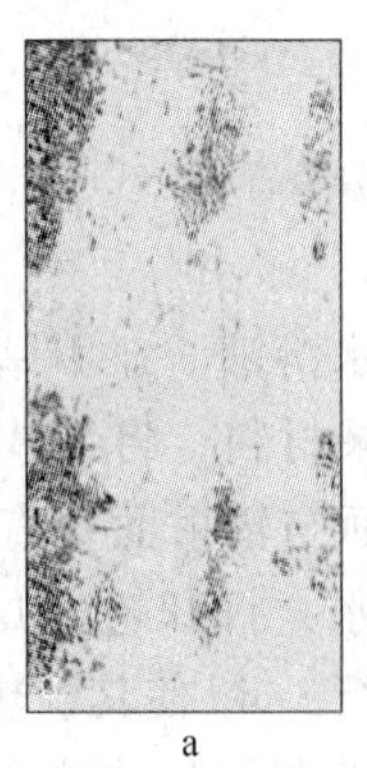

a

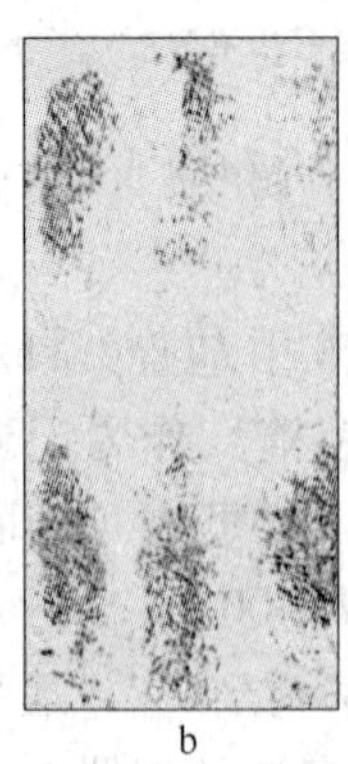

b

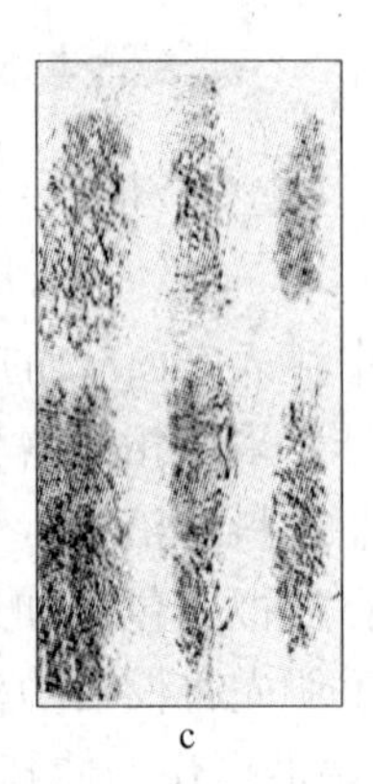

c

图 5 –3 不同功率的腐蚀图案

a—1760W；b—1870W；c—1980W

见，腐蚀图案除了可以显示声场的分布外，某种程度上还可以判断声场的强弱，腐蚀明显，说明此处声场较强。

图5-4是20kHz声场中功率为1760W条件下得到的超声波腐蚀纵向分布图案，超声作用时间分别是1min、2min和3min，从图中可以清楚地看出超声波作用时间对超声空化效果的影响。从图片上腐蚀点分布情况可看出，随辐照时间的增加，空化场总体趋势加强，但加强过程中仍然有略微的变化。将上述试样得到的腐蚀图案比较可知，2min的腐蚀图案明显深于1min的腐蚀图案，反映了图5-4b的空化强度比图5-4a的空化强度大的多。但图5-4的b、c两图相比腐蚀图案强度相差没有图5-4a、b两图相差明显，说明了图5-4c空化场强度较图5-4b略大，但增加的程度有所减弱。可见空化强度基本上和辐照时间成正比关系，适当延长辐照时间，可以提高超声空化产额，但不能无限制的延长作用时间，当空化强度达到一定值时增加的将不再显著，工作效率降低，而且会提高成本。

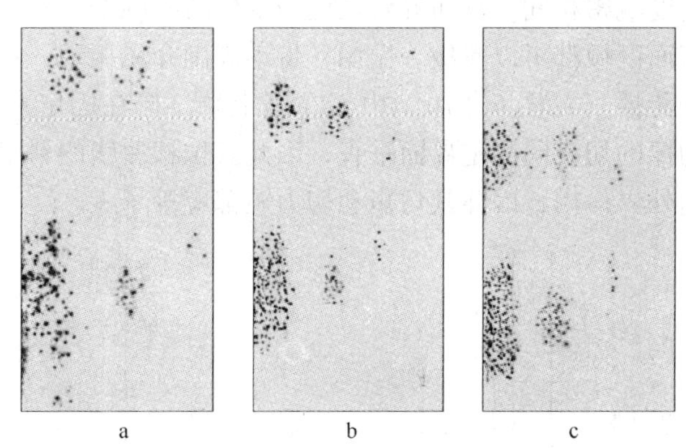

图5-4　辐照时间不同时的腐蚀图案

a—1min；b—2min；c—3min

在铝箔与钢包底面平行放置的实验中，可得到下列腐蚀图片，如图5-5所示。

由图5-5为在工具杆底端，超声功率为1870W的在不同位置时的腐蚀图案，从上面三幅图案可以看出，随铝箔纸与超声波工具杆下端距离从7.5cm增加到14cm，其辐射强度虽有减弱趋势，但辐射范围增大，从其辐射圈逐渐增大可以看出，其辐射是呈锥状分布的。变幅杆式超声波的辐射波的分布如图5-6所示。

5.3.2　声场分布理论分析

将变幅杆式超声波的工具杆看作一根一端固定、一端自由的截面为规则几何

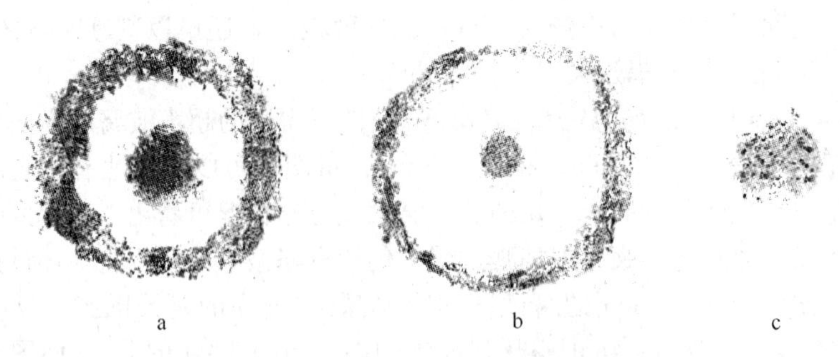

图 5 - 5　工具杆底端的腐蚀图案

a—7.5cm；b—10cm；c—14cm

形状的均匀细棒，长为 l、横截面积为 S，棒轴方向用 x 坐标表示，棒在静止时处于竖直位置。棒一端受到一垂直作用力，从而引起振动在棒中的传播，导致细棒中某些区域密度疏密相间，从而导致截面积发生瞬间的变化，其工具杆的任意某个无限小的表面区域都可以看做一振源，带动周围介质振动，在周围介质中以波的形式向远处传播（见图 5 - 7）。由于在固定端，棒在固定点横向位移等于零，此外该点的棒的切线同固定界面垂直，因此其位移曲线的斜率也等于零；而在自由端棒不受外界作用，因此其弯矩和切力矩都应等于零。

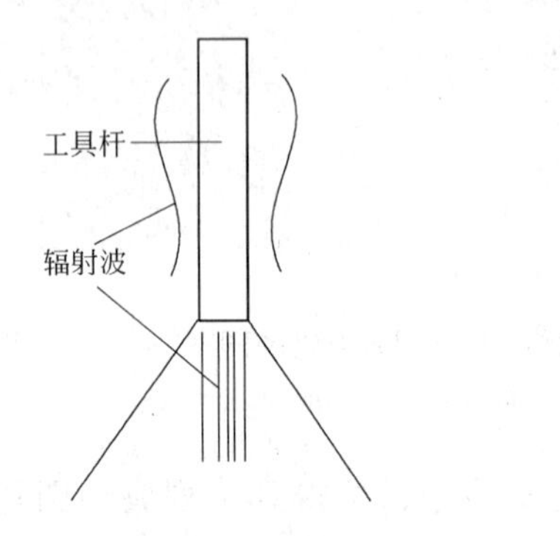

图 5 - 6　超声波分布示意图

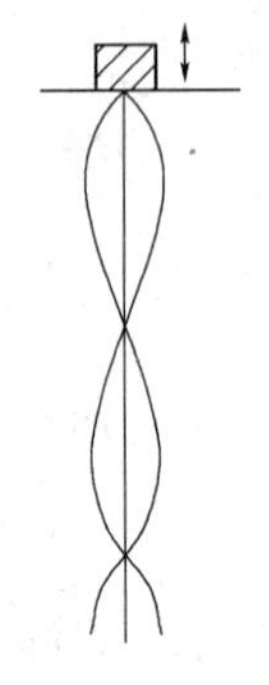

图 5 - 7　振动模拟图

设棒在 $x=0$ 端固定，$x=1$ 端自由，则有边界条件：

$$x=0 \quad Y(0)=0, \Delta Y/\Delta x=0 \tag{5-4}$$

$$x=1 \quad \Delta y^2/\Delta x^2=0, \Delta Y^3/\Delta x^3=0 \tag{5-5}$$

棒作弯曲振动时的总位移应表示为所有简正振动方式的叠加，即

$$Y_m(x)=\left(\cosh\frac{\beta_m}{l}x-\cos\frac{\beta_m}{l}x\right)+\left(\frac{\sin\beta_m-\sinh\beta_m}{\cos\beta_m+\cosh\beta_m}\right)\cdot\left(\sinh\frac{\beta_m}{l}x-\sin\frac{\beta_m}{l}x\right) \tag{5-6}$$

其中 $$\gamma(t,x) = \sum_{n=1}^{\infty} A_m Y_m(x)\cos(\omega_m t - \varphi_m)$$

由此式可以求出第 n 次振动方式的节点位置。令 $Y_m(x)=0$，即得：

$$\left(\cosh\frac{\beta_m}{l}x - \cos\frac{\beta_m}{l}x\right)(\cos\beta + \cosh\beta_m) = \left(\sinh\frac{\beta_m}{l}x - \sin\frac{\beta_m}{l}x\right)(\sin\beta_m - \sinh\beta_m) \tag{5-7}$$

用图解法解方程（5－7）可得节点 x_{nm} 的坐标位置，$n=1$ 到 $n=4$ 次的振动形式示意图如图5－8所示。

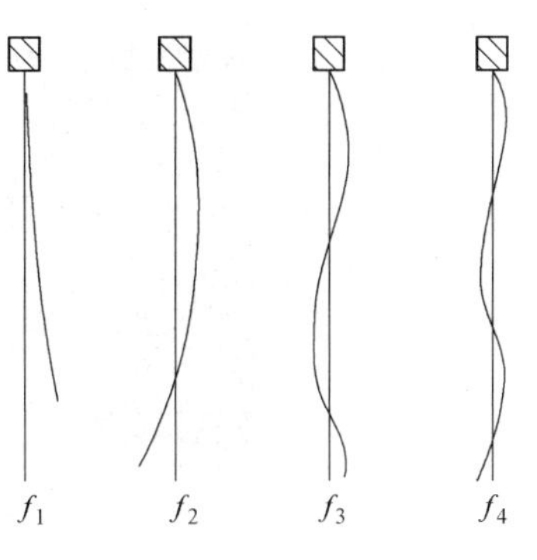

图5－8　棒的弯曲振动分布图

经对实验所用超声波的工具杆进行测量，并经计算可得 $n=3$，即在实验中的铝箔纸腐蚀图案在纵向上，应该存在两个腐蚀区域，由实验所得的腐蚀图案可知，与实验所测结果相吻合，在波腹处振动强烈，腐蚀点集中，超声波对铝箔的腐蚀较明显。

而在竖直方向上，由于工具杆的各个位置弹性形变程度不同，具有的弹性势能也不等，工具杆振动所产生的波的能量也有差别，在弹性形变较大处产生的超声波能量较强，对铝箔腐蚀严重，形变较小处其声波能量也较小，对铝箔的影响也较轻。从而导致在竖直方向上铝箔纸的腐蚀情况有差别，也表现为区域性的腐蚀较为严重。

5.3.3　工具杆底端声场分布的实验验证

经对工具杆下方声场进行测量，已初步得到声场的分布，为具体验证工具杆下面的声场分布，验证以上推断的正确性，有必要对工具杆下方纵向的声场分布进行进一步的测量，初步选用铝箔腐蚀法测量声场特征，但由于在熔池底部安放铝箔纸较为困难，且铝箔存在易破碎脱落的缺点，所以改用染色法进行实验，测量超声波钢包精炼钢包底部声场纵向分布特征的实验。

在模拟钢包中加入400mm高5mg/L的亚甲基蓝染料水溶液，打开超声波发生器，预热后，进行调谐，将其调到最佳状态。采用相纸作为记录材料，将纸片固定在框架后直接浸入到溶液中，将相纸分别放于工具杆的正下方和侧下方两个位置，采取竖放（纸面与钢包底面垂直）方式来测量超声的纵向分布。记录消耗功率为1870W（对应输出电压分别为200V）染色时间为3min左右的声场分布。

图5－9中左图为将相纸放于变幅杆式超声波工具杆正下方所得的染色图案，在工具杆正下方和两翼都有染色区域存在，可以看出在工具杆正下方存在驻波，

纸上沉积的染料图案由许多离散的蓝色斑点组成，而且在蓝色斑点较密集的区域，可以观察到相纸表面声空化腐蚀的现象，说明沉积的蓝色斑点与声空化有关。

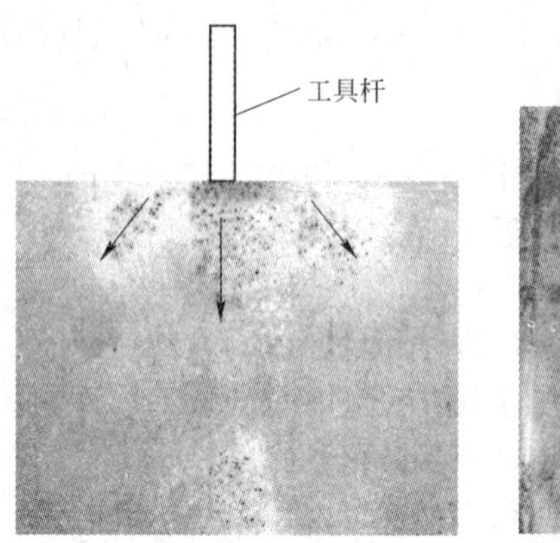

图 5 –9　工具杆下方的染色图案

图 5 –9 右图是在频率为 20kHz 声场中，辐射时间为 3min，相纸与工具杆平行放置时的整个钢包熔池内纵向的染色图案。从图中我们可以看出，由于在工具杆下端存在驻波场，导致强度分布不均匀，在距工具杆底端和右下方都有斑点比较密集的染色区域存在，在杆正下方还有一处染色区域，这也是由于驻波场的存在而产生的。从图中还可以看出，在距离工具杆较远的染色区域颜色较浅，这是由于液体的黏性特征使声波在传播过程中有一定的衰减，在距工具杆较远处声场减弱，可见染色的斑点图案除了可以显示声场的分布外，某种程度上还可以判断声场的强弱。由此实验可以验证在工具杆下端辐射波的分布如图 5 –6 所示。

5.3.4　超声波清洗槽声场测量

目前通用的超声清洗槽的形状主要是平底式长方体。中科院声学研究所方启平等人采用染色法测量了清洗槽式超声波反应器内声场的分布，如图 5 –10 所示。

在这种清洗槽中，清洗液中形成了驻波声场，声场分布不均匀，不利于清洗易腐蚀的精细的清洗件。

陕西师范大学王阳恩等人设计了一种斜底式清洗槽，通过实验得出了它的声场分布，并与平底式清洗槽进行了比较。斜底式超声清洗槽的形状如图 5 –11 所示。与平底式长方体清洗槽不同之处是：这种新型清洗槽安装换能器的槽底与水平面成一定的角度。其他的与平底式长方体清洗槽相同。考虑到槽底与水平面的夹角过大时，不利于清洗物的放置，而其夹角过小时，其声场分布与平底式清洗

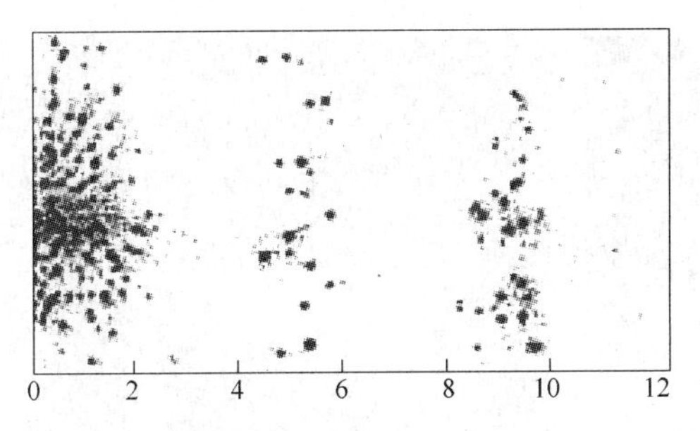

图5-10 清洗槽式超声波反应器声场分布

槽的声场分布相比较变化不明显。因此，在设计斜底式清洗槽时，槽底与水平面的夹角选为7°。在深度方向，王阳恩设计的斜底式清洗槽的声场均匀性比平底式清洗槽好。并且在这种斜底式清洗槽中，声信号最大值减小的同时，其最小值却增大了。但在水平方向，这两种清洗槽的声场分布相差不大。在平底式清洗槽中，水面与槽底平行。因而由安装在槽底下的换能器激发的声波通过槽底和水到达水-气分界面时，声波是垂直入射到水-气分界面。因此，其反射波与入射波会在水中深度方向形成驻波场，致使深度方向的声场分布很不均匀。在斜底式清洗槽中，水面不再与槽底平行，声波不再是垂直入射到水-气分界面。在本书所述的斜底式清洗槽中，声波以7°的入射角入射到水-气分界面，其反射波与入射波之间的夹角为14°。因而此时反射波与入射波不能再形成驻波场，清洗槽中的声场混响程度增大，深度方向的声场均匀性得到改善。

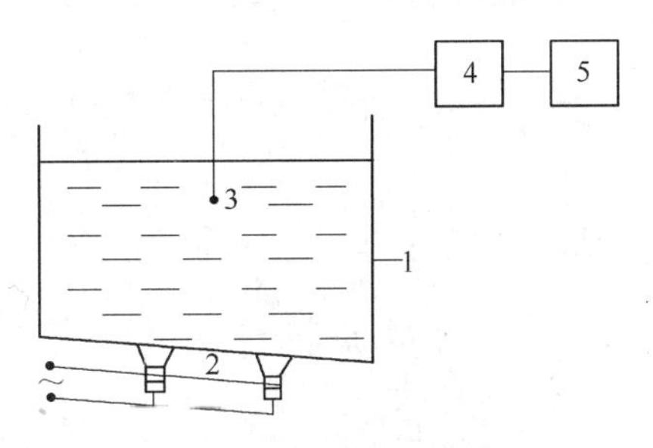

图5-11 斜底式超声清洗槽

1—清洗槽；2—换能器；3—水听器；4—放大器；5—毫伏表

本书课题小组还进行了清洗槽式超声与底吹气联合声场研究实验，实验结果如图5-12所示。

从图5-12结果中可以看出，纸上沉积的染料图案由许多离散的蓝色斑点组成，辐射时间为3min，相纸下端均与钢包底端相平，超声功率为800W时，蓝色斑点的数量随吹气量的增大先增多然后再减少，这是由于之前吹气产生的气泡的运动周期随吹气量的增加越来越接近空化气泡运动的周期，有利于空化现象的产生，但随着吹气量的再度增加，气泡逐渐增大，钢包中水的运动速度加快，可能致使空化现象的产生减弱，因此吹气量在0.08m^3/h时斑点最多。从单幅图中我们还可以看出，当未吹气时，水平方向上蓝色斑点多的地方为波腹，在波腹下方空白的地方为节点，这是由于形成驻波场，导致强度分布不均匀。沿钢包径向方

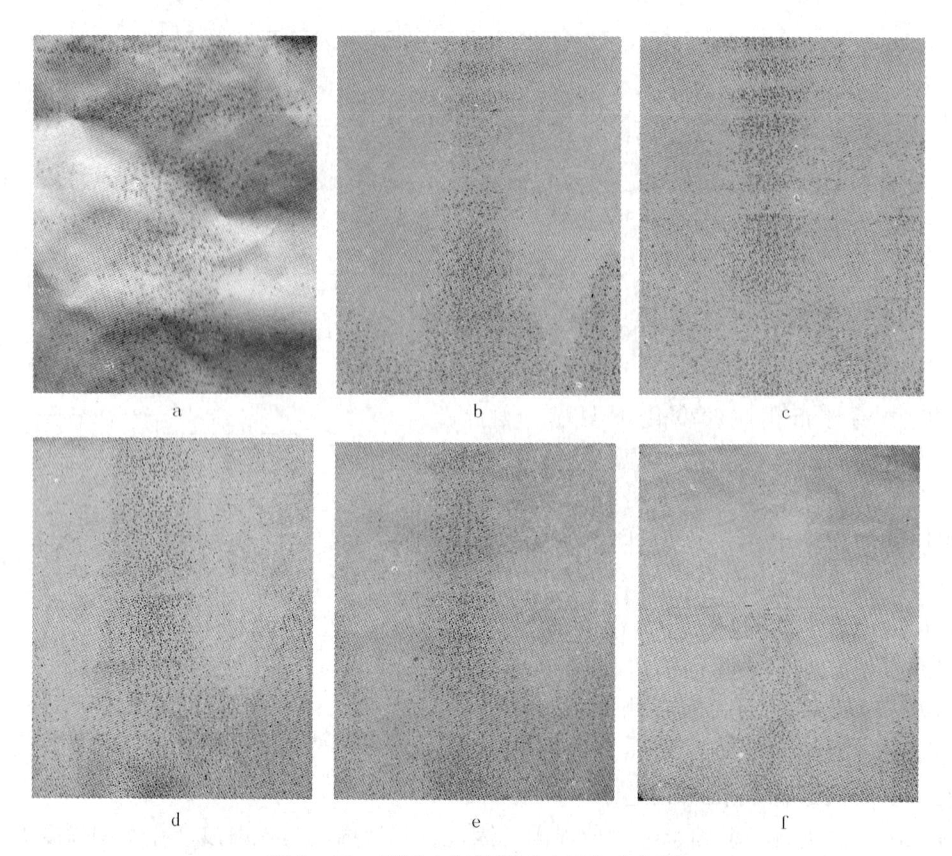

图 5 - 12　不同吹气量所对应的染色相图

a—未吹气；b—吹气量 0.05m^3/h；c—吹气量 0.08m^3/h；d—吹气量 0.11m^3/h；
e—吹气量 0.14m^3/h；f—吹气量 0.17m^3/h

向，相纸上蓝色斑点数量先减少再增加，然后减少再增加，形成波峰与波谷。当吹入气体后，纵向驻波现象削弱，声场趋于均匀，这是由于外来气体的加入，破坏了原有的空化气泡分布，使空化气泡运动更加剧烈，分布更加均匀，当吹气量过大时，吹入的气泡上浮速度快，动能大，空化气泡会随着溶液的运动，来不及发生崩溃，收缩，膨胀等行为直接被吹入的气泡或运动的液流带出液面，因而空化强度有所减小。

5.4　超声波钢包精炼空化气泡运动行为

前面提到在纯水中超声波的负压必须达到 1.5×10^8Pa 时才能引起空化作用，但实际上空化现象在相当低的负压（ $<2.0\times10^6$Pa）下就可以产生。这无疑是由于水中存在一些团体微粒或气体，即使是在超纯水中也是这样，它们在液体中

形成局部的“弱力点”，在超声场的负压相位时，气泡就可以在这些地方形成。现在已有足够的实验事实来证明弱力点是由于液体介质中气体分子或固体微粒的存在所致。例如，已观察到液体介质中的脱气会导致空化阈的增加——即空化气泡产生需要增加超声波的声压。微粒的存在，更特别的是这些固体微粒上的裂缝或凹处中有所夹带的蒸气核（见图 5－13）时，也能降低空化阈值。若是在钢液中，则钢液中的夹杂物及其他非金属粒子的存在，炉衬耐火材料与钢液之间的缝隙均可降低空化阈值，为超声空化现象的产生提供条件。

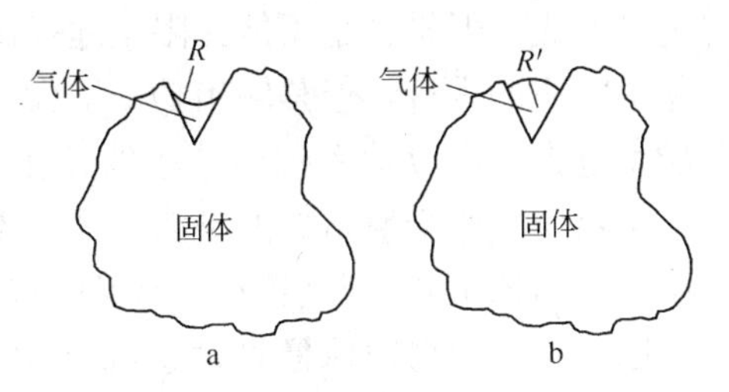

图 5－13 稳定空化的裂缝模型

a—外正压；b—外负压

5.4.1 空化气泡观测过程

图 5－14 为观察超声波钢包精炼空化气泡运动行为实验装置示意图，实验应用的是频率为 20kHz、功率为 0～2000W 可调的变幅杆式的大功率超声波处理器，与其他槽式超声波处理器相比有转换声功率大、超声波发射集中等优点。

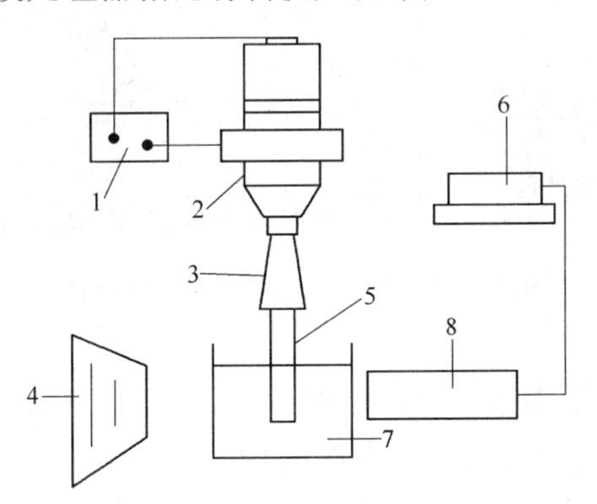

图 5－14 超声波钢包精炼空化气泡运动行为实验装置示意图

1—超声波发生器；2—换能器；3—变幅杆；4—高效金属卤化物灯；5—工具杆；6—电脑；7—水溶液；8—高速摄像机

变幅杆式的超声波处理器可任意调节其在液体中的高度和位置，使波源能够作用于钢包中各个位置对液体进行搅拌作用。超声波处理器发出的强声波在液体中产生空化作用，使空化气泡有生成、溃陷、消失等一系列的状态变化。当功率增加时，可以使整个状态的变化加快和叠加，使之产生强烈的搅拌作用。

超声波应用于处理液态金属时，提高超声波声强会使空化效果增强。如前所述，当采用较高频率超声波时，不易产生空化气泡，但是提高超声功率，空化气泡仍可形成。但是，也不能无限制地提高声强，许多研究表明，过高的声强不利于化学反应的进行。但是输出功率增大到一定值，空化效果增加也不明显。超声波功率过大，由电功率到声功率的转化并不与电功率成正比。但超声强度不够时，不足以克服金属熔体的黏滞力，达不到预期的超声空化效果。因此超声波应用于钢包精炼工艺中，也应选择合适的超声功率进行处理。

图5-15为高速影像处理系统（包括高速摄影仪、高效金属卤化物灯、显微镜放大系统、电脑工作站），它能观察记录瞬间变化图像并以电子数据形式保存。可用于超声波钢包精炼水模型实验中，观察和记录水中空化气泡的生成、运动、破裂的状态；记录去除夹杂物的整个过程，分析空化效应促进溶液均混及去除夹杂机理。本实验所用的高速摄影仪为德国 OPTRONIS 公司的高速摄影仪 CamRecord 5000 Camera System，高效金属卤化物灯的最大功率为2000W，显微镜放大系统为美国 NAVITAR 公司 ZOOM 12X Zoom，电脑工作站为 DELL 品牌电脑（四核，4GB 内存；512M 显示卡；700G 硬盘；22 寸液晶，DVD 刻录）。

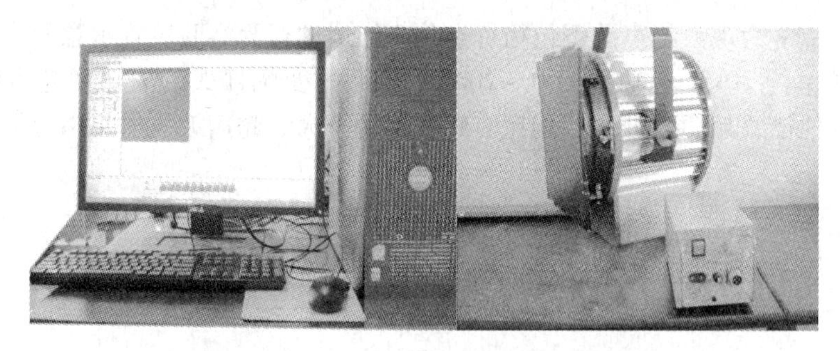

图5-15 高速影像处理系统实物图

实验步骤为：在模拟钢包中加入400mm 高的水，打开超声波处理器，按照超声波发生器使用手册先将仪器功率调至0W 运行3min 使其预热，将超声波功率调到1500W 进行调谐操作，使超声波处理器调到最佳状态。调节高速摄像机、模拟钢包、高效影视灯的位置，使它们在同一条直线上，然后调整高速摄像机和高效影视灯的高度，使高速摄像机的视野范围和灯照射的范围处于同一水平高度，然后调节高速摄像机的焦距，直到能在电脑上看到清晰的空化气泡运动为止。分别观测不同功率下工具杆底端和杆侧面超声波波腹和节点位置的群空化气泡的运动状态以及溶液中空化气泡崩溃时微射流的产生过程。

5.4.2 声场特性分析

图5-16为气液界面空化气泡的崩溃过程，从分图 a、b 和 c 可以看出，由于压力的减小，气泡发生了明显的膨胀，形状由球形变为了椭圆形，压力继续降

低，当到达第 0.0006s（图 5－16d）时，气泡发生了崩溃，形成了微射流，图 5－16e，图 5－16f 中均有明显的微射流产生。当溶液中施加超声波后，在声压的作用下会形成空化气泡，并且随着声压的变化，空化气泡发生瞬态空化或稳态空化，瞬态空化发生时，空化气泡崩溃过程中产生微射流。此实验中，在溶液内的超声空化气泡崩溃过程中也伴随着微射流的产生，由于微射流的冲击作用，使液体在声压的作用下发生强烈的搅拌，从而改善超声波钢包精炼过程中的动力学条件，促进化学反应的进行及夹杂物的上浮排出。

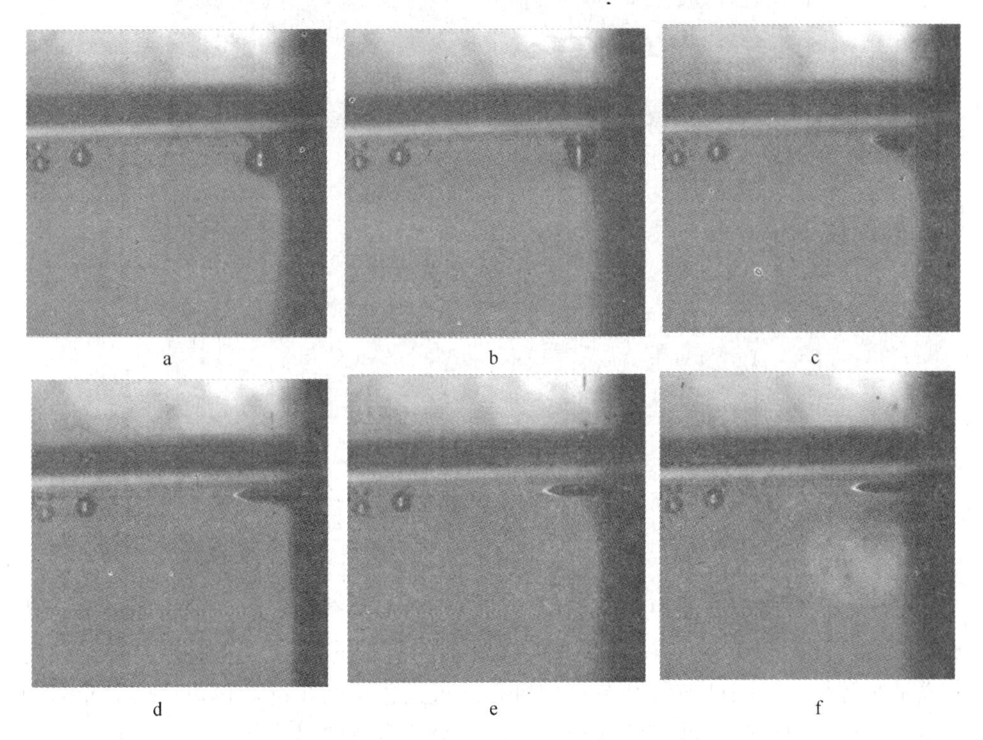

图 5－16 气－液界面微射流的产生过程

a—0s；b—0.0002s；c—0.0004s；d—0.0006s；e—0.0008s；f—0.0010s

图 5－17 为超声波工具杆底端的气泡运动情况，从图中可以看出，随着时间延长，空化气泡数量增多。从图中或者通过对照片的连续播放可以看出，群空化气泡呈圆锥状分布在杆的底端，并且产生在杆的底端，之后向下运动，汇聚在圆锥体的顶端后继续向下运动，运动到离端面较远后，声压降低，气泡上浮，有的气泡相互吸引形成群空化气泡，继续上浮，有的则在声压正压相到来时发生崩溃。通过观察发现，空化气泡在工具杆底端产生后向圆锥体顶端的方向运动汇聚成大的空化气泡，之后继续向下运动，其运动平均速度大约为 0.5～0.8m/s，在工具杆底端产生的空化气泡的平均速度为 2.5m/s。

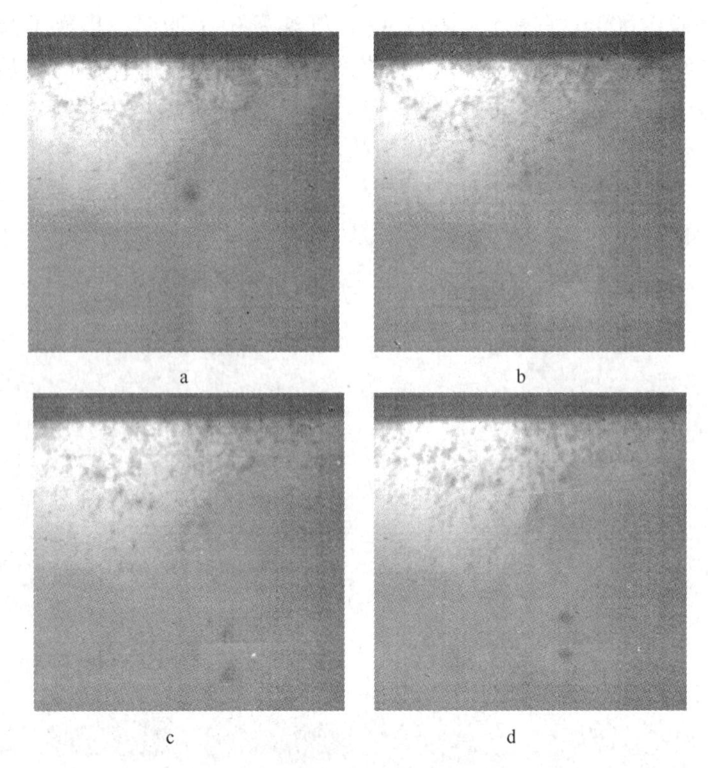

图 5－17 工具杆底端的群空化气泡分布

a—0s；b—0.0012s；c—0.0024s；d—0.0036s

图 5－18 为超声波波腹和节点位置的空化强度及空化气泡运动情况，由于高速摄像机只有 5～10mm 的视野内才可以观察到清楚的气泡，范围相对容器高度来说是非常小的，因此波腹和节点位置是通过染色法的相纸蓝色斑点的分布来确定的，空化气泡产生在波的波腹位置，之后沿任意方向呈直线传播，最后长大消失。然而在声波的波腹位置周围虽然存在许多微小气泡，而这些气泡由于运动速度太快，太小几乎不能被观察到，实验中观察到的是相对较大的气泡。

在染色法实验中节点位置处的蓝色斑点几乎没有，这表示这一区域的空化效果是非常弱的。在用高速摄像机拍摄这一区域也同样发现，这个区域内的气泡很少几乎没有，两个现象都证明在波的节点位置空化现象是非常微弱的。但在这一区域并不是没有气泡运动而是这一区域没有气泡的崩溃发生，所以在相纸上没有蓝色的斑点，而采用高速摄像机没观察到是因为这一区域都是微小的气泡，相对较大的气泡在运动到节点位置之前都发生了崩溃，而这些小气泡又因为运动速度太快，所以在用高速摄像机观察时观察不到微小气泡运动。群空化气泡产生在声波的波腹位置，在钢包精炼水模型内，空化气泡在声压的作用下，小气泡会趋向

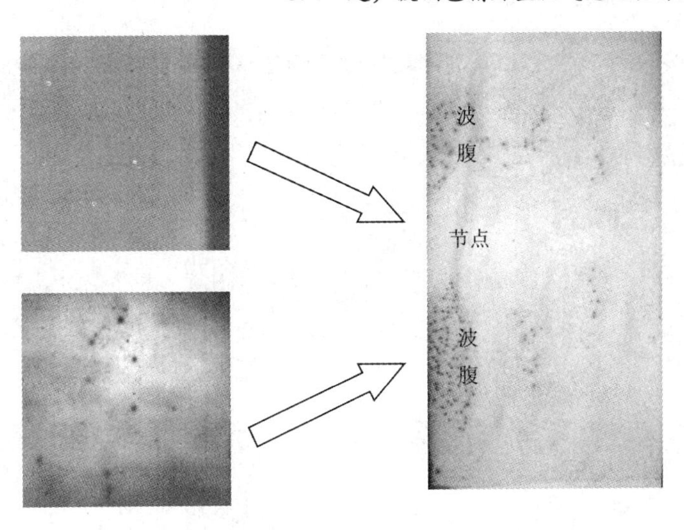

图5－18 波腹和节点位置的空化气泡分布

于由声压小的区域向声压大的区域运动，而半径大的气泡则发生相反的运动。

空化气泡运动的结果，就是驻波节点处聚集了大气泡，而波腹处聚集了小气泡。在运动过程中空化气泡聚集，长大到崩溃。在实验过程中，施加的超声波的功率为1980W，群空化气泡在运动生长的过程中还没有到达节点位置就发生了崩溃，所以在节点位置几乎观察不到空化气泡。空化气泡产生在声压的波腹位置，而理论上波腹位置应该是很小的范围，但是实验中观察到在工具杆侧面的波腹位置很大的范围内都有空化气泡的存在，相纸也在很大的范围上都存在蓝色斑点，这说明在染色的这一范围内均有空化气泡的崩溃发生，事实上在这一区域内群空化气泡的运动是十分剧烈的，在这一区域内空化气泡不断地产生，并且沿任意方向上做直线运动，在运动的过程中又不断地聚集、分裂，有的又发生崩溃，因为这些空化气泡的剧烈运动促进了搅拌，改善了反应动力学条件。

图5－19为超声波功率分别为1210W、1375W、1562W、1760W、1870W、1980W时工具杆底端气泡的分布情况，从图5－19中可以看出群空化气泡的结构没有发生变化，都是呈圆锥状分布的，空化气泡的这种圆锥状分布现象随工具杆辐射面面积增大而越易于被观察到，另外增大声强，锥状聚集现象更加明显。随着功率的增加，换能器工具杆辐射声压越大，液体中的声压越高，越容易产生空化现象，同时气泡生成的动力就越大，空化气泡的数量也在增多，因此，要获得更大的搅拌效果，可适当增大超声功率，增强空化效应。

图5－20为工具杆底端群空化气泡的聚集和分散情况，从分图a、b、c可以看出，一个群空化气泡的聚集形成时间大约为0.0004s，微小的空化气泡产生在工具杆底端，而后由于声压的变化，空化气泡会向声压高的区域运动，由图5－19

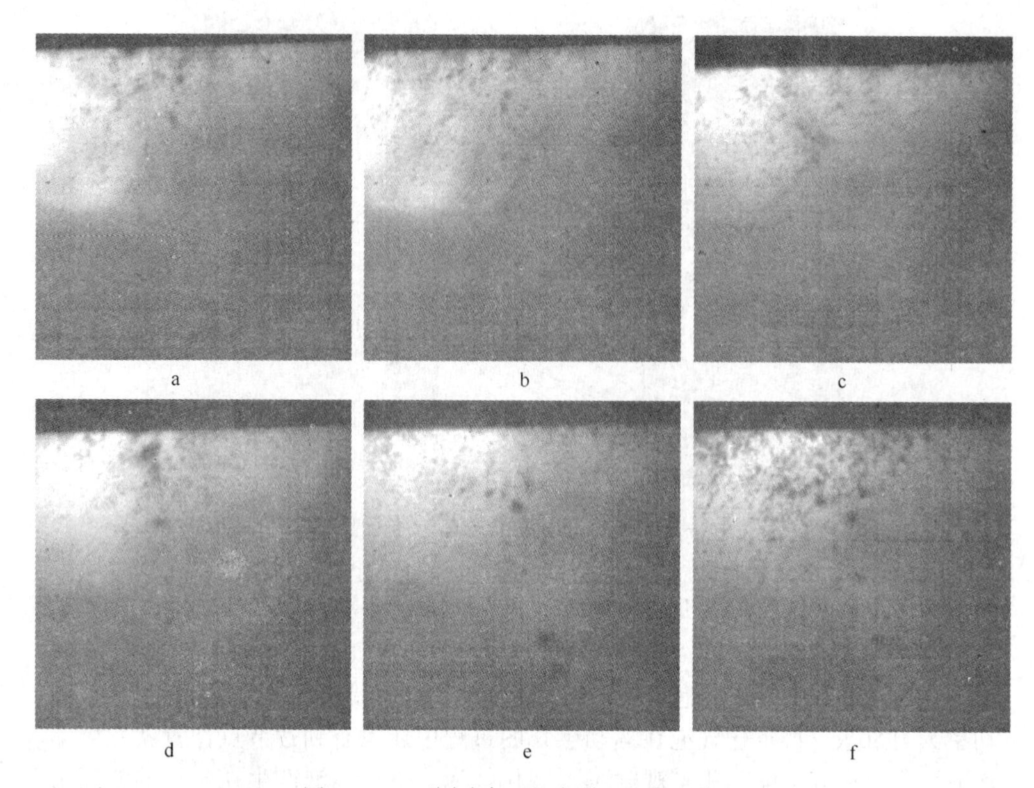

图 5 - 19 不同功率下超声群空化气泡分布

a—1210W；b—1375W；c—1562W；d—1760W；e—1870W；f—1980W

可知在换能器工具杆表面附近，空化气泡密集分布，这是因为在这一区域声压最大值和最小值密集分布，空化气泡运动速度极快，空化现象剧烈，距工具杆距离越来越远，声压最小值与最大值之间距离增加，空化气泡分布密度减小。当距工具杆超过临界距离后，声压振幅也会随之减弱。由 5.2 小节可知，超声波钢包精炼水模型内的声场呈驻波分布，因此，空化气泡在声压的作用下也会具有与之相应的分布形状，因此在这一区域内空化气泡会聚集在锥形的顶端，形成群空化气泡。之后又马上分散，从图 5 - 20c、d、e 三个图可知群空化气泡的分散时间也为 0.0004s，与群空化气泡的形成时间几乎相同。之后又继续群空化气泡的形成与分散过程，说明离工具杆越远，声压越低，表明换能器辐射声场具有向轴效应；声波在近场区出现声波起伏，可以近似看成均匀平面波声场。

在钢包底吹氩精炼过程中，随着吹气流量的增加，搅拌强度增大。但过大容易造成二次氧化，还会造成钢液表面覆盖的渣卷入钢液内部，污染钢液；钢包弱搅拌和延长吹氩时间，限制了吹氩的精炼作用，易使钢包存在循环死区，从而使吹氩操作的脱氧、去气和均匀钢水的作用都得不到充分发挥。

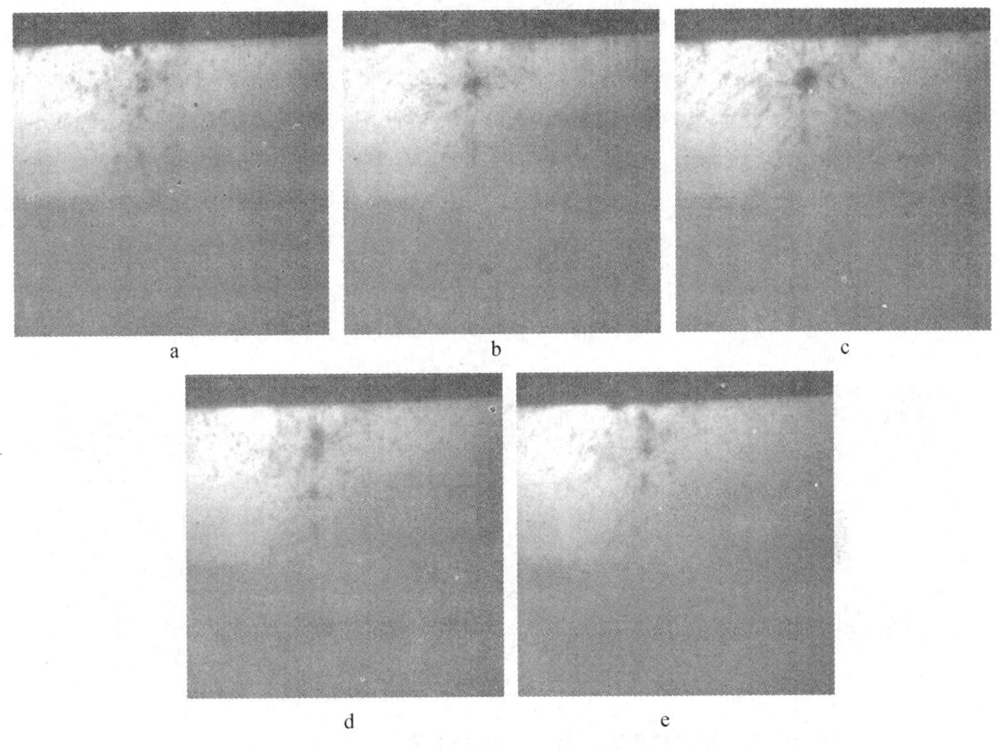

图 5-20 群空化气泡的形成与崩溃过程

a—0s；b—0.0002s；c—0.0004s；d—0.0006s；e—0.0008s

超声波搅拌应用超声的空化及声流作用，产生的空化气泡可弥漫于整个反应容器中，只要提供足够大的功率，不存在循环死区，并且超声波可在整个容器范围内产生有效搅拌，由已进行的铝箔腐蚀及相纸染色实验结果可知，自容器中心至器壁在声波的波腹区域均有空化气泡崩溃形成的腐蚀现象。另外超声设备结构简单，能耗低，不存在透气砖堵塞的情况，因此研究将超声波应用于钢包精炼中改善钢液流动动力学条件具有重要意义。

5.4.3 精炼钢包模型内空化气泡的生长运动行为

精炼钢包内空化气泡与底吹氩产生的气泡相比，尺寸要小得多，空化气泡只有几个微米至几十个微米，根据 Wang，LEE 等提出的气泡尺寸与去除夹杂物直径的关系可知，空化气泡更有利于去除微小夹杂物。超声波在精炼钢包内会产生空化场，且为驻波场，因此，空化气泡在波节与波腹处分别会发生体积膨胀与压缩，图 5-21b 中的空化气泡即在声压正压相到来时，由一个气泡崩溃成了两个更小的空化泡，继续向上运动，0.0006s 后，当运动到波节处时气泡又发生膨胀

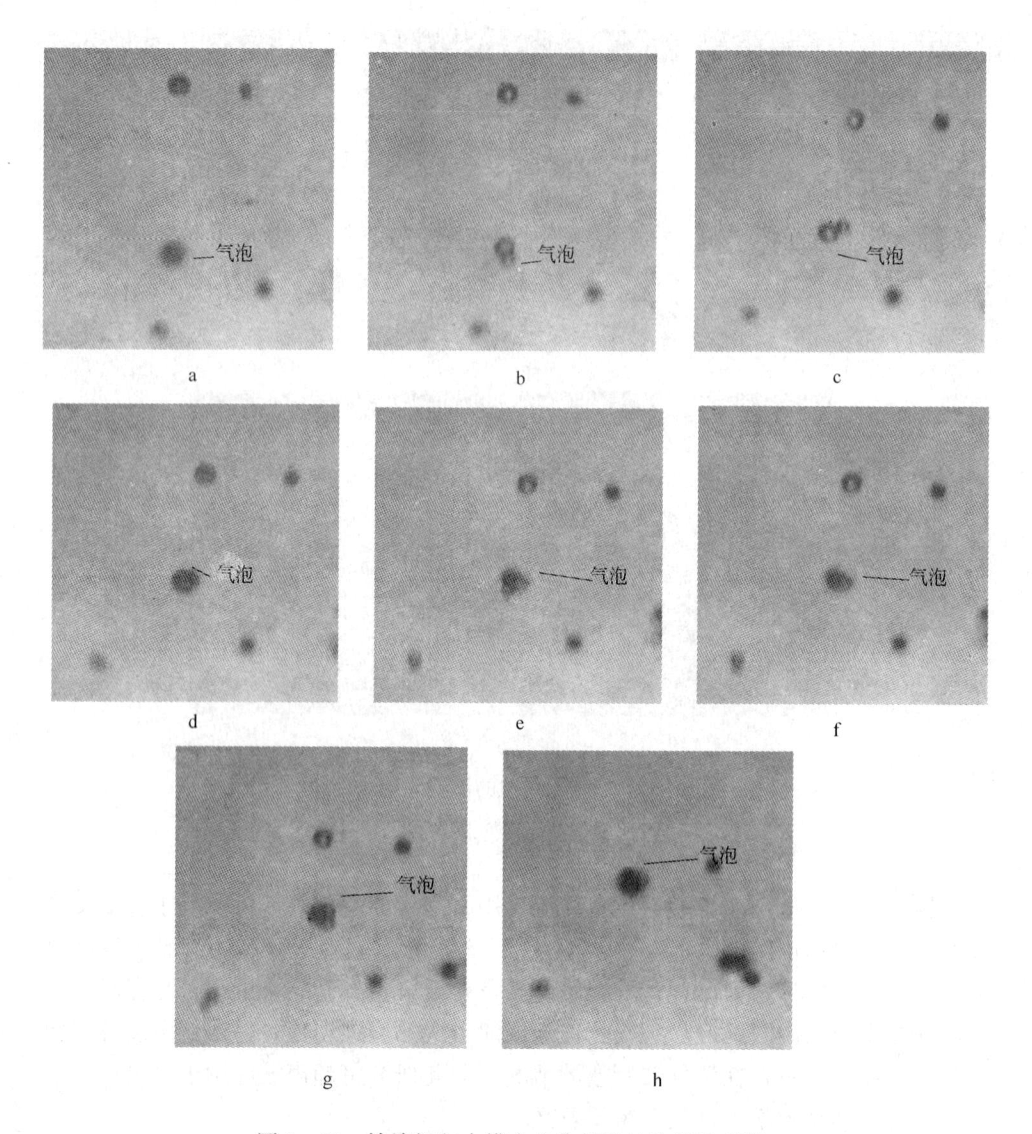

图5－21 精炼钢包水模内空化气泡的生长运动图

a—0.0070s；b—0.0072s；c—0.0094s；d—0.0100s；
e—0.0102s；f—0.0110s；g—0.0114s；h—0.0134s

如图5－21d所示，直至0.0002s后崩溃形成微射流，如图5－21e所示，之后又重复着上述过程，气泡膨胀过程中，由于直径变大，上升速度加快，还可能与其他小气泡发生碰撞，合并为一个气泡，如图5－21h所示，原来的气泡与其正上方的空化泡合并成为一个更大的气泡，上升速度加快，直至上升至液面崩溃。由图5－21可知，由于正弦声辐射力的作用，空化气泡在精炼钢包水模内发生被压缩，膨胀反复的行为变化，变化过程当中，气泡的直径相比底吹氩产生的气泡（毫米级）小得多，有更多的时间与夹杂物发生碰撞，吸附等过程，有利于提高夹杂物去除率，并且空化气泡的产生不需外部供气，节约能源，保护环境。

有学者进行了超声条件下两相乳化实验，实验装置如图 5－22 所示。

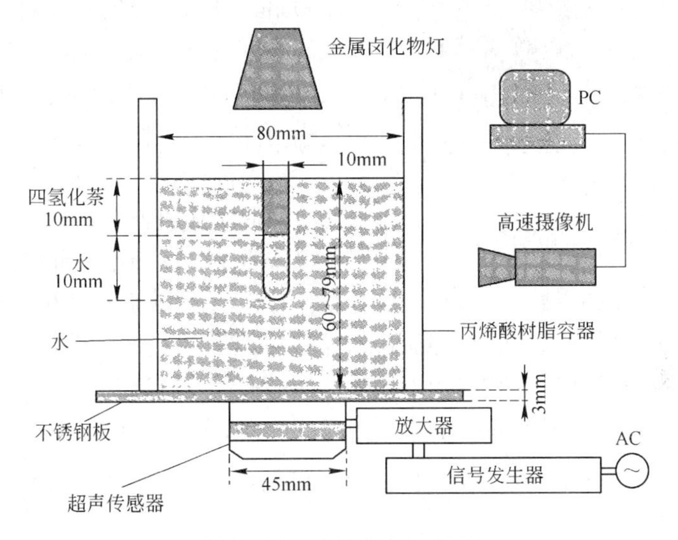

图 5－22 实验装置示意图

实验装置如图 5－22 所示。正弦信号由函数发生器产生，功率放大器放大。超声波被发射到直径为 80mm 的丙烯树脂的圆柱形容器内，在容器底部固定一厚 3mm 的不锈钢底板，在室温条件下，容器内充满水，共振和持续的声场被调节从而使声空化在水中产生。

为了观察超声空化气泡，在圆柱形丙烯容器充满蒸馏水，超声波在 42kHz 的频率，输出功率为 500W 的条件下射到水中，超声空化气泡群的运动行为用高速相机拍成连续的照片。在照片中，空化气泡群不能通过由发光物质被证实白色而是由光的散射，在实验中，曝光时间不足 1/1000s，因为一个强金属卤化物灯被用来照亮丙烯圆柱形容器，因此，由声音产生的弱光强度不能被显示出来。

为了观察微射流，在圆柱形容器轴中心安放一直径为 10mm 的试管，试管上面装有四氢化萘，下面装有蒸馏水。试管内外的气液接触面处在同一高度。试管内部两液相接触面处在声压的节点位置，因此，有限的微射流的产生由于两液相的乳化能被观察作为白色的混乱的流。微射流的行为被用高速相机记录下来。如图 5－23 所示。

由于产生空化泡群，气泡在崩溃的过程中水于超临界状态到气态的较多，必须从图 5－23 的结果和之前的描述考虑，可以判断，空化泡崩溃过程中产生空化

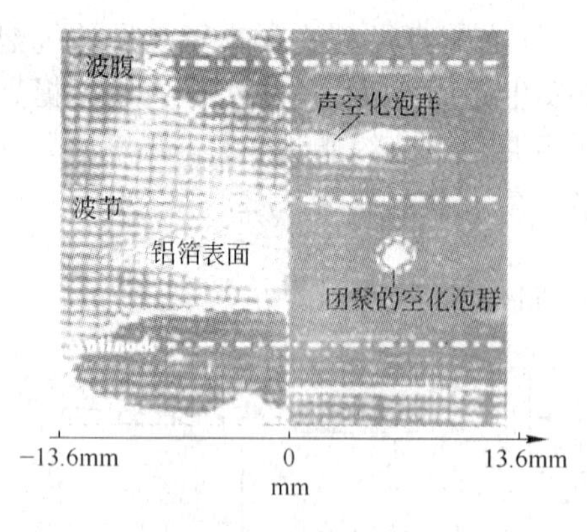

图 5－23　铝箔腐蚀图

泡群，并长大，因为空化泡群伴随着微射流的产生。微射流是在空化泡崩溃过程中产生的，从图 5－23 我们知道声空化泡的温度和压力可达 5000K 和 1000atm（1atm＝101325Pa）。特别是这些值超过了水的临界值，温度 6775K、压力 226.80atm，因此认为水的声空化气泡内部处于超临界状态时是合理的。

从上面的讨论可知，微射流和空化气泡群的构成机制如图 5－24 所示。图 5－24a 是单个空化泡崩溃前的一张照片，此时水处于超临界状态，图 5－24b 描绘了其气泡崩溃的最初状态。当气泡的平衡压力受到破坏时，气泡被扭曲，气泡表面被扭曲的一部分插入气泡，扭曲的气泡表面挤压和推向气泡的反相表面，因此一个微射流开始产生。图 5－24c 和图 5－24d 是关于微射流的产生和空化泡群产生的两种假设。图 5－24c 是微射流顶端超临界水的破裂，从以前对单个气泡的研究我们知道，当$\frac{d^2R}{dt}$（R：单个气泡的半径；t：时间）很大时，气泡变得很不稳定而成为非球形的干扰，然后气泡崩溃成一群小气泡而不是单个气泡。这表明气泡内的压力迅速降低，引起了气泡表面的不稳定和单个气泡的破碎，变成群空化泡。

在本实验的研究条件下，微射流迅速喷射，并且顶端压力迅速消失。可以推断微射流顶端表面变的不稳定，微射流顶部的超临界水被破裂成超临界的细小液滴，与上面描述的单个气泡破裂成许多小气泡相似。另外也可以认为这些细小的

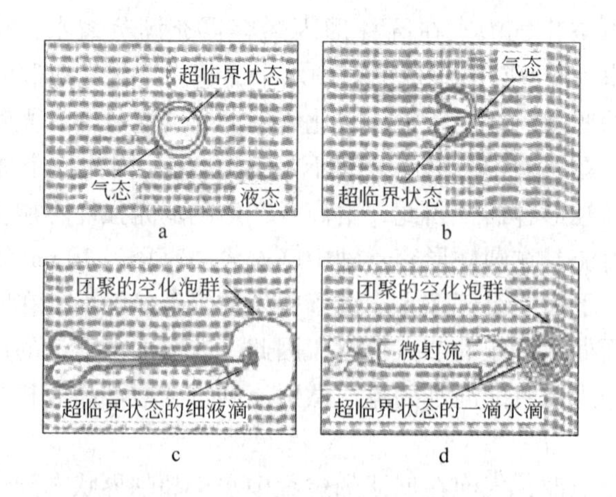

图 5－24　空化气泡群构成机制示意图

液滴转变成气态形成了空化气泡群。这种行为可以继续，直到微射流射完后来自气泡的超临界状态水供给停止。因为空化气泡群的微小气泡温度降低时，这些微小气泡将转变成液态或消失。因此只要超临界水的供给速率，超临界状态到气态的转换率，和气态到液态的转换率在群空化泡保持平衡，群空化泡将保持它们的形态。

另一个假设是充满超临界水的液滴被喷射，伴随着液滴后微射流的喷射，液滴转变成空化泡群如图5－24d所示，由于空化泡群的产生，认为超临界状态的水分子由于分子浓度的波动，低压力点偏离了中心，如液滴表面变成超临界水分子的低浓度区，然后超临界水变成气态，在表面形成微小气泡，成群的空化泡形成。此外，由于微小气泡中温度的降低，它们将转变成液态然后消失，液滴继续伴随着这个行为移动，直到液滴中的超临界水消失。

6 超声流场数值模拟方法

功率超声在工业中的应用非常普遍，将其应用于钢液处理是目前国内外研究的热点课题。高强度功率超声能显著改善钢液的凝固组织，提高其力学性能，国内外已经有一系列相关方面的研究，然而在研究超声对熔体作用时基本都是定性的理论研究，缺少高温条件下空化泡影响因素的定量研究。本章主要通过对超声波发生器辐射到熔体介质中的各超声参数进行计算，分析熔体性质，超声设备参数及环境参数等对空化泡动力学行为的影响，探讨不同超声波作用下的空化泡行为，为超声波去除夹杂物机理研究提供理论依据。

计算流体力学（Computational Fluid Dynamics，简称 CFD）作为一门新学科，形成于 20 世纪 60 年代中期，它通过计算机模拟获得某种流体在特定条件下的有关信息，实现计算机代替试验装置进行“计算实验”，随着它的出现工程流体力学发展进入了新阶段。

自从 19 世纪物理模型理论诞生，流体力学及工程流动问题主要都应用物理模型解决。为了更好的描述流动中的物理现象，从而出现了数学模型。将流体力学基本定律应用数学模型进行描述，在定义初始条件与边界条件下对建立的数学模型进行求解，达到对流体力学以及工程问题的模拟。

计算流体力学的数值模拟大致可分成下列若干步骤：

（1）基本守恒方程组的建立；

（2）对模型或封闭方法进行选择；

（3）初始或边界条件的确定；

（4）计算网格的划分；

（5）离散化方程的建立；

（6）求解方法的制定；

（7）计算技巧的研究；

（8）计算程序的编写和调试；

（9）对比数值模拟结果与实验。

接下来，对守恒方程、离散化方程和求解方法分别进行简单的介绍。

6.1 Fluent 软件介绍

Fluent 是目前国际上比较流行的商业 CFD 软件包，是用于模拟和分析具有复杂几何区域内的流体流动与传热现象的计算机专用软件，Fluent 软件使用 C/C + + 语言开发的，支持并行计算，对计算机内存的利用率很高，所以，对内存的分配更灵活，求解控制更合理。除此之外，为了高效处理，相互控制，以及对各种机器与操作系统的灵活适应，Fluent 使用 client/server 机构，因此它可以在用户电脑与服务器上分别进行数值计算。

6.1.1 Fluent 概述

本实验使用的软件 Fluent 是工程运用的 CFD 软件，它的设计基于“CFD 计算机软件群的概念”，Fluent 是一个用于模拟和分析复杂几何区域内的流体流动与传热现象的专用软件。针对每一种流动的物理问题的特点，采用适合于它的数值解法，以期在计算速度，稳定性和精度等各方面达到最佳。通过计算机数值计算和图像显示，对包含有流体流动和热传导等相关物理现象的系统所做的分析。CFD 可以看做是在流动基本方程（质量守恒方程、动量守恒方程、能量守恒方程）控制下对流动的数值模拟。通过这种数值模拟，我们可以得到极其复杂问题的流场内各个位置上的基本物理量（如速度、压力、温度、浓度）等的分布，以及这些物理量随时间的变化情况。

CFD 与传统的理论分析方法、实验测量方法组成了研究流体流动问题的完整体系，图 6 – 1 给出了表征三者之间关系的“三维”流体力学示意图。

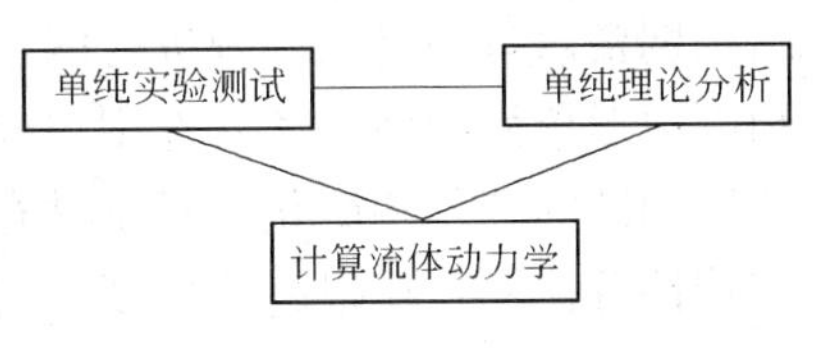

图 6 – 1 “三维”流体力学示意图

理论分析方法的优点在于所得结果具有普遍性，各种影响因素清晰可见，其是指导实验研究和验证新的数值计算方法的理论基础。但是，它往往要求对计算对象进行抽象和简化，以特殊尺寸、高温、有毒、易燃等真实条件和实验中只能接近而无法达到的理想条件。

CFD 也存在一定的局限性。首先，数值解法是一种离散近似的计算方法，依赖于物理上合理、数学上适用、适用于在计算机上进行计算的离散的有限数学模型，且最终结果不能提供任何形式的解析表达式，只是有限个离散点上的数值解，并有一定的计算误差；第二，它不像物理模型实验一开始就能给出流动现象并定性地描述，往往需要由原体观测或物理模型实验提供某些流动参数，并需要对建立的数学模型进行验证；第三，程序的编制及资料的收集、整理与正确利用，在很大程度上依赖于经验与技巧。此外，因数值处理方法等原因有可能导致计算结果的不真实，例如产生数值黏性和频散等伪物理效应。

CFD 有自己的原理、方法和特点，数值计算与理论分析、实验观测相互联系、相互促进，但不能完全替代，三者各有各的适用场合。在实际工作中，需要三者有机的结合，争取做到取长补短。

CFD 通用软件包的出现与商业化，对 CFD 技术在工程中应用的推广起了巨大的促进作用。1998 年，全球市场占有率最高的 CFD 软件——Fluent 正式进入中国市场，为目前 CFD 主流商业软件，其市场占有率达 40% 左右。Fluent 软件设计基于 CFD 计算机软件群的概念，针对每一种流动的物理问题的特点，采用适合于它的数值解法以在计算速度、稳定性和精度等方面达到最优。

Fluent 软件的结构由前处理、求解器及后处理三大模块组成。Fluent 软件中采用 GAMBIT 作为专用的前处理软件，使网格可以有多种形状。对二维流动可以生成三角形和矩形网格；对于三维流动，可以生成四面体、六面体、三角柱和金字塔等网格；结合具体计算，还可以生成混合网格，其自适应功能，能对网格进行细分或粗化，或生成不连续网格、可变网格和滑动网格。Fluent 软件采用的二阶迎风格式是 Barth 与 Jespersen 针对非结构网格提出的多维梯度重构法，后来进一步发展，采用最小二乘法估算梯度，能较好地处理畸变网格的计算。Fluent 率先采用非结构网格使其在技术上处于领先。

Fluent 是一个用于模拟和分析在复杂几何区域内的流体流动与热交换问题的专用 CFD 软件。Fluent 提供了灵活的网格特性，用户可方便地使用结构网格和非结构网格对各种复杂区域进行网格划分。对于二维问题，可生成三角形单元网格和四边形单元网格；还允许用户根据求解规模、精度及效率等因素，对网格进行整体局部的细化和粗化。对于具有较大梯度的流动区域，Fluent 提供的网格自适应特性可让用户在很高的精度下得到流场的解。

Fluent 使用 C 语言开发完成，支持 UNIX 和 Windows 等多种平台，支持基于 MPI 的并行环境。Fluent 通过交互的菜单界面与用户进行交互，用户可通过多窗口方式随时观察计算的进程和计算结果。计算结果可以用云图、等值线图、矢量图、XY 散点图等多种方式显示、存储和打印，甚至传送给其他 CFD 或 FEM 软件。Fluent 提供了用户编程接口，让用户定制或控制相关的计算和输入输出。

Fluent 软件的核心部分是纳维—斯托克斯方程组的求解模块。在 Fluent 软件当中，有两种数值方法可以选择：（1）基于压力的求解器；（2）基于密度的求解器。基于压力的求解器是针对低速、不可压缩流开发的，基于密度的求解器是针对高速、可压缩流开发的。本书主要研究的为低速、不可压缩流，所以选用基于压力的求解器。纳维—斯托克斯方程组的求解是 Fluent 计算中的核心部分。在低速不可压流体的流场计算中，用压力校正法进行数值计算。其中包括 SIMPLE、SIMPLEC、SIMPLER、PISO 等计算方法都是低速不可压流动的计算方法。流项二阶迎风格式具有精度高、数值耗散低。构造简单等特点。应用耦合法对可压缩流动进行计算，即对连续性方程、动量方程、能量方程同时进行求解。QUICK 格式针对结构网格才有意义，对网格的质量要求很高，但是对于不可压缩流体的差分格式可以提高计算精度。本书划分的网格均为四边形网格，所以在模拟时，都采用了 QUICK 格式进行离散。

Fluent 软件的后置处理功能十分强大，可以得出速度云图、压力云图、等值线图、运动轨迹图等，可以求得力及相应力矩系数，并且具有积分功能，能够很好地完成 CFD 计算中所要求的功能。对计算中的参数以及误差可以动态跟踪，完美的显示在用户面前。对于非定常计算，Fluent 提供非常强大的动画制作功能，在迭代过程中将所模拟非定常现象的整个过程记录成动画文件，供后续的分析演示。

Fluent 软件的计算流程图如图 6－2 所示。具体的使用步骤为：

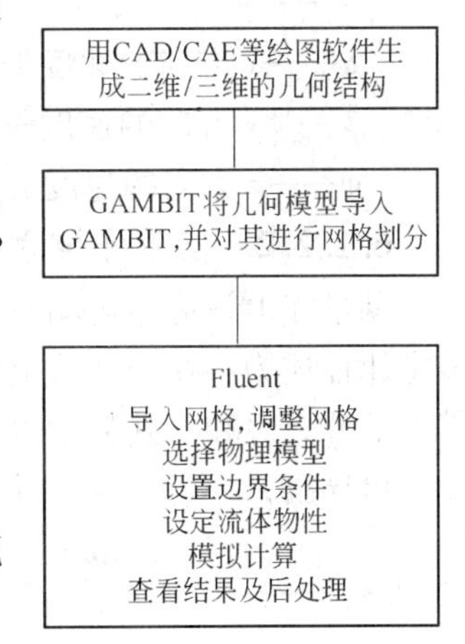

图 6－2 Fluent 计算流程图

（1）创建集合结构的模型以及生成网格；

（2）运行合适的解算器：2D（二维单精度）、3D（三维单精度）、2DDP（二维双精度）、3DDP（三维双精度）；

（3）读入网格；

（4）检查网格；

（5）选择解的格式；

（6）选择需要解的基本方程：层流还是湍流（无粘）、化学组分还是化学反应、热传导模型等；

（7）确定所需要的附加模型：风扇，热交换，多孔介质等；

（8）指定材料物理性质；

（9）指定边界条件；

（10）调节解的控制参数；

（11）初始化流场；

（12）计算解；

（13）检查结果；

（14）保存计算结果；

（15）必要的话，细化网格，改变数值和物理模型。

6.1.2 基本控制方程

流体流动受物理守恒定律的影响，基本的守恒定律包括：质量守恒定律、动量守恒定律和能量守恒定律。当流动中不同组分相互作用，或者流动处于湍流状态，系统还要遵守组分守恒定律以及湍流特性的守恒方程。在这里我们只介绍三种基本的守恒定律。同样我们可以用数学方程对这三种基本守恒定律进行说明。

6.1.2.1 质量守恒方程

在流体流动中，质量守恒定律可表述为流入的质量与流出的质量之差，应该等于控制体内部流体质量的增量。所有的流动问题都要满足这一定律。质量守恒定律应用数学表达式表示即为质量守恒方程表述，又称连续性方程。表达式为:

$$\frac{\partial \rho}{\partial t}+\frac{\partial(\rho \boldsymbol{u})}{\partial x}+\frac{\partial(\rho \boldsymbol{v})}{\partial y}+\frac{\partial(\rho \boldsymbol{w})}{\partial z}=0 \qquad (6-1)$$

式中 ρ——密度，kg/m^3;

t——时间，s;

$\boldsymbol{u}$——x 方向的速度矢量，m/s;

$\boldsymbol{v}$——y 方向的速度矢量，m/s;

$\boldsymbol{w}$——z 方向的速度矢量，m/s。

6.1.2.2 动量守恒方程

动量守恒是流体运动时应遵循的另一个普遍定律，其本质是牛顿第二定律。该定律描述为：在一个给定的流体系统中，其流体的动量的时间变化率等于作用其上的外力之和。其数学表达式即为动量守恒方程，也叫运动方程。按照这一定律，可导出 x、y 和 z 三个方向的动量守恒方程:

$$\frac{\partial(\rho \boldsymbol{u})}{\partial t}+\operatorname{div}(\rho \boldsymbol{u})=\frac{\partial \rho}{\partial x}+\frac{\partial \tau_{xx}}{\partial x}+\frac{\partial \tau_{yx}}{\partial y}+\frac{\partial \tau_{zx}}{\partial z}+F_x \qquad (6-2)$$

$$\frac{\partial(\rho \boldsymbol{v})}{\partial t}+\operatorname{div}(\rho \boldsymbol{v})=\frac{\partial \rho}{\partial y}+\frac{\partial \tau_{xy}}{\partial x}+\frac{\partial \tau_{yy}}{\partial y}+\frac{\partial \tau_{zy}}{\partial z}+F_y \qquad (6-3)$$

$$\frac{\partial(\rho \boldsymbol{w})}{\partial t}+\operatorname{div}(\rho \boldsymbol{w})=\frac{\partial \rho}{\partial z}+\frac{\partial \tau_{xz}}{\partial x}+\frac{\partial \tau_{yz}}{\partial y}+\frac{\partial \tau_{zz}}{\partial z}+F_z \qquad (6-4)$$

式中 ρ——流体微元体上的压力，Pa;

τ_{xx}，τ_{yx}，τ_{zx}——微元体表面上的黏性应力 τ 的分量，N/m;

F_x，F_y，F_z——微元体上的体力，N。

6.1.2.3 能量守恒方程

能量守恒定律其本质是热力学第一定律，所有的包含热交换的流体系统需要满足的基本定律。是包含有热交换的流动系统必须满足的基本定律。该定律可表述为：微元体中能量的增加率等于进入微元体的净热流量与面力与体力对微元体所做的功之和。

流体的能量 E 一般包括内能 i、动能 $K=\frac{1}{2}$（$u^2+v^2+w^2$）和势能 p 三项能量之和。对于总能量 E 所建立的能量守恒方程在一般情况下并不好用，所以通常使用通过移除动能的变化得到的内能 i 的能量守恒方程，因为能量守恒方程针

对总能量 E 建立，在通常情况下并不好用。内能 i 与温度 T 通过关系式 $i \approx c_p T$ 之间存在着一定的联系。从而得到以温度 T 为变量的能量守恒方程：

$$\frac{\partial(\rho T)}{\partial t} + \mathrm{div}(\rho \boldsymbol{u} T) = \mathrm{div}\left(\frac{k}{c_p}\mathrm{grad}T\right) + S_{\mathrm{T}} \tag{6-5}$$

式中 $\boldsymbol{u}$——速度矢量，m/s；

c_p——比定压热容，J/(kg·K)。

该式可写成展开形式：

$$\frac{\partial(\rho T)}{\partial t} + \frac{\partial(\rho u T)}{\partial x} + \frac{\partial(vT)}{\partial y} + \frac{\partial(wT)}{\partial z} = \frac{\partial}{\partial x}\left(\frac{k}{c_p}\frac{\partial T}{\partial x}\right) + \frac{\partial}{\partial y}\left(\frac{k}{c_p}\frac{\partial T}{\partial y}\right) + \frac{\partial}{\partial z}\left(\frac{k}{c_p}\frac{\partial T}{\partial z}\right) + S_{\mathrm{T}} \tag{6-6}$$

式中 k——流体的传热系数，W/(K·m^2)；

S_{T}——流体内部的总热能，J。

同时，补充一个联系 ρ 和 p 的状态方程，方程组才能封闭：

$$p = p(\rho, T) \tag{6-7}$$

6.1.3 离散化方程

求解 CFD 模型的数值方法的基本思想是：用有限的离散点的值代表物理量的场在时间与空间的坐标中，通过这些离散点之间的变量值关系建立离散方程，求得物理量的近似值。

对于一个已知的微分方程，可以用很多方法推导出所要求的离散化方程。这些数值方法主要包括：限差分法（FDM）、有限元法（FEM）及有限体积法（FVM）。

6.1.3.1 有限差分法

有限差分法是求得偏微分方程数值解的最早方法。它是将网格的交点（节点）的集合来代替求解区域。在每个对应的节点上，用差分表达式表达流动与传热问题建立的偏微分方程组中的对应的导数项，从而在每个节点形成包括本节点和这个节点周围一些节点所求的未知量的代数方程，对代数方程进行求解，所得的数值结果即为所求解。由于各阶导数的差分表达式可以从 Taylor（泰勒）展开式导出，这种方法又称建立离散方程的 Taylor 展开法。在实际应用中，许多研究者给出了不同的差分方法。在使用更高阶的差分方法时，要考虑计算量的大小，方程的稳定性和收敛性等。

6.1.3.2 有限体积法

有限体积法适合于直接进行物理解释，因为其基本思想相对很简单。用许多相互不重叠的控制体积占据整个计算域，并且使控制体积要包围所有的每一个网格节点，然后对每一个控制容积积分微分方程。在导出过程中，需要对界面上的被求函数本身及其一阶导数的构成作出假定，这种构成的方式就是有限体积法中的离散格式。有限体积法是近年发展非常迅速的一种离散化方法，其特点是计算效率高，目前在 CFD 领域得到了广泛的应用。本书中所使用的 Fluent 软件正是采用有限体积法。

6.1.3.3 有限元法

有限元法中把计算区域划分为一系列的单元体（单元体的形状多为三角形或四边形在二维的情况下），在每个单元体上取数个点作为节点，通过对控制方程作积分可以求出离散方程。有限元法的最大优点是对不规则区域的适用性好。但计算的工作量会比有限体积法大，并且在求解流动和热交换问题时，对不可压流体原始变量法以及流项的离散处理方法没有有限体积法成熟。

6.1.4 数值计算算法分析

流场计算的基本过程是在空间上用有限体积法（或其他类似方法）将计算区域离散成许多小的体积单元，在每个体积单元上对离散后的控制方程组进行求解。这些控制方程对各未知量（速度、压力、温度等）的求解顺序以及方式进行特殊处理。流场计算的本质是对离散方程进行求解。求解方法一般分为两种：分离解法（segregated method）与耦合解法（coupled method）。具体计算方法根据实际情况如图 6－3 所示。

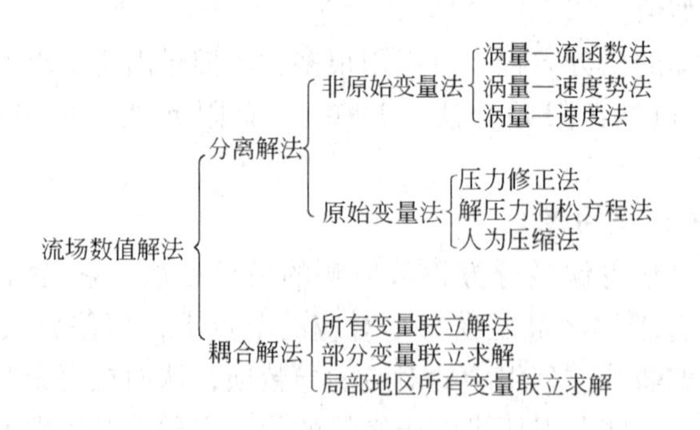

图 6－3 流场数值计算方法的分类

在求解不可压缩或者低马赫数压缩性流体时，我们采用分离解法；而高速可压缩流动我们应用耦合求法进行求解。对于高速不可压缩流动，采用压力基求解时，如果我们把从动量方程与连续性方程离散得到的代数方程组联立起来求解，就可以得到各速度分量及相应的压力值。但是，这样的直接解法占用内存很大。当计算机内存不足以进行压力基求解时，可以考虑压力修正算法，该方法占用的计算机内存较小，其缺点是收敛的时间很长。

6.1.4.1 分离解法

若分离解法对方程组进行离散，则分别对各个方程依次进行方程组各变量的求解。压力修正方法在分离解法当中应用相当广泛，它的基本求解过程为：

（1）对压力场初始化进行假设。

（2）对动量方程应用压力场进行求解，从而获得速度场。

（3）应用速度场求得连续方程，对压力场进行修正。

（4）如有需要，对湍流方程或其他标量方程进行求解。

（5）判断计算是否收敛，若不收敛，返回第二步继续计算；若收敛，继续应用上述步骤，对下一时间步的物理量进行计算。

压力修正法有很多种，压力耦合方程组的半隐式法被广泛应用，各种商用CFD 软件大多应用此种算法。

6.1.4.2 耦合解法

耦合解法同时联立求解连续方程、动量方程、能量方程和组分方程，联立求解出各变量，其求解过程为：

（1）对初始压力及速度等变量进行初始化，用以确定离散方程的非未知数项。

（2）分别通过联立对能量方程、动量方程以及连续方程三种方程进行求解。

（3）对湍流方程和其他标量方程进行求解。

（4）判断计算收敛与否，若不收敛，返回第二步继续计算；若收敛，重复应用上述步骤，对接下来时间步的物理量继续进行计算。

在耦合解法中，可以选择控制方程的隐式或者显式线性化形式。这一选项只用于耦合控制方程组。与耦合方程组分开解的附加标量（如湍流、辐射等）的控制方程是采用与分离解方法相同的程序来线性化并求解的。不管选择的是显式还是隐式格式，求解的过程都要遵循上述迭代步骤。

（1）耦合求解器的隐式格式：耦合控制方程组的每一个方程都是方程组中所有相关变量的隐式线性化。这样便得到了区域内每一个单元具有 N 个方程的线性化方程系统，其中 N 是方程组中耦合方程的数量。因为每一个单元中有 N 个方程，所以这通常被称为方程的块系统。点隐式（块结构高斯—塞德尔，Gauss - Seidel）线性化方程求解器和代数多重网格方法一起被用于解单元内 N 个相关变量的块系统方程。耦合隐式求解器同时在所有单元内解出所有变量（如 p、u、v、w 等）。

（2）耦合求解器的显式格式：耦合的一组控制方程都用显式的方式线性化。和隐式选项一样，通过这种方法也可以得到区域内每一个单元具有 N 个方程的方程系统。方程系统中的所有相关变量都会同时更新。然而，方程系统中都是未知的因变量，解的更新使用多步（龙格 - 库塔，Runge - Kutta）求解器来完成的。耦合显式方法同时解一个单元内的所有变量（如 p、u、v、w 等）。

6.1.4.3 压力－速度耦合算法

SIMPLE（Semi－Implicit Method for Pressure－Linked Equations）算法（包括各种改进方案）是不可压缩流体的 N－S 方程数值求解中应用非常广泛的压力速度耦合算法，并且也已被成功地应用于可压缩流体流场的数值计算中，采用 SIMPLE 算法进行代数方程的分离式求解时，计算步骤为：

（1）假定一个速度分布，记为 u^0、v^0、w^0，以此计算动量离散方程中的系数及常数项；

（2）假定一个压力场 p^*；

（3）依次求解动量方程，得 u^*、v^* 和 w^*；

（4）求解压力修正值方程，得 p'；

（5）据 p' 改进速度值；

（6）利用改进后的速度场求解那些通过源项物性等与速度场耦合的必变量，如果 Φ 并不影响流场，则应在速度场收敛后再求解；

（7）利用改进后的速度场重新计算动量离散方程的系数，并用改进后的压力场作为下一层次迭代计算的初值。

重复上述步骤，直到获得收敛的解。

压力速度耦合算法还有其他的算法如 SIMPLEC（SIMPLE－Consistent）算法、SIMPLER（SIMPLE－Revised）算法和 PISO（Pressure－Implicit with Splitting of Operators）等。

6.1.4.4 代数方程组解法

求解方法确定之后，选择一个合适的方法解有限差分方程组，以获得各个网格点的变量值。代数方程的求解可以分成直接解法及迭代法两大类。所谓直接解法是指通过有限步的数值计算获得代数方程真解的方法。而迭代法往往是先假定一个关于求解变量的场分布，然后通过逐次迭代的方法，得到所有变量的解。用迭代法得到的解一般是近似解。最基本的直接解法是 Cramer 矩阵求逆法和 Gauss 消去法。Cramer 矩阵求逆法只适用于方程组规模非常小的情况。Gauss 消去法先要把系数矩阵通过消元而化为上三角阵，然后逐一回代，从而得到方程组的解。Gauss 消去法虽然比 Cramer 矩阵求逆法能够适应较大规模的方程组，但还是不如迭代法效率高。目前最基本的迭代法是 Jacobi 迭代法和 Gauss－Seidel 迭代法。这两者均可非常容易地在计算机上实现。但当方程组规模较大时，要获得收敛解，往往速度很慢。因此，一般的 CFD 软件都不使用这类方法。

Tomas 在较早以前开发了一种能快速求解三对角方程组的解法 TDMA（Tri－Diagonal Matrix Algorithm），目前在 CFD 软件中得到了较广泛应用。对于一维 CFD 问题，TDMA 实际上是一种直接解法。但它可以迭代使用，从而用于求解二维和三维问题中非三对角方程组。它最大的特点是速度快、占用的内存空间小。后来，该算法又针对不同的问题得到了改进，出现了如 CTDMA（循环三对角阵算法）和 DTDMA（双三对角阵算法）等等。

6.1.5 求解策略

在使用 Fluent 软件前，同使用其他任何 CAE 软件一样，应根据物理问题的求解，制定求解方案。制定求解方案对因素的考虑包括以下几点：

（1）制定 CFD 模型的目标。对于制定的模型，要考虑从中获得的结果如何，模型的计算精度以及如何对结果的使用。

（2）选择计算模型。对物理模型进行概括，如何应用软件进行计算。对各种计算条件进行最优选择，包括计算区域、边界条件、模型的构造以及网格拓扑的选择等。

（3）选择物理模型。考虑流体流动是否为多相流，是层流、湍流或者是无黏流动，采用稳态还是非稳态，是否进行热交换，应用可压方式还是不可压方式进行处理，如果需要，是否加入其他物理模型。

（4）决定求解过程。具体内容包括：对现有环境确定是否可以对该问题进行求解，是否需要对参数进行调整，是否有更好的求解方法可以加速求解过程收敛，计算机内存能否满足计算要求等。

6.2 底吹气搅拌流场的数值模拟

6.2.1 模型的建立及求解

6.2.1.1 水模实验设备

图 6-4 为底吹气搅拌钢液水模实验仪器图，本实验模型按某钢厂 180t 钢包实际尺寸的 1/8，用有机玻璃制成，用空气模拟氩气、水模拟钢液，对于不同的吹气量数值模拟流场变化。

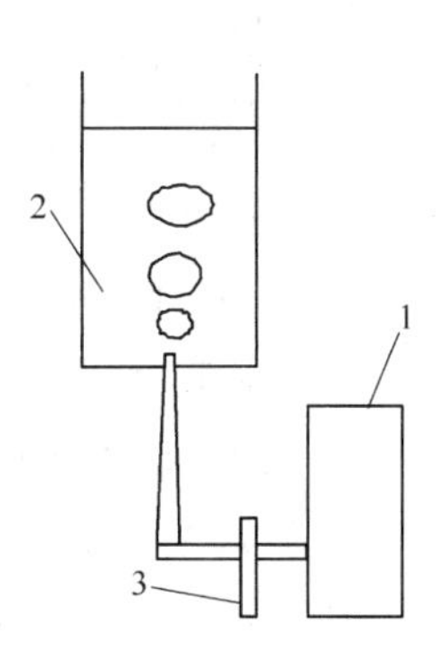

图 6-4 底吹气搅拌钢液的水模实验仪器示意图
1—空气压缩机；2—水；3—流量计

6.2.1.2 模型的建立

根据底吹气搅拌钢包的几何结构，经适当简化成比例缩小处理，使用 Fluent 前处理软件 GAMBIT 建立二维模型，并且进行网格划分，划分网格数为 140970。如图 6-5 所示。

模型中 AB、CD、DF、EA 所组成的框代表容器的壁面，EF 代表底吹气入口，BC 代表容器内部与外界的交界面，即实验中容器内部的钢液与外界大气的交界面。各条边的长度、边界名称和边界类型如表 6-1 所示。

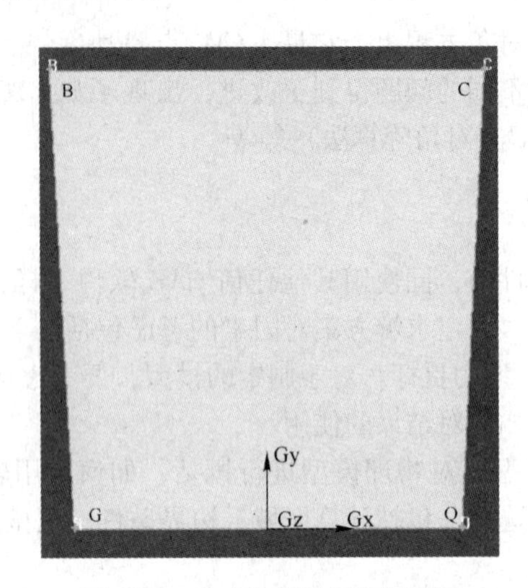

图 6-5 底吹气搅拌网格划分图

表 6-1 计算模型边界设置

边 线	长度/mm	边 界 条 件	边 界 类 型
AB	380. 5	wall	wall
BC	370	outlet	outflow
CD	380. 5	wall	wall
DE	110	wall	wall
EF	7	inlet	Velocity_inlet
FA	213	wall	wall

在 GAMBIT 中，划分网格所选用的类型、大小、粗细的不同会显著影响模拟结果的准确度和可信度。本书结合研究涉及的问题，综合考虑计算机性能和计算时间，确定采用结构化四边形网格。

6.2.1.3 数值求解

LF 精炼过程中，当底吹氩气量保持不变时，钢包内钢水的流动状态会很快趋于稳定并长时间保持下去，这种仅与空间有关而与时间无关的流动状态通常被称为稳态，因此控制方程采用稳态方程。

钢包吹氩是一个气液两相流动过程，多相流模型采用 Mixture 模型，假设液相与气相相互贯穿，每一个控制体积液相和气相的体积分数可以是 0 到 1 之间的任何值，取决于液相和气相所占有的空间，允许气液两相以不同的速度运动。

具体操作步骤为：

（1）在 Fluent6. 3 中的 2D 求解器中导入网格文件。

（2）检查网格文件质量：将网格导入到 Fluent 后，检查网格质量，确定是否可直接用于求解计算，若发现有负体积的网格存在，要对其进行重新划分网格。

（3）设置计算区域尺寸：在 GAMBIT 中，生成网格使用的单位是 mm，而在 Fluent 中默认单位是 m，需要缩放，以保证单位的准确性。缩放后，需要再次进行网格检查。

（4）设定求解器：将求解器设置为 unsteady（非定常），其他默认。

（5）设定运算环境：设参考位置为（0，0.38m），选定参考压力为 0，重力设定为（0，$-9.8\mathrm{m/s^2}$）。

（6）确定计算模型：钢包底吹气体，属于气液两项流，因此可应用多相流模型和湍流模型进行求解。根据需要多相流模型应该选择 Mixture（混合）模型。湍流模型选择 Realizable$\kappa-\varepsilon$ 模型。在 ViseousModel 中选择 $\kappa-\varepsilon$ 模型，同时选择 Standard$\kappa-\varepsilon$Model（标准 $\kappa-\varepsilon$ 模型），在近壁处理中选择 Standard Wall Functions（标准壁面函数），其他默认。

（7）定义材料：在 Fluent database 中选出液态水，其各个物理量值均默认。设 Phase－1 为 water，Phase－2 为 air，气泡直径设为 1mm，两相间的作用力为曳力，曳力系数选择 Schiller and Naumann 模型，而升力和虚拟质量力可忽略。

（8）设定边界条件：将模型底部的喷气孔设定为速度入口边界，自由液面定义为自由出口，定义模型包壁和包底为壁面边界，选择标准壁面函数对近壁区域进行设置。

（9）求解设置：本书模拟中对求解面板格式设置为：压力选择（Pressure）：Standard，压力速度耦合选择（Pressure－velocity Coupling）：SIMPLEC；对动量、湍流动能以及湍流耗散速率进行默认。其中松弛因子可以根据模型计算的收敛情况进行不同的设定。

（10）设定初始条件：选择从入口开始进行初始化，由入口边界条件开始计算得出各场变量，并用补丁命令 Patch 定义初始化时整个流场全为 water。

（11）设定求解过程中的收敛残差：各流动变量的收敛残差设定为小于 10^{-3}，计算并输出监视结果。

6.2.2 流场计算结果分析

当气体由包底喷孔喷入钢液后，分散为大量尺寸不同的气泡，气泡上浮驱动钢水的流动。吹气搅拌影响包内的钢水流动状况，对 LF 钢包炉内的冶金行为和效果有着决定性的作用。通过对这一过程的数值进行模拟，可以更加了解吹气搅拌钢水的流动状况，进一步清楚地看到其内在的规律性。

从图 6－6 中可以看出：在距离为 0.33R 偏心底吹的钢包内，气体由底部的

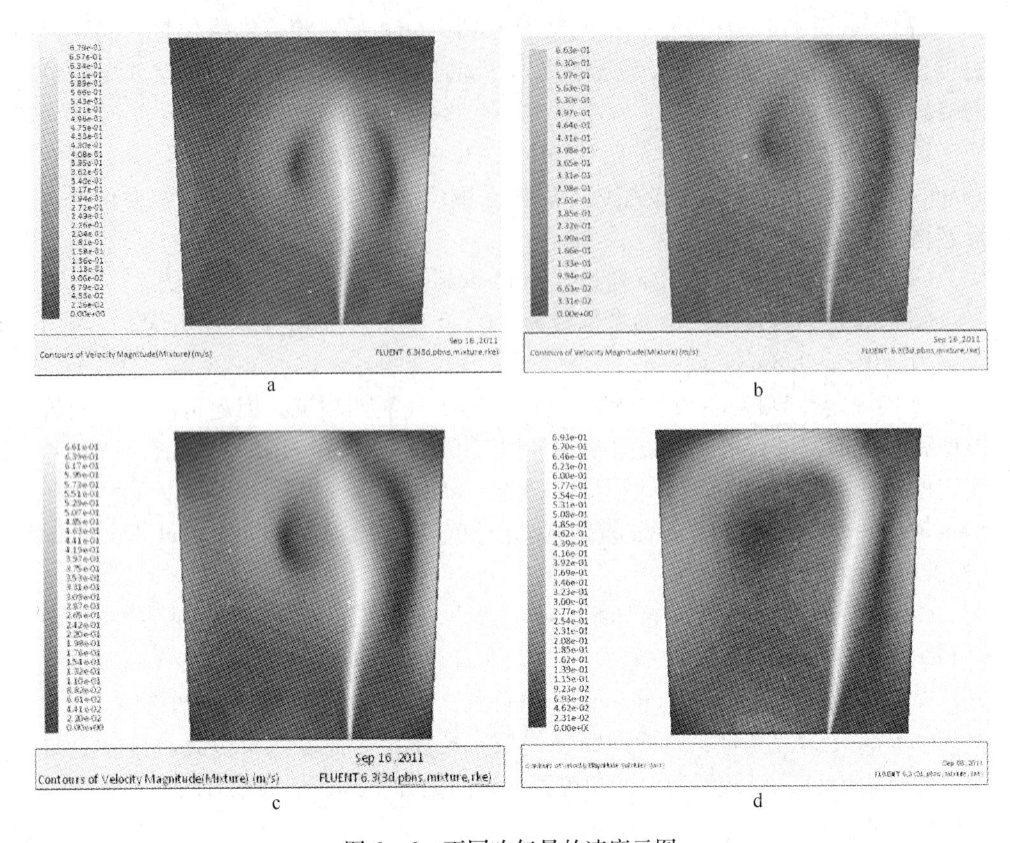

图 6 - 6　不同吹气量的速度云图

a—吹气量为 0.08m^3/h；b—吹气量为 0.10m^3/h；c—吹气量为 0.12m^3/h；d—吹气量为 0.14m^3/h

喷孔喷入，气体在钢包中会产生大量的气泡，气泡由于受到浮力作用向上运动，从而带动周围水流的流动，使液体也随着气泡产生向上的运动；当气泡向上运动，到达熔池顶液面后，气体溢出熔池，而到达液面的液体将被驱动，由中心向外流向包壁，由于钢液受到重力的作用，在靠近包壁处向下流动，最后又将被中心上升的气流抽引，从而形成一大一小两个循环流。从吹气量分别为 0.08m^3/h、0.1m^3/h、0.12m^3/h 和 0.14m^3/h 的流场图中可知，吹气量增加，提高了液体流动的绝对速度，并没有改变液体流动的整体形态，液体的两个循环流的中心基本位于 0.6 ~ 0.7H 位置。随着吹气量的增大,液体流速加快。当吹气量为 0.08m^3/h 的时候，从图中可知，速度的分布并不理想，没有充分对液体进行搅拌。当吹气量为 0.12m^3/h 及 0.14m^3/h 时，整个流场的速度很大，对流场搅拌很好。但是此时侧壁的液体流速很大，将对包壁材料产生剧烈冲击，侵蚀包壁材料。当吹气量为 0.10m^3/h 时，相对于 0.12m^3/h 及 0.14m^3/h 时的吹气量，对整个流场的搅拌程度相差不大，但是包壁的速度没有后两者大，对包壁材料的侵蚀相对较小。综上所述，当吹气量为0.10m^3/h时为最佳选择。在容器的底面两角，吹气量的改变对液体的速度影响很小，基本没有变化，所以此区域搅拌效果很差，会出现“死区”。

从图6-7不同吹气量下液面的XY速度散点图可以看出：表面的水平流的速度是中间很大两侧迅速减小；随着吹气量的逐渐增大，表面水平流的速度不断增大；当液体流出吹氩两相区后，水平流速迅速减小。

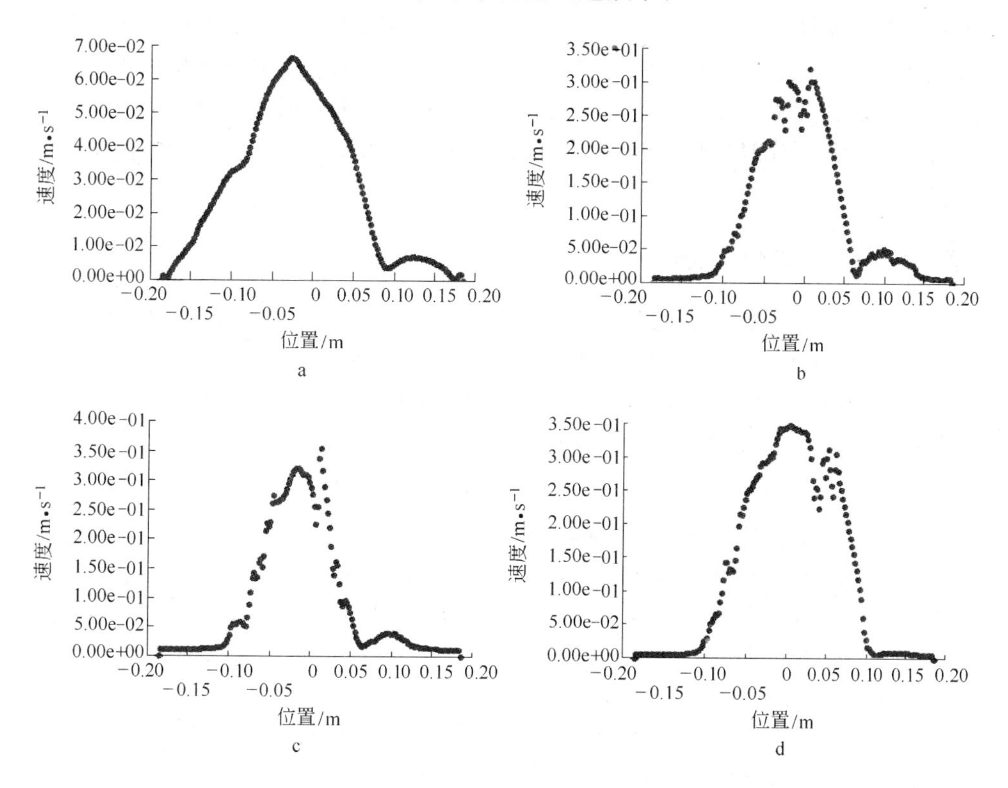

图6-7 不同吹气量下液面的XY速度散点图

a—吹气量为0.08m^3/min；b—吹气量为0.10m^3/min；c—吹气量为0.12m^3/min；d—吹气量为0.14m^3/min

6.3 超声波搅拌流场的数值模拟

钢包精炼是生产纯净钢工艺的关键，能够显著改善钢铁产品的质量。超声波在冶金行业除了探伤外应用很少，但其所具有的超声及检测等特性使其已广泛应用于清洗、探伤和测速等领域。如今随着新材料开发与应用的成功，已经成功研制大功率的超声波转换器，从而突破传统转换器功率小、能量利用低的局限，使超声波应用在冶金行业精炼方面成为可能。掌握钢液的流动规律成为改善产品质量、提高冶炼效率的重要环节。钢包底吹氩气对钢液进行搅拌，其中钢包底吹氩搅拌直接影响精炼的动力学条件，而底吹氩搅拌由于存在循环死区等限制因素，使其不能完全发挥脱硫、脱磷、脱氧剂的动力学条件。本书研究用超声波取代传统底吹氩气搅拌，由于空化气泡尺寸极小，存在时间极短，且金属熔体为高温不透明液体，所以对金属熔体中的超声空化进行试验观察几乎不可能。因而理论计算是研究金属熔体中超声空化规律比较可行的方法，关于常温液体低声强超声空化的理论计算很多，目前对于超声波空化现象的研究主要包括实验研究和数值模拟研究，主要集中在对水及低熔点合金熔体方面。本书通过数学模型对实验进行模拟，用以探讨超声波应用于钢包精炼，改善搅拌效果。通过对钢液中超声波空化的特征研究，对钢液内宏观超声空化特征进行数值模拟，为进一步的试验研究及超声波引入到钢的生产中提供一定的理论指导。

6.3.1　模型的建立及求解

6.3.1.1　水模实验设备

如图6－8为超声波搅拌钢液的水模实验仪器示意图，本实验应用的变幅杆式超声波处理器的规格为：频率20kHz、功率0～2000W。相对于其他的槽式超声波处理器，变幅杆式超声波处理器具有转换声功率大、超声波发射集中等优点。由于超声波源要在钢包中任意位置进行搅拌，所以杆式的超声波处理器可以满足要求。液体中由于超声波处理器发出的强声波会产生空化作用，使空化气泡有生成、溃陷、消失等一系列的状态变化。当功率增加时，可以使整个状态的变化加快和叠加，使之产生强烈的搅拌作用。本书对超声波处理器在液体中的不同高度进行数值模拟，分析不同的高度对液体进行的搅拌及其对整个流场的影响。

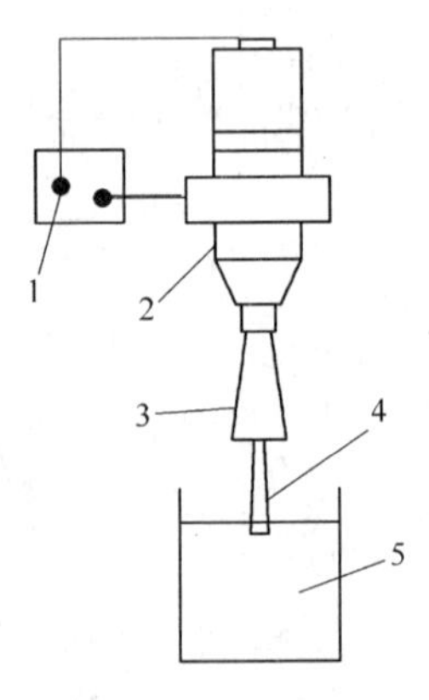

图6－8　超声波搅拌钢液的水模实验仪器示意图
1—超声波发生器；2—换能器；3—变幅杆；4—传振杆；5—水

6.3.1.2　模型的建立

根据超声波搅拌钢包的几何结构，经适当简化成比例缩小处理，使用Fluent前处理软件GAMBIT建立二维模型，并且进行网格划分，划分网格数为128740。如图6－9所示。

模型中AB、AH、HG所组成的框代表容器的壁面，CD、DE、EF所组成的框代表超声波振头浸入水中的部分，而DE则代表超声波振头。BC、FG代表容器内部与外界的交界面，即实验中容器内部的钢液与外界大气的交界面。各条边的长度、边界名称和边界类型如表6－2所示。

图6-9 超声搅拌网格划分图

表6-2 计算模型边界设置

边 线	长度/mm	边界条件	边界类型
AB	380.5	wall	wall
BC	167.5	outlet	pressure - inlet
CD	250	deform	wall
DE	50	moving - wall	wall
EF	250	deform	wall
FG	167.5	outlet	pressure - inlet
GH	400	wall	wall
HA	330	wall	wall

在GAMBIT中，划分网格所选用的类型、大小、粗细的不同会显著影响模拟结果的准确度和可信度。本书结合研究涉及的问题，综合考虑计算机性能和计算时间，确定采用结构化四边形网格。

6.3.1.3 数值求解

在超声波数值模拟中，振动杆不同的位置以及超声的功率不同对搅拌效果也有不同的影响。不同的情况下都要求得收敛后的流场，再对这些流场分别对比加以讨论。

具体操作步骤为：

（1）将网格文件导入Fluent6.3中的2D求解器中求解。

（2）检查网格文件质量：将网格导入到 Fluent 后，检查网格质量，确定是否可直接用于求解计算，若发现有负体积的网格存在，要对其进行重新划分网格。

（3）设置计算区域尺寸：在 GAMBIT 中，生成网格使用的单位是 mm，而在 Fluent 中默认单位是 m，需要缩放，保证单位的准确性。缩放后，需要再次进行网格检查。

（4）设定求解器：将求解器设置为 unsteady（非定常），其他默认。

（5）设定运算环境：设参考位置为（0.185m，0.38m），选定参考压力为 0，重力设定为（0，-9.8m/s^2）。

（6）确定计算模型：钢包超声搅拌，由于产生空化作用，属于气液两项流，因此应用多相流模型和湍流模型进行求解。根据需要多相流模型应该选择 Mixture（混合）模型。湍流模型选择 Realizable$\kappa-\varepsilon$ 模型。在 Viscous Model 中选择 $\kappa-\varepsilon$ 模型，同时选择 Standard$\kappa-\varepsilon$Model（标准 $\kappa-\varepsilon$ 模型），在近壁处理中选择 Standard Wall Functions（标准壁面函数），其他默认。

（7）定义材料：在 Fluent Database 中选出液态水和水蒸气，其各个物理量值均默认。设 Phase－1 为 water－liquid，Phase－2 为 water－vapor，在两两空化中选择空化模型。

（8）设定边界条件：设置边界条件，该模型中除了与大气相通处为压力入口边界外，其余均为壁面边界。对于壁面边界的设置保持默认，由于除了大气压，不存在外界给予的压力，因此总压和静压均输入 0，湍流参数设置参考文献[89]，Speeifleation Method 选用 Intensity and Viscosity Ratio，其值分别设置为 1 和 10。将 Volume Fractions（体积分率）选项组中的水蒸气指定为 0，表示压力入口边界上均为水，而没有水蒸气。

（9）动网格设置：本书研究的超声波搅拌振动涉及动网格问题，超声振头位移方程为正弦方程，这里的振头就是模型中的 moving—wall（动边界），因此结合超声波发生器振动的工作参数，对动边界的设置为：

动边界的位移方程为：

$$y = a\sin(2\pi ft) \tag{6-8}$$

式中 a——振幅，m；

f——频率，Hz；

t——运行时间，s。

求导可得到速度方程：

$$v = 2\pi fa\cos(2\pi ft) \tag{6-9}$$

在 Fluent 中，选择 Dynamic Mesh，在 Mesh Methods 中选择 Smoothing 和 Remeshing 两种方式，其他设置保持默认。

（10）求解设置：本书模拟中对求解面板格式设置为：压力选择（Pressure）：PRESTO，压力速度耦合选择（Pressure－velocity Coupling）：PISO；对动量、湍流动能以及湍流耗散速率进行默认。其中松弛因子可以根据模型计算的收敛情况进行不同的设定。

（11）设定初始条件：从入口进行初始化，通过入口边界条件对流场中各变量进行初值计算。

（12）设置求解过程的监视参数（收敛残差）：各流动变量的收敛残差定义为不大于 10^{-4}，并输出监视结果。

6.3.2 流场计算结果分析

超声空化模拟与底吹气模拟最大的不同在于超声空化产生的流场是非定常流场，即流场内部的压力、速度等参数是随时间而发生改变的，也就是说空化区域会随时间而改变，空化程度的大小也会随时间而改变。因此，为了系统研究流场的变化，流场计算需要采用很小的步长，较多的迭代步数。这不仅对计算机的运算速度提出了高要求，同时也对计算机的硬盘容量提出了高要求。

6.3.2.1 模拟计算结果分析

当 $a=50\mu m$，$f=20000Hz$ 时，结合本书研究的内容和服务器的性能，将步长定为 $5.0\times10^{-7}s$，经过400步的计算，可以得到收敛的解。由于动边界的振动频率是20kHz，所以振动周期为 $5\times10^{-7}s$，即在400步，0.0002s中动边界运行了4个周期。

根据动边界的速度方程，可知从零时刻开始试样先从平衡位置以最大的速度6.28m/s向上运动，运动周期为0.00005s，迭代了100步，因此前25步为动边界上升运动，下面对这个过程的流场参数变化进行分析。

图6－10是前6步中流场变化较明显的几步绝对压力分布云图（其中 t 代表

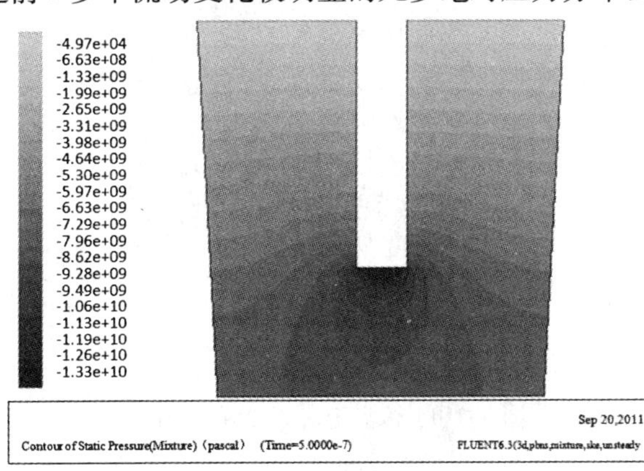

a

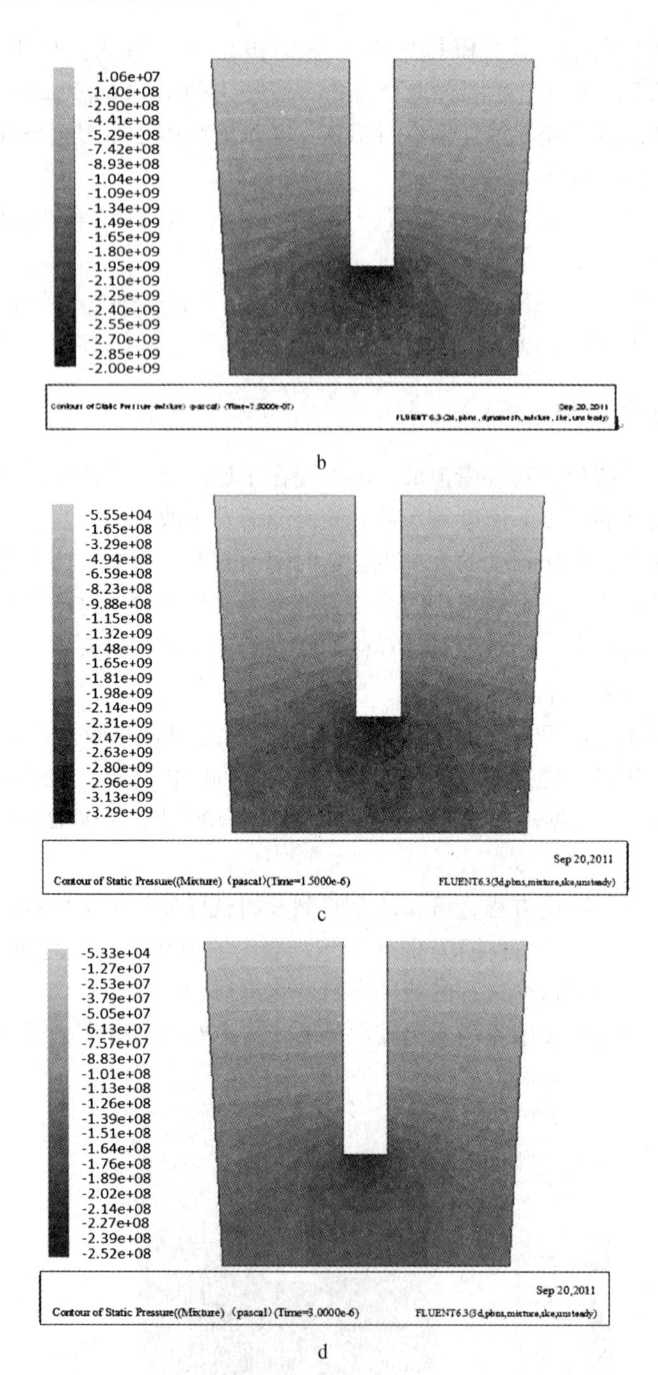

图 6－10　流场绝对压力分布云图

a—$t=1$；b—$t=2$；c—$t=4$；d—$t=6$

步长)，每个图左边的刻度条显示了流场中的绝对压力最小值到最大值的范围。可以看出，动边界在第一步的运动中就使得整个流场发生剧烈变化，表现为动边界下侧，压力相对较低，动边界上侧的压力逐渐增大。动边界下部附近流体产生巨大的负压，同时可以看出，在动边界中间区域的绝对压力最低，超过了负的400个大气压，如此低的压力存在于流场，必然会导致流场内剧烈的压力波动。巨大的压差会将高压处的水“压入”负压区，负压区的水将流动到高压去，由此产生的液体的比较规律的流动，这可在一定程度上对液体进行了搅拌，在动力学方面具有很大的作用。从而在LF炉中超声搅拌具有去气作用，提高脱除效率。

图6-11为第一步到第六步作用在动边界的绝对压力曲线。从第一、二、四、六步可以看出，动边界上的压力变化基本保持一致，动边界的中心点的压力要低于边界处的压力，体现出一定的递增趋势。并且随着动边界的上升，作用在其上的压力逐渐增大，从四条曲线的变化趋势可以看出，越向中间区域变化幅度越小，在边缘处的压力变化最大。所以在动边界运动的过程中，流场是随着时间变化的，流场的变化可以更好地对液体进行搅拌，从而对动力学方面进行更好的改善。

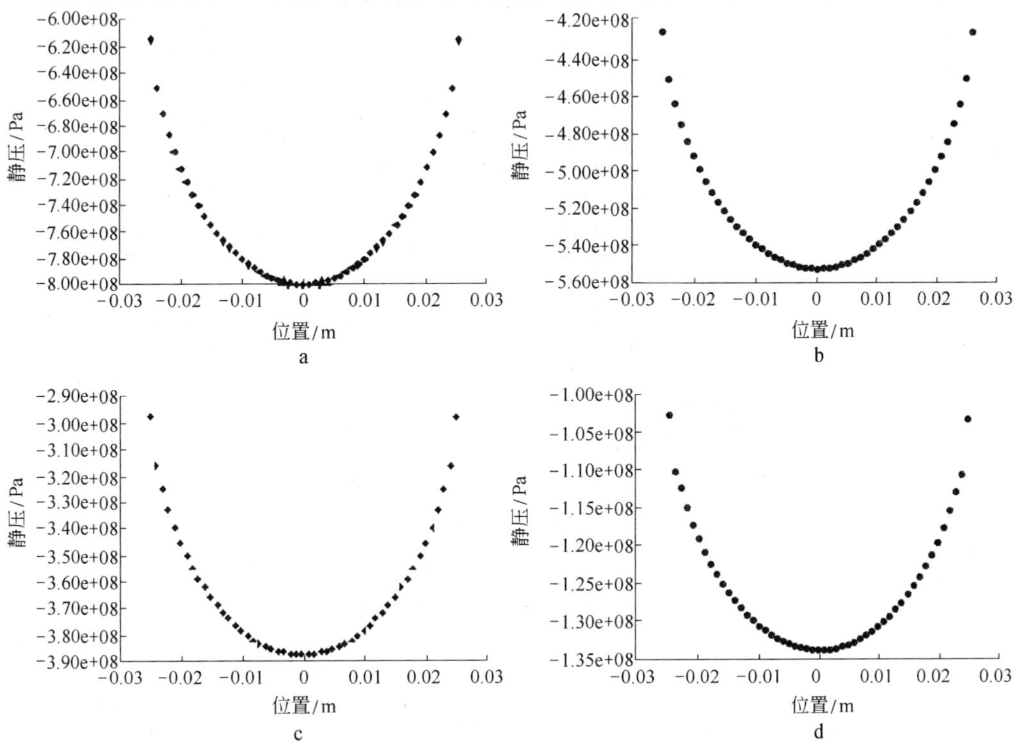

图6-11 动边界绝对压力曲线

a—$t=1$；b—$t=2$；c—$t=4$；d—$t=6$

流场计算从七到二十步时，流场中最高压逐渐降低，最低压先降低后升高，这时超声波振头上升速度减缓，使流场中产生的压差逐渐变小。同时，在这段时间流场的高压区域由动边界的中间区域向两边转移，可以说是在瞬间（小于 5.0×10^{-7}s）高压开始集中在试样的两个边缘。由此可见，在动边界上升过程中，中间区域的高低压变化最大，此处为空化最强烈的区域，液体流动最激烈的区域。而两边区域压力变化幅度较小，空化程度较小，没有中间区域液体流动那么剧烈。

在大约第二十五步时动边界开始下降，在下降过程中，速率逐渐增加，到达平衡位置时，速率开始下降。图 6－12 为动边界不同时刻的表面绝对压力直方图。随着动边界下降速度的增加，动边界中间区域的压力逐渐增大然后减小，在三十步的时候压力达到了 500 个大气压。当速度逐渐减小的时候，中间区域的压力转变为负压，负压逐渐增大，当动边界向上回到平衡位置的时候，负压逐渐减小。如此反复周期运动，整个流场的压强变化很大，这样就会将高压处的液体压到低压处，加快了液体的搅拌。由于内部压强，整个流场内部时刻进行着空化作用，空化产生大量的小气泡，对液体搅拌起到很好的作用。

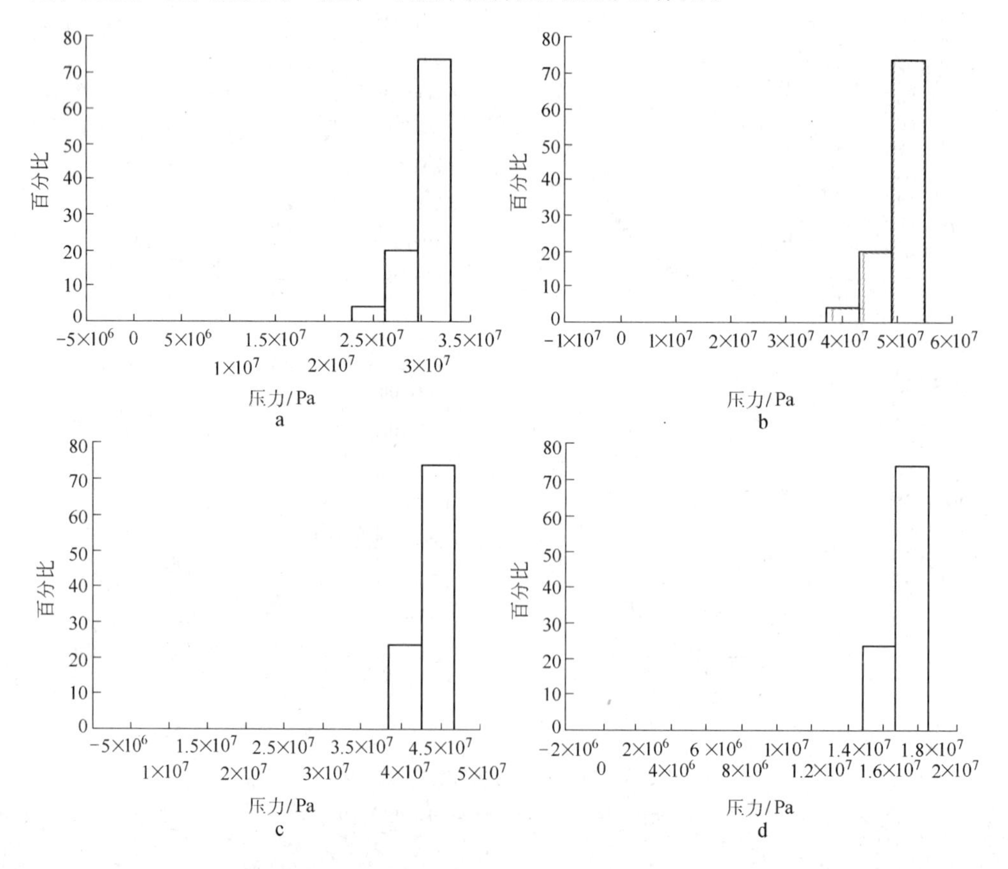

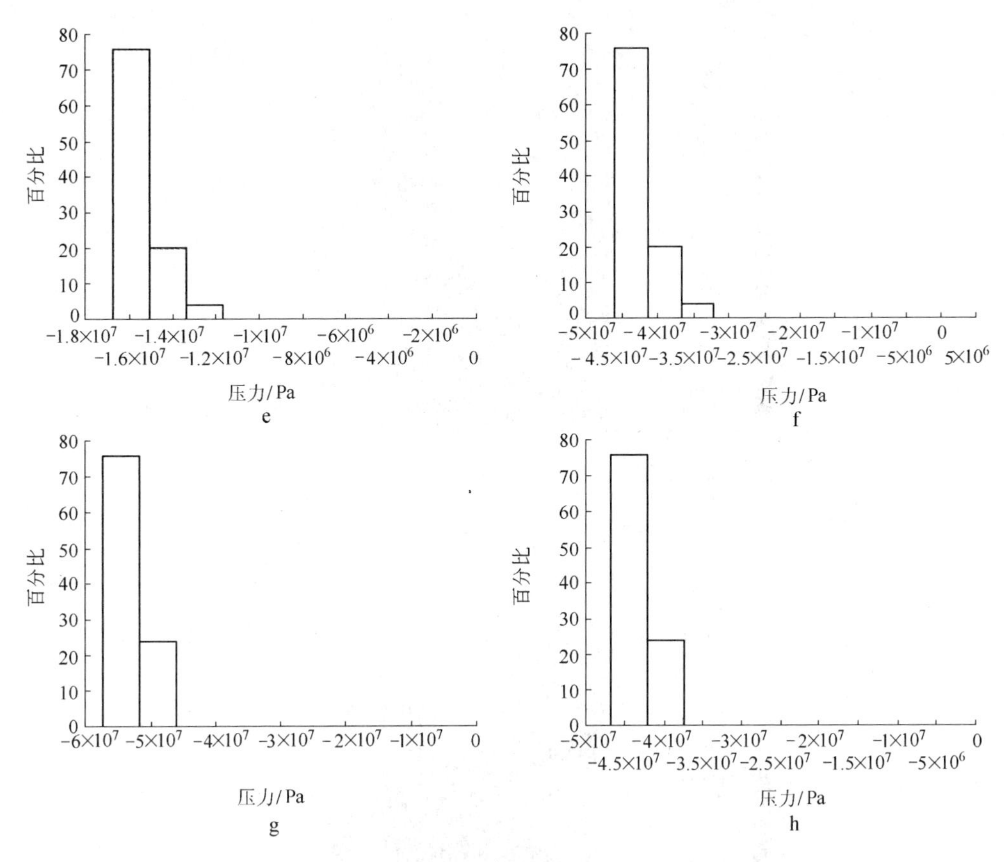

图 6-12 动边界表面绝对压力直方图

a—$t=25$；b—$t=30$；c—$t=40$；d—$t=50$；e—$t=60$；f—$t=70$；g—$t=80$；h—$t=90$

6.3.2.2 超声波振头不同位置流场结果分析

超声搅拌由于振头在流体中位置的不同，产生的效果也不一样。本书选取振头不同位置进行数值模拟，分析处于不同位置的流场结果，对比说明不同位置对流场的影响。

本书选取超声波振头在液面下 200mm，230mm，250mm，270mm 四组不同位置的模拟结果进行对比说明。图 6-12 为流场第一步，四组不同位置时流场图。

从图 6-13 中可以看出，不同位置流场压力分布大体相同，在第一步瞬间产生巨大的低压，使流场发生剧烈的压力波动。最大负压值都出现在动边界的下侧，但是由于动边界在液体中的不同位置，所以最大负压值的位置也不同。这样就导致压力波动的位置不同，产生空化的位置发生变化。图 6-13a 中产生的流场压力分布在中间位置，那么在下面得到的搅拌效果相对较弱，图 6-13d 中最

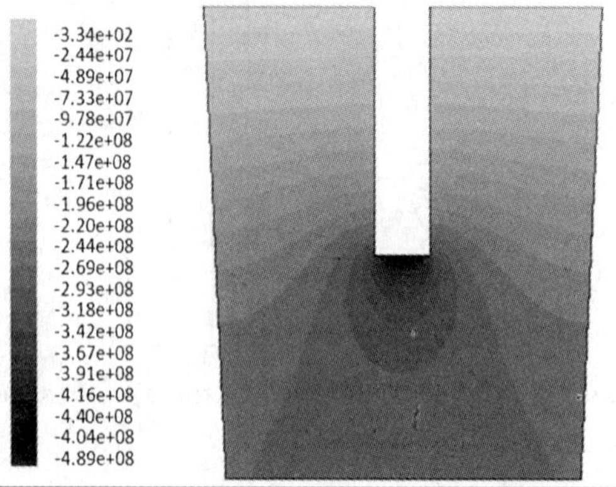
-3.34e+02
-2.44e+07
-4.89e+07
-7.33e+07
-9.78e+07
-1.22e+08
-1.47e+08
-1.71e+08
-1.96e+08
-2.20e+08
-2.44e+08
-2.69e+08
-2.93e+08
-3.18e+08
-3.42e+08
-3.67e+08
-3.91e+08
-4.16e+08
-4.40e+08
-4.04e+08
-4.89e+08
Sep 23,2011
Contour of Static Pressure(Mixture)(pascal) (Time=5.0000e-7)
FLUENT6.3(3d,pbns,mixture,ske,unsteady)

a

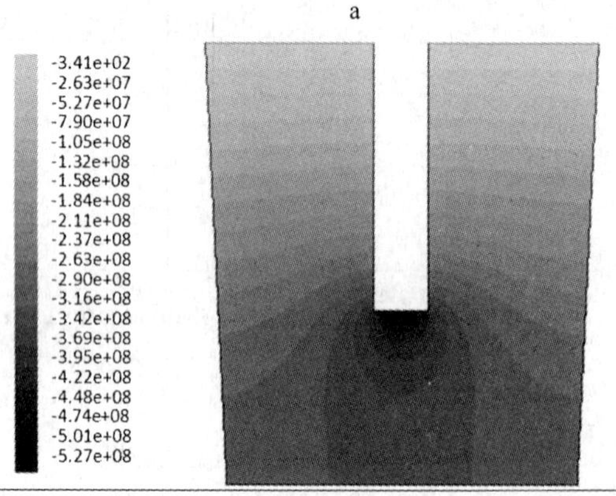
-3.41e+02
-2.63e+07
-5.27e+07
-7.90e+07
-1.05e+08
-1.32e+08
-1.58e+08
-1.84e+08
-2.11e+08
-2.37e+08
-2.63e+08
-2.90e+08
-3.16e+08
-3.42e+08
-3.69e+08
-3.95e+08
-4.22e+08
-4.48e+08
-4.74e+08
-5.01e+08
-5.27e+08
Sep 23,2011
Contour of Static Pressure(Mixture) (pascal) (Time=5.0000e-7)
FLUENT6.3(3d,pbns,mixture,ske,unsteady)

b

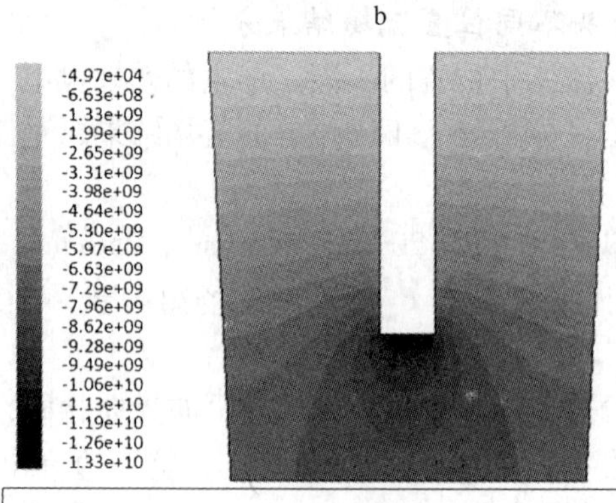
-4.97e+04
-6.63e+08
-1.33e+09
-1.99e+09
-2.65e+09
-3.31e+09
-3.98e+09
-4.64e+09
-5.30e+09
-5.97e+09
-6.63e+09
-7.29e+09
-7.96e+09
-8.62e+09
-9.28e+09
-9.49e+09
-1.06e+10
-1.13e+10
-1.19e+10
-1.26e+10
-1.33e+10
Sep 23,2011
Contour of Static Pressure(Mixture) (pascal) (Time=5.0000e-7)
FLUENT6.3(3d,pbns,mixture,ske,unsteady)

c

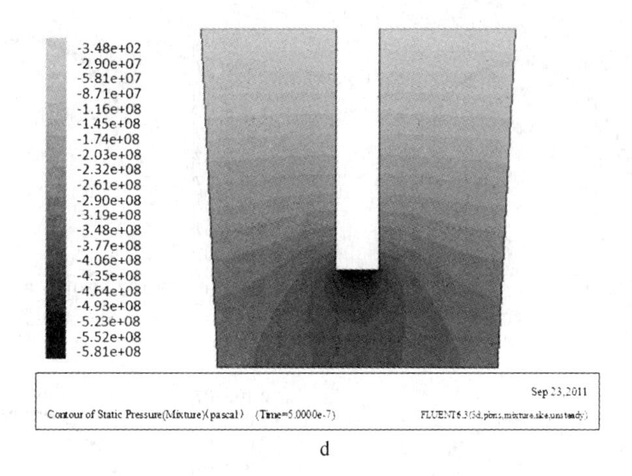

d

图 6-13 不同位置第一步压力分布云图

a—200mm；b—230mm；c—250mm；d—270mm

大负压值靠近底部，虽然对底部搅拌很有帮助，但是会有相当的一部分能量散失作用在底部，没有很好的起到作用。图 6-13b、c 中，流场压力比较合理。尤其在图 6-13c 中，负压区域较大，所以可以产生空化区域增大。由于空化效应产生的小气泡增多，这样对流场的搅拌会更好一些。

从图 6-14 中可以看出，第 100 步动边界不同位置的绝对压力图像大体相同。在动边界中间位置存在很大的正压，往两侧边缘压力逐渐减小。从图像左侧的刻度显示了绝对压力最大值和最小值的范围，可以看出，随着超声波振动杆在流体当中的深度不同，动边界下的压力值不同。由于设置的液面为参考压力点，所以随着深度的增加压力值会逐渐增大，但是数值上变化很小。

6.3.2.3 超声波不同功率流场结果分析

超声搅拌由于超声波功率的不同，在流体中产生的搅拌效果也不一样。本书选取不同功率的超声波搅拌进行数值模拟，对比分析不同功率下的流场结果，说明不同功率对流场的影响。

本书选取 1400W、1600W、1800W、2000W 四组不同的功率进行数值模拟，通过模拟结果进行对比说明。图 6-15 为流场第一步，四组不同功率情况下，动边界的绝对压力曲线。从不同功率的压力曲线图可以看出，动边界上的压力变化基本保持一致，动边界区域出现很大的负压。随着功率的不断增大，动边界上的负压值逐渐降低，即负压值越来越大。

图 6-16 和图 6-17 为不同功率下第十步和第二十步动边界的绝对压力曲线。功率不同，动边界上的压力曲线总体变化一致，但随着功率的增大，绝对压力增大。随着动边界的上升，流场计算从十步到二十步时，流场中压力逐渐降

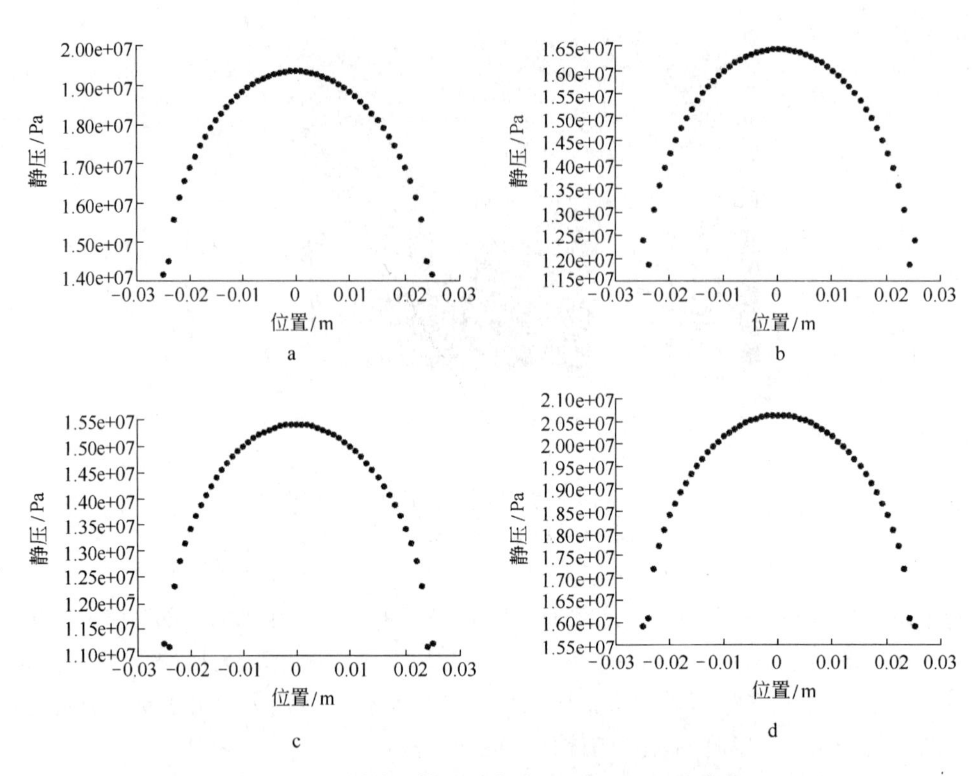

图 6-14 不同位置第 100 步动边界的绝对压力曲线图

a—200mm；b—230mm；c—250mm；d—270mm

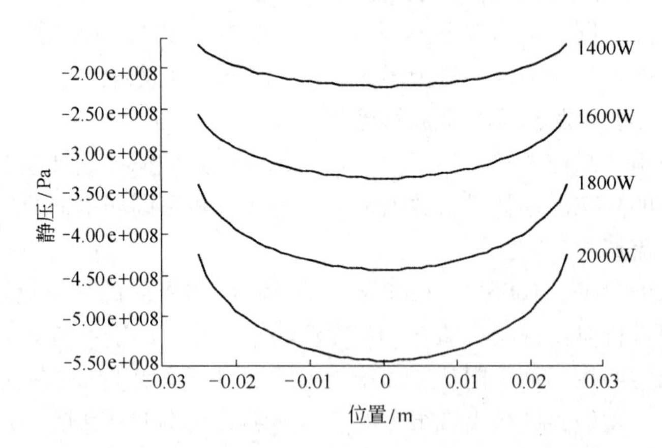

图 6-15 不同功率下第一步动边界的绝对压力曲线图

低。功率越大最高压降低幅度越大。同时，试样次边缘区域压力开始有低于边缘压力的趋势，功率越低趋势越明显。

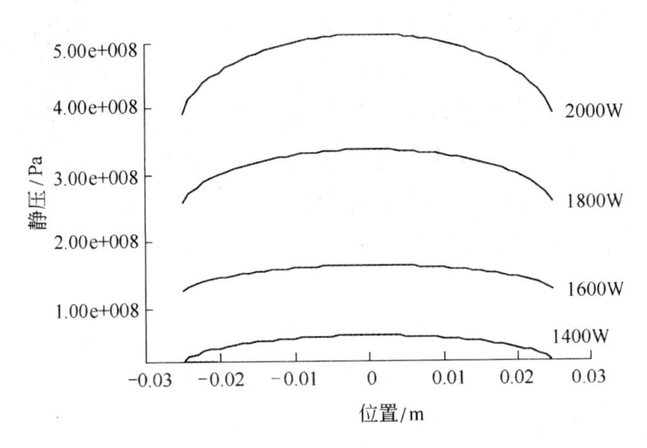

图6-16 不同功率下第十步动边界的绝对压力曲线图

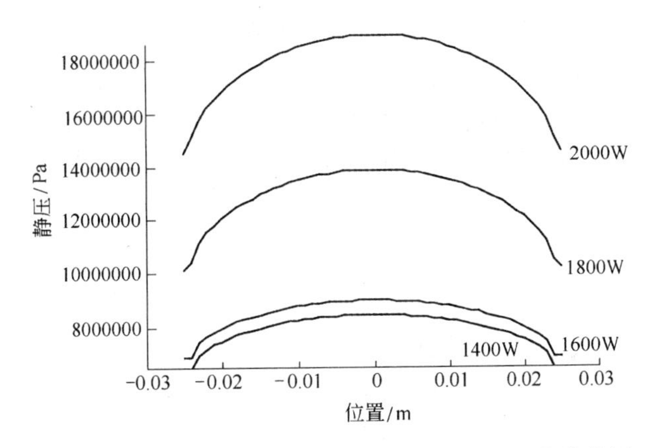

图6-17 不同功率下第二十步动边界的绝对压力曲线图

由图6-16可见，当功率为2000W的时候中间区域的高低压变化最大，可以预测功率为2000W的时候空化最强烈。所以当功率为2000W的时候，对钢液的搅拌效果最好。

6.4 超声搅拌与气体搅拌结果对比

选择功率为2000W，频率为20kHz，超声波振头插入液面下250mm超声模拟结果与吹气量为0.10m^3/h气体搅拌结果进行对比。通过前面两节分别对超声搅拌和气体搅拌的流场的数值模拟计算，分析了超声搅拌流场一个周期变化时绝对压力以及动边界压力的变化，同时对气体搅拌流场的速度云图以及出口的XY速度散点图进行了分析。通过超声搅拌模型的流场模拟发现，超声搅拌模型中流场的压力变化很明显，作用在动边界上的压力升降幅度很大。由于流场中负压区域很大，所以产生空化区域相对较大，空化作用产生的小气泡对液体搅拌效果很好。

在气体搅拌模型的流场计算中，分析了流场稳定中的速度云图、压力云图以及出口速度等的变化。通过气体搅拌模型的流场模拟发现，由试验方案一中流场速度云图发现，在水模型中上部形成两个大小不同的漩涡，对液体的搅拌起到很好的作用。但是在容器的底部边缘，速度基本没有变化，这样就存在死区。具体结论如下：

（1）与超声搅拌比较，吹气搅拌中的钢包模型中流场的靠近包壁区域的流体速率变化很大，因此对容器的边缘材料侵蚀破坏程度较大。

（2）吹气搅拌相对于超声搅拌，随着气体量的增加，容器液体表面的速度增大，表面液体将被带动重新进入液面以下，对液体产生污染，并且出现卷渣现象。

（3）超声搅拌由于内部负压很大，由于空化作用产生大量的小气泡，空化产生的大量小气泡显著增加了气-液相界面积，延长了气泡上浮时间，有利于吸附去除夹杂物，同时保护液体不受外界污染；而气体搅拌流场中速度较大，气泡上浮时间短，不利于吸附夹杂物。并且吹气搅拌在容器的底部会出现“死区”。

7 钢包精炼水模型超声搅拌

超声声场及空化气泡的分布表明，在工具杆的四周及底端均有超声场存在，产生的空化气泡可弥漫于整个反应容器中。超声的空化效应及声流效应是促进超声搅拌的重要原因，只要提供足够大的功率，超声波产生的空化气泡及微射流可以带动整个容器内的液体产生强烈的搅拌作用，以达到均匀成分，促进不同物质之间进行化学反应，达到脱硫、脱氧、脱磷的目的，产生的空化气泡还有助于夹杂物的聚集上浮，为洁净钢的生产创造良好的反应动力学条件。

本章着重介绍将超声搅拌应用于钢包精炼水模时，由均混时间的变化，分析各实验条件对超声搅拌效果的影响，并与传统的底吹气搅拌相比较，探讨超声搅拌应用于钢包精炼过程的可行性。

7.1 底吹气搅拌水模型

7.1.1 原理和装置

相似条件参见5.1小节，装置示意图见图6－4，钢包模型用有机玻璃制成，用空气模拟氩气、水模拟钢液、以碱液倾入水中混合均匀的时间为实验所需测定的均混时间。

7.1.1.1 喷嘴布置

某厂180t钢包采用单喷嘴吹气，位置为距中心$R/3$处。本实验考察了不同单喷嘴和双喷嘴布置时的均混时间。喷嘴布置方式如图7－1所示，单喷嘴距中心间距N分别选取0.33R、0.5R、0.67R。图7－1b、c分别为两喷嘴平行位置和垂直位置的双嘴布置。

本实验优化双喷嘴喷吹时，选取的喷嘴位置为0.33R 90°、0.5R 90°、0.67R 90°、0.33R 180°、0.5R 180°和0.67R 180°。

7.1.1.2 实验方法

熔池的混合效率通常反映一个反应器的冶金效果，其混合效率通常由混合时间来定义。混合时间由目前所普遍采用的一种称为“刺激响应”的技术来测定，即向熔池中加入一定数量的示踪剂，同时检测熔池中某一特性以反映熔池的混合情况。在物理模型中，目前多通过测定熔池中某一位置处的电导率或pH值的办法来研究混合时间。根据实验室条件，水模型实验中选择pH值法测定均混时

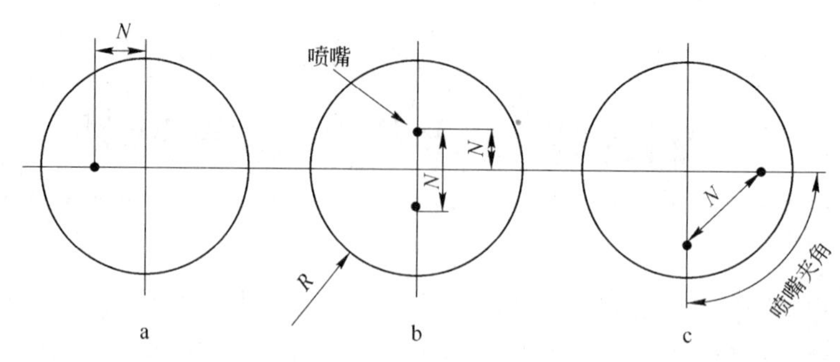

图 7-1 喷嘴布置方式

a—单喷嘴；b—双喷嘴夹角 180°；c—双喷嘴夹角 90°

间。实验中喷吹气体的流量为 0.04 ~ 0.12m³/h，实验测量三次，取三次时间平均值，将数据绘制成曲线，最后进行实验和模拟数据分析比较，以确定最合适的湍流模型。

具体实验步骤为在模拟钢包中加入 400mm 高的水，将 pH 计探头固定在钢包的一侧，通入空气，调节气体流量，使流量分别为 0.04m³/h、0.06m³/h、0.08m³/h、0.10m³/h 和 0.12m³/h，在钢包另一侧固定的位置加入质量浓度为 0.04mol/L 的 NaOH 溶液。每 5s 记录一次 pH 计显示器上的值，直到示数达到稳定。从倾入碱液到 pH 计示数稳定的时间即为所需测量的均混时间。每个流量分别测三组均混时间，取其平均值为此流量时的均混时间。为了保证 pH 计探头的灵敏性和实验的精确性，每次实验需换水，使溶液的 pH 值从中性开始变化。

7.1.2 均混时间测定

7.1.2.1 单喷嘴位置的均混时间

表 7-1 为单喷嘴时，不同吹气位置及气体流量条件下，所得到的均混时间。

表 7-1 单喷嘴吹气位置对均混时间的影响 (s)

喷嘴位置	供气量/$m^3 \cdot h^{-1}$				
	0.04	0.06	0.08	0.10	0.12
0.33R	80	70	50	55	60
0.5R	90	75	55	65	65
0.67R	100	80	60	60	70

图 7-2 为钢包单喷嘴不同位置，均混时间随气体流量变化的曲线。由图可以看出，当距离为 0.33R，气体流量为 0.08m³/h 时，搅拌所需的均混时间最短，最短均混时间为 50s。当气体流量小于 0.08m³/h 时，气体流量增加，均混时间

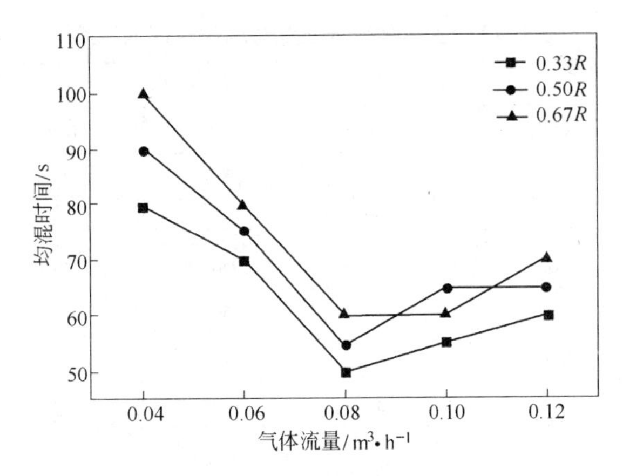

图7-2 单喷嘴位置和气体流量对均混时间的影响

缩短。这是因为底吹气体搅拌时，主要靠吹入的气体提供搅拌动能，气体流量较小时，吹气孔气泡呈弥散型，吹入气体的动能都转化为搅拌功，钢包中液体形成环流，当气体流量增加时，环流速度加快，搅拌强度提高，均混时间缩短。当气体流量大于0.08m^3/h时，气体的搅拌功一部分被消耗在液面的翻滚和波动，能量不能够被充分利用。因此，虽然总的提供的能量增大，实际用于搅拌作用的能量并没有明显变化，所以气体流量继续增加，均混时间有所延长。

7.1.2.2 双喷嘴位置的均混时间

表7-2为具体的喷嘴间距N，双喷嘴吹气位置对均混时间的影响见表7-3，双喷嘴0.33R对称分布和垂直分布，在通入气体流量为0.12m^3/h时混匀时间最短（为45s）。双喷嘴0.67R水平分布时，均混时间最长。通常情况双喷嘴条件下，垂直布置和水平对称布置，其均混时间都是随着双喷嘴间距的增大而逐渐减少。随着喷嘴间距的增大，底吹气作用形成的气柱之间相互影响越弱，底吹气的能量利用率越高；当底吹气形成的气柱间距较小时，二者相互作用，底吹气能量不能得到充分利用，因此，均混时间较长。

表7-2 钢包底吹气喷嘴布置方案

喷吹模式	喷嘴间距 N/R
0.33R 90°	0.46
0.5R 90°	0.70
0.67R 90°	0.95
0.33R 180°	0.67
0.5R 180°	1
0.67R 180°	1.34

表 7－3 双喷嘴吹气位置对均混时间的影响 (s)

喷嘴位置	供气量/$m^3 \cdot h^{-1}$				
	0.04	0.06	0.08	0.10	0.12
0.33*R* 90°	60	50	55	55	50
0.5*R* 90°	85	80	70	65	65
0.67*R* 90°	60	65	70	70	65
0.33*R* 180°	60	55	50	55	45
0.5*R* 180°	80	70	70	60	50
0.67*R* 180°	90	55	80	80	60

7.2 超声波钢包精炼水模型

7.2.1 实验方法

图 7－3 为超声波搅拌钢液的水模实验仪器示意图，实验所用为频率 20kHz、功率 0～2000W 可调的变幅杆式的大功率超声波处理器。

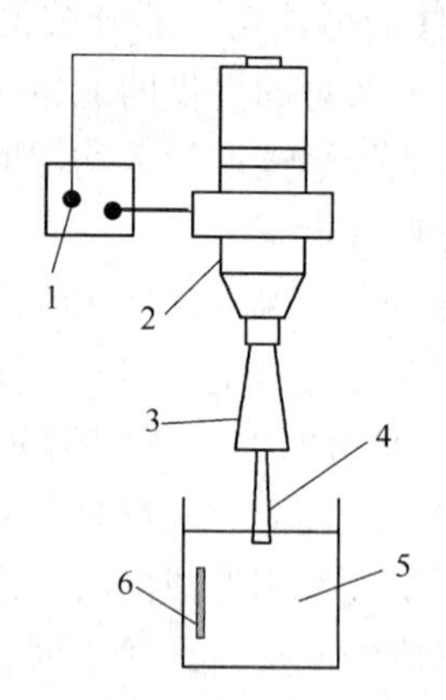

图 7－3 超声波搅拌钢液的水模实验仪器示意图

1—超声波发生器；2—换能器；3—变幅杆；4—工具杆；5—NaOH 溶液；6—pH 计探头

表 7－4 为实验设备仪器表。

表 7－4 超声波搅拌设备仪器表

序 号	名 称	规格型号	备 注
1	超声波发生器	HN2000	无锡市华能超声波公司
2	有机玻璃钢包模型	—	抚顺有机玻璃厂
3	pH 计	pHS－3c	杭州东星仪器设备厂

实验步骤为在模拟钢包中加入400mm高的水，接通冷却水，打开超声波处理器，功率调至0W运行3min使其预热，将超声波功率调到1500W进行调谐操作，使超声波处理器功率调到最佳状态。将pH计探头固定在钢包的一侧，在钢包另一侧固定位置注入质量浓度为0.04mol/L的NaOH溶液，超声波波源伸入液面下不同深度，在钢包中心和边缘位置（边缘位置即距钢包壁1/3处）分别用功率为1100W、1265W、1375W、1562W、1760W、1870W和1980W的超声波加以搅拌。每隔5s记录一次pH计的示数，直到示数达到稳定。从注入碱液到pH计示数变化稳定的时间即为所需测量的均混时间。每个实验条件下分别测三个均混时间，取其平均值为此条件下的均混时间。为了保证pH计探头的灵敏性和实验数据的精确性，每次实验需换水，使溶液的pH值从中性开始变化。

7.2.2 超声波搅拌均混时间测定

7.2.2.1 超声波功率对均混时间的影响

图7-4为当工具杆位于钢包中心，伸入液面以下25cm时，均混时间随超声波功率变化的曲线。由图7-4可知，功率在1100~1265W时由于功率较小，均混时间变化不明显，随着功率增大，超声波发生器的电能转化成声能增大，声强同时增大，空化效果增强，空化气泡运动的周期缩短，一些空化气泡来不及溃陷，又被新生成的气核挤压，形成剧烈振动，很多被挤压的气泡互相作用使空化运动叠加，使空化气泡的运动范围扩大，从而得到较好的搅拌效果，使均混时间逐渐缩短。与底吹气最佳的均混时间45s相比，超声波搅拌将均混时间缩短至35s，明显改善搅拌效果。当超声波功率超过1870W时，空化气泡运动过于剧烈，运动范围又被扩大，使空化产生的能量部分消耗在熔池底部，均混时间受到影响，所以功率在1870W之后混匀时间延长。图7-5为超声波产生的空化气泡

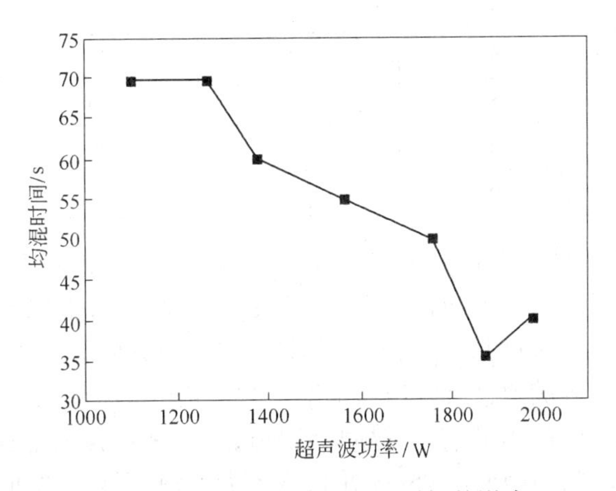

图7-4 超声波功率对均混时间的影响

效果。由图7-5可以看出，在整个钢包精炼水模内，空化现象明显，空化气泡分散度好，这对于溶液中反应条件的改善起到重要作用，当有夹杂物存在时，这些分散度好的小气泡会促进夹杂物的上浮去除。

图7-5 超声波空化效果

7.2.2.2 波源纵向位置变化对超声波搅拌效果的影响

表7-5为波源在钢包中心位置时，工具杆位于不同深度时均混时间随功率的变化。

表7-5 波源在钢包中心位置，工具杆不同高度均混时间随功率的变化 (s)

超声波功率/W	波源伸入钢包的深度/cm			
	10	18	25	32
1100	100	80	70	75
1265	85	70	70	70
1375	75	60	60	65
1562	75	60	55	55
1760	55	45	50	55
1870	60	55	35	50
1980	70	60	40	45

图7-6为超声波波源在钢包中心处，不同深度超声波功率对均混时间的影响。由图可知，当波源伸入液面下25cm时超声波搅拌效果比伸入其他深度好，当波源伸入液面下25cm时，工具头能在溶液中心部分释放超声波空化能量，使空化能完全作用于溶液中，所以当功率增大时，超声波空化气泡运动加剧，空化受周围钢包壁的阻碍作用最小，其搅拌效果最好；波源伸入液面下32cm，当功率较低时，均混时间与液面下25cm处相差不大；随着超声波功率的增大，由于波源离熔池底部较近，超声波在发生空化作用时，空化气泡运动剧烈，运动范围

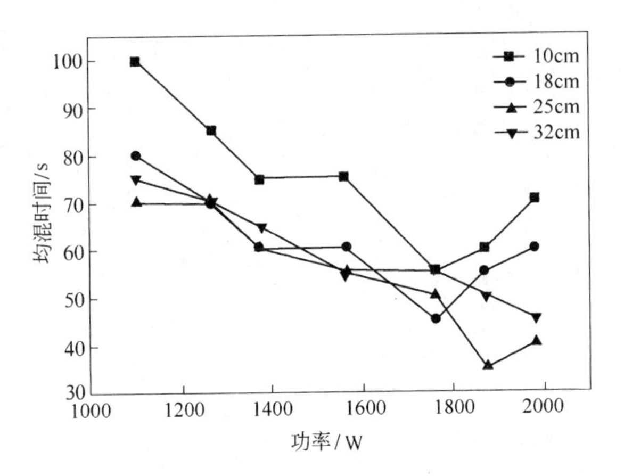

图7-6 波源在钢包中心时，不同深度超声波功率对均混时间的影响

又被扩大，使空化产生的能量部分消耗在熔池底部，均混时间受到影响，均混时间变化趋于平缓。

表7-6为波源位于钢包直径1/3位置，不同深度功率变化对均混时间的影响，图7-7为波源在钢包直径1/3时，不同深度超声波功率对均混时间的影响。与波源在中心位置时原理相似，波源伸入液面下25cm时，在钢包中心部分释放超声波空化能，搅拌效果优于其他深度，并随着超声波功率的增大均混时间逐渐缩短。

表7-6 波源在钢包直径1/3位置，不同深度功率变化对均混时间的影响 (s)

超声波功率/W	波源伸入钢包的深度/cm			
	10	18	25	32
1100	80	75	70	75
1265	75	70	70	75
1375	75	70	60	70
1562	70	65	55	70
1760	65	50	50	50
1870	60	50	35	50
1980	55	45	40	45

7.2.2.3 波源横向位置变化对超声波搅拌效果的影响

图7-8为波源伸入液面下25cm时，水平位置变化超声波功率对均混时间的影响。超声波释放能量是以变幅杆为中心对称产生空化气泡，波源在钢包中心位置产生的空化气泡利用率高于其他位置，此时超声波的空化气泡分布范围较

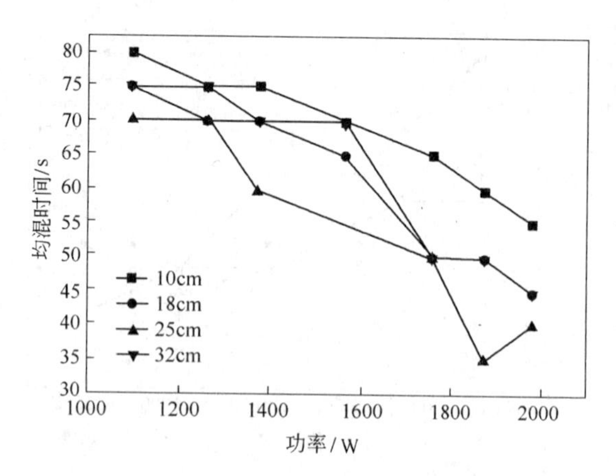

图7－7　波源在钢包直径1/3时，不同深度超声波功率对均混时间的影响

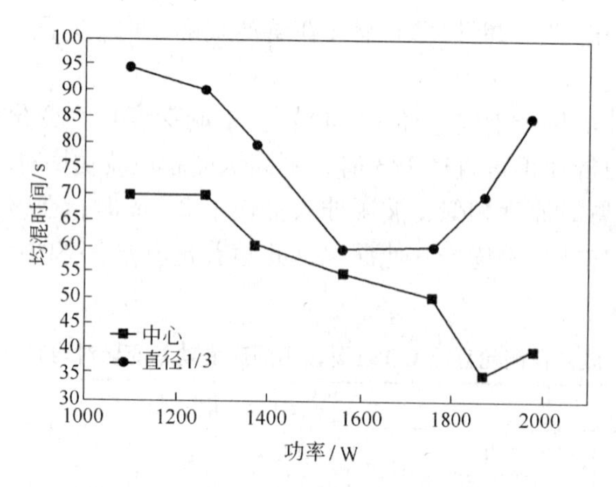

图7－8　波源伸入钢包25cm、位置变化，超声波功率对均混时间影响

大，且受钢包壁的阻拦较小，空化能量损失较少，能量释放均匀，所以中心位置的搅拌效果好，均混时间较短。

7.3　超声波－底吹气联合搅拌水模型

7.3.1　实验方案

图7－9为实验设备示意图，实验模型采用某钢厂180t钢包为原型，采用有机玻璃制成，大小为实际尺寸的1/7，实验采用空气模拟氩气、水模拟钢液、以适宜浓度碱液在水中混合均匀的时间为所需的均混时间。超声波发生器频率为

20kHz，功率为0~2000W，杆端直径为2.6cm。

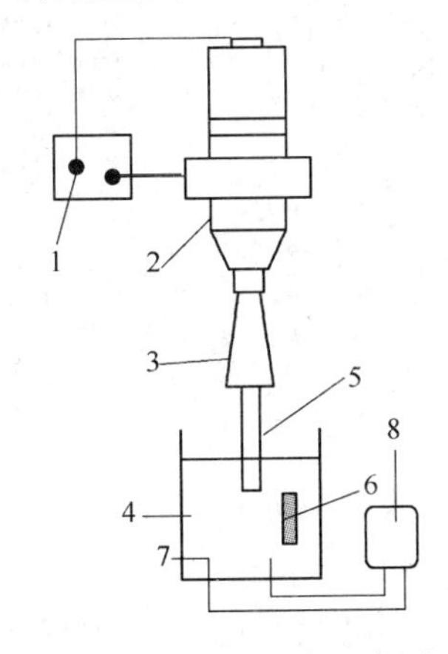

图7-9 实验设备示意图

1—超声波发生器；2—超声波换能器；3—变幅杆；4—钢包模型；5—工具杆；6—pH计探头；7—吹气喷嘴；8—空气压缩机

实验步骤与单独超声波作用时相同。

7.3.2 联合作用均混时间

7.3.2.1 超声波与单喷嘴底吹气联合实验

图7-10、图7-11和图7-12分别为喷嘴位置为0.33R，0.5R，0.67R时，不同吹气流量条件下，超声波功率对均混时间的影响。由图可以看出，随着吹气量的增加，均混时间缩短，无论喷嘴在什么位置，最短均混时间的超声波功率均为1870W左右，由于超声波产生的空化气泡加速了底吹气产生的气泡的上浮速

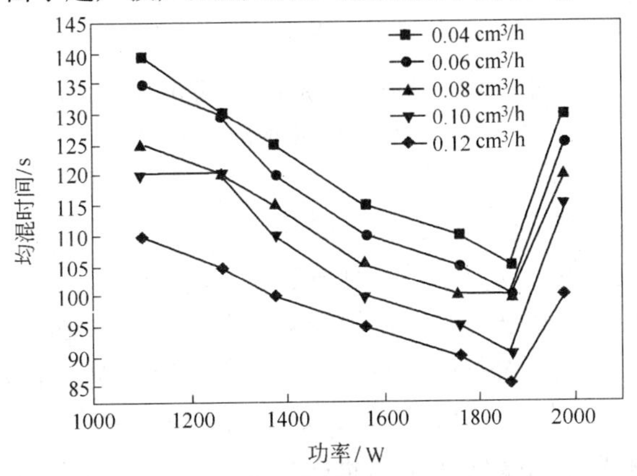

图7-10 超声波与喷嘴位置为0.33R时超声波功率对均混时间的影响

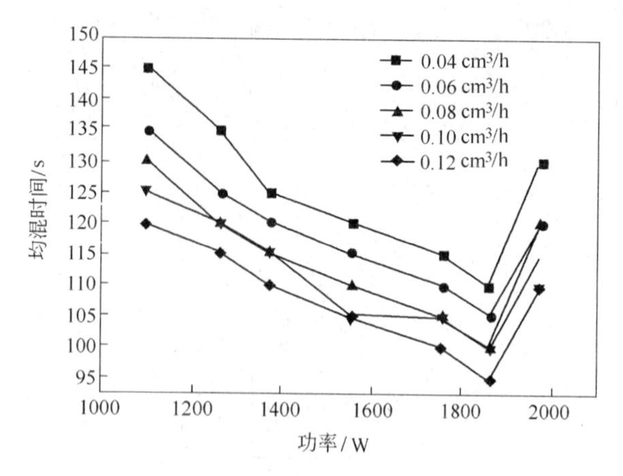

图 7－11　超声波与喷嘴位置为 0.5R 时
超声波功率对均混时间的影响

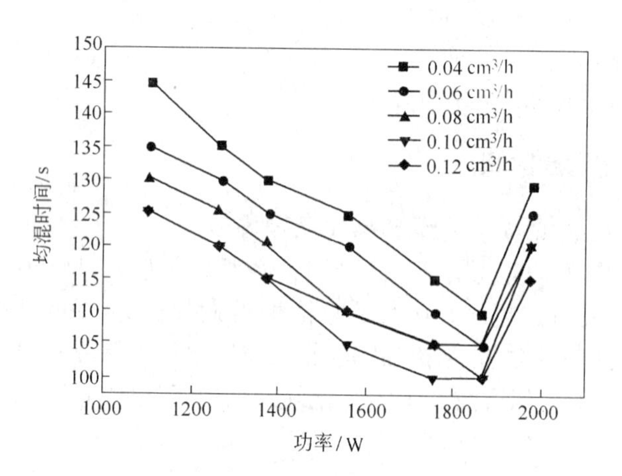

图 7－12　超声波与喷嘴位置为 0.67R 时
超声波功率对均混时间的影响

度，因此，底吹气泡有部分未起到搅拌作用就冲出了液面，使气泡利用率降低，同时，由于底吹气泡的存在，使超声衰减速度增加，降低了实际作用于搅拌的功率，因此超声与单喷嘴底吹气联合作用效果反而不如单独超声作用效果好，最短均混时间反而延长。超声波与单喷嘴底吹气联合，当喷嘴位于 0.33R，气体流量为 0.12m^3/h，超声波功率为 1870W 时，最短均混时间为 80s。

7.3.2.2　超声与双喷嘴联合底吹气实验

图 7－13 为当吹气量为 0.12m^3/h 时，超声波与底吹气联合作用下，超声波功率对均混时间的影响。由图 7－13 可以看出，双喷嘴时，超声波功率与均混时

间的关系变化规律与单喷嘴时基本相同，所有双喷嘴布置位置方案中，实验的最佳方案为双喷嘴0.33R 180°对称布置，气体流量为0.12m^3/h，均混时间最短为50s，这是由于此时两喷嘴之间距离最远，底吹气形成的两个气柱相互影响最小，流动能量损失越少，与超声波变幅杆的相互干扰越小，反之，当双喷嘴距离较近时，流股与超声波的干扰和抵消作用大，流动能量损失越多越不利于搅拌效率的提高，均混时间较长。在0.67R 180°的位置时，气柱与器壁距离较近，一部分能量损失在了器壁上。双喷嘴与底吹气联合作用最短均混时间优于单喷嘴与底吹气体联合，这是由于双喷嘴时，气体流股的分散可使容器内有效搅拌区域扩大，气泡在容器内分散得更加均匀，同时与超声波抵消作用减小，因此相对于单喷嘴与底吹气联合可缩短均混时间。但由于超声对气泡的加速上浮和抵消作用，使得有效搅拌功率降低，因此最短均混时间仍为单独超声波作用，当功率为1870W，工具杆位于钢包中心，液面下25cm时，最短均混时间为35s。超声波应用于钢包精炼工艺，可大幅度提高搅拌效率，改善动力学条件，缩短冶炼时间。

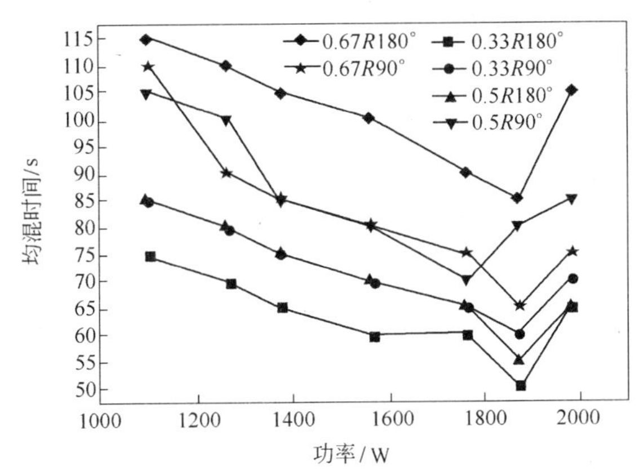

图7-13 超声波与双喷嘴气体流量为0.12m^3/h时超声波功率对均混时间的影响

从以上分析，可以得到：

（1）超声波搅拌的最优均混时间为35s，超声波单喷嘴底吹气体搅拌的最优时间为85s，超声波双喷嘴底吹气搅拌的最短均混时间为50s，结果表明在实验条件下钢包熔池搅拌在超声波单独作用时效果最佳。超声波应用于钢包精炼工艺，可大幅度缩短冶炼时间。

（2）实验条件下，在一定的功率范围内，随着超声波功率的增加均混时间缩短，超声波功率由1100W提高到1870W时，均混时间从100s缩短至35s；功率再增大，均混时间反而延长；波源在钢包中心时，通过不同深度超声波功率对均混时间的影响研究可知，搅拌效果最好的深度为液面下25cm处，均混时间为

35s；超声波波源在钢包内同等高度时，中心位置的搅拌效果优于其他位置。

（3）超声波底吹气搅拌时，在相同流量下，在一定的功率范围内，均混时间随功率的增大而缩短，当功率达到1870W时，增大功率，均混时间反而延长；超声波底吹气搅拌时，随气体流量的增大，均混时间缩短；超声波作用于含气泡液体中时，可加速气泡的上浮速度，有利于去除液体中的气泡。

8 超声波在去除夹杂物中的应用

非金属夹杂物降低钢的塑性、韧性和疲劳性能，使钢的冷热加工性能乃至某些物理性能变坏。夹杂物对钢性能影响的具体程度决定于一系列因素。考虑钢中夹杂物对钢的性能影响时，应注意夹杂物的数量、颗粒大小、形态及分布，不同夹杂物与钢的基体的联结能力的大小，夹杂物的塑性和弹性系数的大小，以及热膨胀系数、熔点、硬度等几何学、化学和物理学方面的因素。

（1）夹杂物对裂纹形成的影响：比较容易变形的金属在难以变形的夹杂物周围塑性流动时，产生很大的张力而使金属与夹杂物界面的联结断裂，形成空隙。显然这种空隙容易发生在与金属基体联结能力弱的夹杂物处。另一种情况则是由于夹杂物周围的应力而使夹杂物破碎生成空隙。

（2）夹杂物对钢的塑性和韧性的影响。就夹杂物对塑性的影响来说，其对断面收缩率的影响比对伸长率的影响更显著。通常夹杂物对钢材纵向塑性的影响不大，而对横向塑性的影响却较显著。条带状塑性夹杂物和点链状脆性夹杂物使钢材的性能带有方向性，使钢的横向塑性低于纵向塑性。夹杂物对韧性断裂过程的影响表现为对冲击值的影响；对脆性断裂过程的影响表现为对脆性转变温度的影响。在金属的变形过程中，夹杂物和析出物不能随基体相应地发生变形，这样在它的周围就产生愈来愈大的应力集中，使之本身裂开，或者使夹杂物与基体的联结遭到破坏，二者界面脱开而产生微裂纹。微裂纹进而发展成为显微空洞，空洞不断扩大且相互连接而导致最终的破断。

（3）夹杂物对钢的疲劳性能的影响。夹杂物对疲劳寿命的危害，主要取决于夹杂物的类型、数量、形状和尺寸等。线膨胀系数小于钢的夹杂，在冷却过程中收缩较小，由于它的支撑作用，周围的基体中会产生附加的张应力，夹杂的膨胀系数比钢的小得愈多，造成的张应力愈大，促进了疲劳裂纹的发生和发展。对于同一种类型的 Al_2O_3 夹杂物来说，随其含量增加疲劳极限下降。

（4）夹杂物对钢的加工性能的影响。夹杂物对钢的热加工性能、弯曲性能、焊接结构件的层状撕裂以及钢的切削性能都有不同程度的影响。钢的热加工性能一般用达到破坏的高温扭转数来衡量。硫化物夹杂物使钢的热加工性能变坏。改变硫化物的形态，其热加工性能可以提高。通常用冷弯试验来检验材料弯曲性能的好坏，钢中长条状夹杂物往往使钢的弯曲性能出现各向异性，且横向性能变坏。高塑性的硅酸盐，特别是使厚度方向性能显著降低的 11 类硫化物都使钢板对层状撕裂很敏感。硫化物增加钢材的脆性，钢的切屑容易断裂，使切屑和刀具的接触面积减小，因而摩擦阻力和切削阻力变小，提高了机床效率和刀具寿命。硅使球形硫化物变为细长的针状硫化物夹杂，导致切削性能下降。含钙的氧化物夹杂对切削性能有良好影响。

（5）夹杂物对钢的物理化学性能的影响。非金属夹杂物不是铁磁性物质，它的存在减少了铁磁性基体的体积，破坏了金属基体的连续性。

（6）其次，夹杂物的存在使基体变形产生内应力，因而基体磁化不均匀，导致磁性下降。点腐蚀的起源或者最敏感的位置却与夹杂物直接相关。一般认为点蚀起源于硫化物夹杂和与硫化物复合的某些氧化物夹杂上，而单独氧化物则没有这种作用。

综上所述，大部分情况下，夹杂物对钢质量存在不利影响，随着对钢质量要求的日趋严格，进一步降低钢液中夹杂物含量已经成为炼钢的主要目的之一，尤其是使小尺寸夹杂物降到极低水平。冶金研究人员在夹杂物控制技术方面做了大量理论研究。

据文献报道，大气泡和小气泡的运动行为不一致，只有小气泡才能够有效去除钢中小夹杂物。在连续铸钢过程中，可以利用高速流动的钢液将气体打碎成小气泡。重庆大学祝明珠等研究了利用大包注流带入的强湍流钢液将长水口吹入的气体打碎成小气泡去除中间包钢液中小夹杂物的方法。在建立一套钢包－长水口－中间包的水力学模拟实验装置的基础上，研究了长水口开孔直径、开孔排数以及每排开孔数目对中间包内夹杂物去除效果的影响规律，以及开孔直径对中间包内钢液流动模式的影响规律。其采用脉冲的加入方式测定夹杂物的上浮率，每次随大包注流加入定量（W_e）的聚苯乙烯粒子，然后在中间包的液面收集粒子，即上浮量（W_g）。夹杂物上浮率 $\eta = (W_g/W_e) \times 100\%$，表示中间包排除夹杂物的能力，其值越大则说明中间包去除夹杂物的效果越好。研究结果表明：（1）长水口开孔直径为3mm，开孔排数为2排，每排开孔数目为6孔时，中间包内夹杂物上浮率为91.9%，夹杂物去除效果较好；（2）长水口开孔排数为2排，每排开孔数目为6孔的条件下，开孔直径为3mm时，中间包内没有出现短路流，钢液在中间包内平均停留时间较长，死区较小，中间包内流体的流动模式比较合理；（3）长水口双排开孔，每排平均开6孔，开孔直径为3mm的吹气布置方式，形成的小气泡对中间包内夹杂物的去除有利。

钢研总院王立涛等为摸清钢包底吹过程中流体流动规律及夹杂物的长大和去除机理，分析了影响钢液流动行为的因素，对夹杂物颗粒各种长大方式和去除方式进行对比，并讨论了传统钢包底吹氩工艺对不同尺寸夹杂物的去除效果；为有效去除钢液中的小尺寸夹杂物，对从长水口吹入氩气去除钢液中夹杂物的工艺进行了全面系统地研究，首先考察了影响长水口内流体流动行为和压力分布规律的因素；探讨了影响微气泡的尺寸及其分布的工艺参数，确定长水口内生成微气泡的最佳条件，并分析了从长水口吹入气体后对中间包内流体流动特征和混合效果的影响。研究结果表明，滑板附近的压力最低，并出现空化作用；滑板开度变小、长水口内径增大或长度增加，都会导致长水口内压力降低；长水口内的压力与到中间包液面的距离不呈简单线性关系；长水口和中间包内生成的微气泡对夹杂物的去除效果显著。要获得合适尺寸的气泡，氩气吹入量、喷嘴位置及尺寸的确定是关键。

钢研总院薛正良等人研究分析了钢液中吹氩时夹杂物颗粒去除的效率与氩气泡直径、夹杂物直径、透气砖面积、透气砖孔径、吹氩流量和吹氩时间的关系，讨论了在钢液中获得小气泡的方法。研究认为：

（1）用气泡去除钢中固相夹杂物的效率决定于气泡尺寸、夹杂物尺寸和吹入钢液的气体数量，大颗粒夹杂物比小颗粒夹杂物更容易被气泡俘获而去除。直径小的气泡比直径大的气泡俘获夹杂物颗粒的概率高。增加底吹透气砖的面积或增加透气砖的个数可以降低透气砖出口氩气的表观流速，从而减小透气砖出口氩气泡的脱离尺寸，或在有限的吹氩时间内成倍地增加吹入钢液的气泡数量。

（2）提高吹氩流量一方面增加了单位时间内吹入钢液的气泡数量，有利于夹杂物去除；另一方面，随吹氩流量的增加气泡脱离尺寸也呈一定程度的增大，降低了气泡俘获夹杂的概率。生产实践表明，在单透气砖吹氩的条件下采用较小的流量吹氩并适当延长吹氩时间更有利于夹杂物的去除，从而降低钢液 T［O］含量和夹杂物平均尺寸，特别是减少了钢中大颗粒夹杂物的数量。

（3）为了去除钢中 40～50nm 以下的夹杂物颗粒，应设法在钢液中制造直径更细小的气泡，以便提高气泡对夹杂物颗粒的俘获概率。将氩气引入作湍流流动的钢液中，依靠湍流波动速度梯度产生的剪切力将气泡击碎，可获得直径小于 1mm 的细小气泡；也可以通过钢液中过饱和气体在真空状态下析出形成的微小气泡使夹杂物颗粒上浮。

8.1 气泡去除夹杂物机理分析

在气体搅拌的钢包中，夹杂物从金属中去除可以通过以下三种方式：（1）炉渣；（2）耐火材料的炉衬；（3）气泡。

8.1.1 通过炉渣去除

通过炉渣表面去除夹杂，受夹杂物浮力的控制，被称为斯托克斯漂浮。夹杂物的浮力大小取决于它的形态并随着半径的增长而增长。夹杂物的去除方程可以写作：

$$\frac{dN}{dt}=A_s\cdot\frac{2g(\rho_{Fe}-\rho_i)r^2}{9\mu_{Fe}}\cdot C_i \tag{8-1}$$

式中 A_s——炉渣表面积，m^2；

C_i——夹杂物的浓度，mol/L；

ρ_{Fe}——钢液的密度，mol/m^3；

μ_{Fe}——钢液的黏度，Pa·s；

ρ_i——夹杂物密度，kg/m^3。

8.1.2 通过炉衬耐火材料去除

夹杂物运动到耐火材料的表面被认为是扩散过程。假定夹杂物和金属一起运动，Linder 运用了将一个靠近壁面的流体运动方程与管道内壁面层流压力相结合的方程。

$$\frac{dN}{dt}=A_w\cdot\frac{0.0003\cdot r\overline{U}^{\frac{7}{4}}}{\nu^{\frac{3}{4}}d^{\frac{1}{4}}} \tag{8-2}$$

式中 A_w——靠近壁面的计算区域的面积，m^2；

$\overline{U}$——体积流体流动速度，m/s；

ν——动力学黏度，m^2/s；

r——夹杂物半径，m；

d——参数，管子的直径，这里设定为0.01m。

8.1.3 通过气泡漂浮去除

夹杂物理论上可以被气泡悬浮去除，这与选矿工业方法相似。因为金属熔液与氧化物不润湿，夹杂物因此可以依附在气泡上，然后升到渣的表面上。在研究中，通常以氧化铝的夹杂物作为实例。采用的氧化铝和金属接触角为140°。通常运用一个连续方程来模拟气泡和夹杂物的碰撞。为了与气泡建立联系，夹杂物需要有一个离夹杂物很近的流线。研究四个描述夹杂物的气泡悬浮的模型和比较它们的夹杂物去除率。前三个模型是从文章中获得的，它们都假定是球形气泡的模型。所研究的第四个模型是假定气泡是球冠形的。

球体模型1

在 Wang，Lee 和 Hayes 的模型中，夹杂物和气泡碰撞的可能性被计算出来。方程表示了夹杂物和气泡碰撞对于在金属中的上浮是有效的。夹杂物和金属接触、上浮到炉渣表面作为产品的所有可能性有三种。

$$P=P_cP_a(1-P_d) \tag{8-3}$$

式中的 P_c、P_a、P_d 分别代表着碰撞、黏附、分离的可能性。非常小的夹杂物的分离的可能性，由于它的惯性可以忽略不计，所以可设为0。因此可以确认夹杂物一旦与气泡接触，就黏附在气泡上。气泡带着夹杂物上浮到渣的表面，假定夹杂物能够成功地从金属中除去。因此导致这个结果的全部可能性仅仅是碰撞和接触。

$$P = P_c P_a \tag{8-4}$$

Wang，Lee，和 Hayes 利用 Yoon 和 Lutrell 发明的模型计算碰撞的可能性。在 Yoon 和 Lutrell 的模型中，一个连续方程与实验数据相符。Wang，Lee 和 Hayes 将这个方程改进为高阶方程，说明了相关速度的影响。推导出在碰撞半径 $r_i + r_b$ 范围内，夹杂物和气泡碰撞可能性

$$P_c = \frac{1}{1 - v^*}\left[\frac{3}{2} + D^* + \frac{2Re^{0.72}(2 + D^*)}{15(1 + D^*)}\right]\frac{D^{*2}}{(1 + D^*)^3} \quad (D_i < D_b) \tag{8-5}$$

$$v^* = \frac{v_i}{v_b}$$

式中 v_i——夹杂物的速度，m/s；

v_b——气泡的速度，m/s；

$D^* = \frac{D_i}{D_b}$，m；

Re——雷诺数。

当一个夹杂物与气泡相撞时，它开始沿着气泡的表面滑动。因为夹杂物想要与气泡接触，这个滑动需要的时间要比夹杂物和气泡之间的薄膜破裂所需要的时间长。这个过程描述了接触的可能性 P_a，这个可以表示为：

$$P_a = \sin^2\left[2\arctan\exp\left(-\frac{2t_f}{D_b + D_i}\left\{\left[1 - \frac{3}{4x_e} - \frac{1}{4x_e^3} + \frac{Re^{0.72}}{15}\left(-\frac{2}{x_e} + \frac{1}{x_e^3} + \frac{1}{x_e}\right)\right]v_b - v_i\right\}\right)\right] \quad (D_p < D_b) \tag{8-6}$$

式中 $x_e = 1 + D^*$；

t_f——薄膜的滤水时间，s。

这个滤水时间可以根据两个限制因素：面接触和点接触，计算得来。对于有限维的点接触和面接触，滤水时间可以通过下面的方程计算得到。

$$t_{FR} = \frac{3}{64}\left(\frac{\pi}{180}\right)^2 \frac{b_a^2(32v_r t_c)^{2m_a}\mu_{Fe}D_i^3}{\sigma_{Fe}kh_{crit}^2} \tag{8-7}$$

式中 b_a，m_a——都是常数，其值分别为700和0.6；

v_r——参数，相对速度，m/s；

σ_{Fe}——金属表面张力，N/m；

k——因数，假定值为4；

h_{crit}——膜破裂的临界厚度，可以根据下面的公式计算。

$$h_{crit}=2.33\times10^{-8}[\sigma_{Fe}\times10^{3}(1-\cos\theta)]^{0.16} \tag{8-8}$$

式中 θ——接触角。

碰撞时间 t 可以计算为：

$$t_c=\pi f\left[\frac{(\rho_i+1.5\rho_{Fe})}{24\delta_{Fe}}\right] \tag{8-9}$$

式中 f——一个根据夹杂物的形状范围为3.6~4.2的常数（这里设定为4.0）。

像一个固体球状物接触坚硬的壁面是点接触一样，薄膜的滤水时间可以通过以下计算

$$t_{FT}=\frac{6\mu\ln\left(\frac{D}{2h_{crit}}\right)}{\left[36\mu_s\frac{v_b}{D_b}+\frac{2}{3}D_i(\rho_i-\rho_{Fe})g\right]\cos\theta_f} \tag{8-10}$$

式中 θ_f——碰撞夹角，(°)。

通过考虑夹杂物的数量、气泡的数量、相关速度、碰撞区域、夹杂物的浓度，每个计算单元的有效去除方程可以写为：

$$\frac{dN}{dt}=PN_b v_r\pi(r_b^2+r_i^2)C_i \tag{8-11}$$

式中 N_b——气泡的数量。

球体模型2

正像模型1假设的一样，夹杂物一旦接触，就上浮吸收到炉渣表面。在Miki写的文章中，一个有关“夹杂物截留率”的方程表达式为：

$$S_b=\frac{N_b v_r b^2\pi}{V} \tag{8-12}$$

式中 V——金属的体积，m^3；

b——通过一个基于势流理论的连续方程计算得到的临界截留半径，m。

$$\psi=\frac{1}{2}v_r\sin^2\theta\left(R^2-\frac{r_b^3}{R}\right) \tag{8-13}$$

式中 r_b——气泡的半径，m；

R——气泡中心到流线上一点的距离，m；

b——临界截留半径，是从最远的流线计算出来的，它与气泡的接触角为 $\theta=90°$，与中心的距离为 $R=r_b+r_i$。临界截留半径用来计算碰撞区域（$b^2\pi$）。ψ 表示势流流线方程。

在Miki的研究中，气泡与夹杂物的碰撞率被设定为0.3。然而，与本次研究有关的碰撞率通过Frisvold所描述的方程计算出来。

$$\eta=\frac{3}{2}\frac{D_i^2}{D_b^2}\sqrt{\frac{3}{2}Re_b} \tag{8-14}$$

对于方程（8－14），流动假定为势流，每一个夹杂物都在气泡周围有一条流线。加入碰撞率和夹杂物的数量，去除的方程可以写为：

$$\frac{dN}{dt}=\frac{3}{2}\frac{D_i^2}{D_b^2}\sqrt{\frac{3}{2}Re_b}\cdot C_i N_b v_r b^2 \pi \tag{8-15}$$

球体模型3

Engh 提出了一个与 Sutherland 所做的相似的模型，表达了夹杂物借助球形气泡的悬浮。模型的表达式，是通过气泡周围势流的连续方程得到的。碰撞的可能性，可通过以下表达式写出：

$$P_c=3\frac{r_i}{r_b} \tag{8-16}$$

去除率的方程可以表达为：

$$\frac{dN}{dt}=3\frac{r_i}{r_b}\pi(r_i+r_b)^2 v_r N_b C_i \tag{8-17}$$

球冠模型

当一个气泡外形变大，它的圆形形状是不稳定的。在静止的流体中，随着气泡外形增大，第一个不稳定相形成，它的形状为球冠形。那就意味着研究球冠气泡怎样影响气泡悬浮去除夹杂物是合理的。在气体搅拌钢包的数学模型中，由于雷诺数和厄特沃什数广义相关性的需要，气泡被假定为球冠形。

当气泡体积变得很大，以至于气泡的表面张力和摩擦力不再起作用，它的形状主要受浮力和惯性力的控制，在这种情况下，球冠形气泡形成。Davies 和 Taylor 研究球冠气泡周围的流动。他们发现，球冠气泡周围的流动和球形气泡周围的势流一致。自由上升的球冠模型的理论速度与实验值非常接近，上升速度μ可以通过如下计算：

$$\mu=\frac{2}{3}\sqrt{gr_b} \tag{8-18}$$

式中，r_b为球冠气泡上面的圆形的半径，m。Davies 和 Taylor 发现孔径角θ_c大约是50°，利用这一个基本几何数值计算体积等价的圆形气泡的半径。

$$r_b=2.28r_e \tag{8-19}$$

式中，r_e为与球冠气泡体积一致的球形气泡的半径，m。利用等价的半径计算速度为：

$$\mu=1.01\sqrt{gr_e} \tag{8-20}$$

气体搅拌钢包模型中所利用的相关速度，大约和相同体积的球冠气泡上升速度相同。然而，在钢包最低的位置，当气体注入时，这两者存在着很大的差异。当然，这是由于气体高速的射入，这个区域的气体的体积分数很高。

为了计算球冠气泡和夹杂物碰撞的可能性，可以运用球冠气泡周围的势流的连续性方程。这是因为，当势流条件存在时，夹杂物与球冠气泡接触的部位最可能是球冠气泡的上边界。金属中的夹杂物被假定为与金属一起移动。方程（8－13）表达式说明的是球形气泡的周围势流 ψ 的连续方程，这里被改写为：

$$\psi = \frac{1}{2}v_r r_b^2 \sin^2\theta\left(\frac{R^2}{r_b^2} - \frac{r_b}{R}\right) \tag{8-21}$$

式中，v_r 为气泡和金属之间的相对速度，m/s；r_b 为想象的球冠气泡部分的半径，m。当夹杂物进入临界区域（r_0 半径范围内），发生碰撞。临界区域被简化的流线限定，它接触气泡的边缘。因此，碰撞的可能性可以看做是临界区域中的横切面（A_0）与球冠气泡中的横切面（A_c）之比。

$$p_c = \frac{A_0}{A_c} = \left(\frac{r_0}{r_c}\right)^2 \tag{8-22}$$

方程（8－22）必须和连续方程结合起来，所以在离气泡很远的距离的应用如下：

$$\sin\theta = \frac{r_0}{R} \tag{8-23}$$

这可以运用到连续方程中，结果为：

$$\psi = \frac{1}{2}v_r r_0{}^2\left(1 - \frac{r_b^3}{R^3}\right) \tag{8-24}$$

因为 $R \gg r_b$，这样得到：

$$r_0^2 = \frac{2\psi}{v_r} \tag{8-25}$$

然后碰撞的可能性为：

$$P_c = \frac{2\psi}{v_r r_c^2} = \frac{r_b^2 \sin^2\theta}{r_c^2}\left(\frac{R^2}{r_b^2} - \frac{r_b}{R}\right) \tag{8-26}$$

在一条流线上，连续方程是常数。因此，简化流线和球冠气泡恰好接触的点的 P_c 值可以求出来。（在图 8－3 中看到的是夹杂物的位置）。在这个位置的 R 是：

$$R = \frac{r_i + r_b \sin\theta_c}{\sin\theta} \tag{8-27}$$

因为随着气泡的外形变大 $r_c \approx r_b \sin\theta$，方程可以表达为：

$$P_c \approx \left(\frac{R^2}{r_b^2} - \frac{r_b}{R}\right) \tag{8-28}$$

利用方程（8－30），从方程（8－29）计算出碰撞可能性。对于从 CFD 模型得到的较大的气泡，$\theta = 50°$，碰撞的可能性通常等于：

$$P_c \approx 2.3\frac{r_i}{r_b} \tag{8-29}$$

为了留在气泡上，夹杂物和气泡碰撞必须穿透气泡的表面与气体发生联系。这个过程需要一定的时间（诱发时间）。如果这个时间，比夹杂物从气泡上滑过所用的时间长（滑行时间），它将不会和气泡发生聚合。聚合的可能性被称为粘附的可能性。当滑行时间 t_s 比诱导时间 t_i 长，产生了一个临界的接触角 θ_c，在这种情况下粘附可以发生。这个可能性可以定义为在 r_0 和 r_c+r_i 之间被标记的面积的那一部分。

$$P_a=\frac{A_0}{A_{c+i}}=\left(\frac{r_0}{r_c+r_i}\right)^2 \tag{8-30}$$

因为 $r_0=(r_b+r_9)\sin\theta_0$ 和 $r_c=r_b\sin\theta_c$：

$$P_a=\left(\frac{(r_b+r_i)\sin\theta_0}{r_b\sin\theta_c+r_i}\right)^2 \tag{8-31}$$

因为 $\theta=50°$和 $r_b\gg r_i$，方程（8－31）可以写作：

$$P_a=1.7\sin^2\theta_0 \tag{8-32}$$

为了解方程（8－32），临界的接触角必须知道。夹杂物假定随着气泡周围的液体流动。对于一个夹杂物滑过气泡表面的滑行时间，可以通过下式计算出来：

$$t_s=\int_{\theta_0}^{\theta_c}\frac{r_b+r_i}{v_t}\mathrm{d}\theta \tag{8-33}$$

式中，v_t 为夹杂物在距离气泡中心 r_b+r_i 处的切线速度，m/s。球形气泡周围的切线速度可以通过下式计算出来：

$$v_t=\frac{1}{R\sin\theta}\frac{\mathrm{d}\psi}{\mathrm{d}R} \tag{8-34}$$

合并方程，v_t 变为：

$$v_t=\frac{1}{2}v_r\sin\theta\left(2+\frac{r_b^3}{(r_b+r_i)^3}\right)\approx\frac{3}{2}v_r\sin\theta \tag{8-35}$$

因为 $r_b\gg r_i$，方程（8－35）可以表达为

$$t_s=\int_{\theta_0}^{\theta_c}\frac{2(r_b+r_i)}{3v_r\sin\theta}\mathrm{d}\theta \tag{8-36}$$

为了解答方程（8－39），提取出 θ_0 的表达式：

$$\theta_0=2\arctan\left[\frac{\tan\left(\frac{\theta_c}{2}\right)}{\exp\left(\frac{3v_rt_s}{2(r_b+r_i)}\right)}\right] \tag{8-37}$$

滑行时间和诱导时间 t_i 交换，黏附的可能性变成：

$$P_a = \left(\frac{(r_b + r_i)\sin\theta_0}{r_b\sin\theta_c + r_i}\right)^2 \times$$

$$\sin^2\left(2\arctan\left(\frac{\tan\left(\frac{\theta_c}{2}\right)}{\exp\left(\frac{3v_r t_i}{2(r_b + r_i)}\right)}\right)\right)$$

$$\approx 1.7\sin^2\left(2\arctan\left(\frac{\tan\left(\frac{50}{2}\right)}{\exp\left(\frac{3v_r t_i}{2(r_b + r_i)}\right)}\right)\right) \tag{8-38}$$

这里的 $\theta = 50°$。

正像模型 1，得到诱导时间有两个限制性因素：点接触和面接触。利用方程（8－38）可以分别计算点接触和面接触的去除可能性以及去除率。

8.2 夹杂物模拟粒子的选择

水模实验应满足原钢包和实验室模型的几何尺寸相似和动力学条件相似，对于 180t 钢包熔池，本实验确定几何相似比例为 1/7。

氧的浓度随着温度的降低而减少。因此，金属中的氧元素在凝固过程中与合金元素反应，形成夹杂物甚至空隙。对于材料的性能产生消极的影响。因此，通过添加有高的氧吸引能力的元素例如铝，去除金属中的氧元素。另外，几种经常被用的元素是硅和锰，这些元素的去氧反应在通常状况下是非常快的。这些反应的产物是沉淀，被当做一个新的相，既不是液相也不是固相，以一种氧化夹杂物的形式存在于金属中。

沉淀物受脱氧剂和氧的局部反应的活动控制。当然也取决于进入相的边界反应地点。夹杂物以相同的方式或者不同的方式形成。例如，当喂丝加入铝的情况下，局部铝的高度聚集使得均匀形核发生。核心最初的长大是由于扩散，然后由于金属运动所导致的碰撞长大。对于大多数金属来说，夹杂物对于最终产品材料性能有不利的影响。所以需要在钢包精炼中将大部分的夹杂物去除到渣面上。这是洁净钢生产的重要组成部分，因此研究人员试着模仿夹杂物的生长和分离。

模拟夹杂物不仅要满足与原型夹杂物的运动相似，还要能够模拟夹杂物的碰撞长大这一重要物理行为。采用缩小比例的模型来研究钢包时，只要保证弗鲁德准数相等就可以保证它们内部流体的动力相似。对钢包内如何选择模拟夹杂物来保证模型和原型夹杂物的运动相似以及模拟夹杂物与原型夹杂物的尺寸、密度及它们与本体密度的关系，本书采用 Sahai Y 等提出的一个进行钢包内物理模拟研究时模拟夹杂物选择的理论标准，给出了模型与原型夹杂物尺寸与模型及原型夹杂物的密度、几何相似比及本体密度的定量关系。该理论标准能保证模型与原型夹杂物的运动相似，在此理论的基础上，本书找到了一种能较好地模拟钢液内夹杂物碰撞长大行为的模拟介质。只要模型与原型中夹杂物密度满足该式，不必严格满足相似第二定律，即模拟夹杂物与水的密度之比等于夹杂物与钢液的密度之比，这样，选择的模拟夹杂物介质就可以较为真实的模拟钢液中夹杂物的运动和去除行为。

实验钢包模型用有机玻璃制成，用食盐水模拟钢液，二苯基乙二酮颗粒模拟夹杂物，环己烷模拟液态渣。图 8－1 为夹杂物颗粒粒度分布。用有机玻璃制成钢包模型。对于钢包内夹杂物的模拟，Sahai 和 Emi 提出，模型与原型中夹杂物的尺寸与夹杂物密度及溶液密度存在着定量关系，即：

$$\frac{R_{\text{inc,m}}}{R_{\text{inc,p}}}=\lambda^{0.25}\left[\frac{1-\dfrac{\rho_{\text{inc,p}}}{\rho_{\text{st}}}}{1-\dfrac{\rho_{\text{inc,m}}}{\rho_{\text{w}}}}\right]^{0.5} \tag{8-39}$$

式中 R——半径，m；

ρ——密度，kg/m^3；

λ——几何相似比；

m，p——分别代表模型和原型；

inc，st，w——分别代表夹杂物、钢液和水。

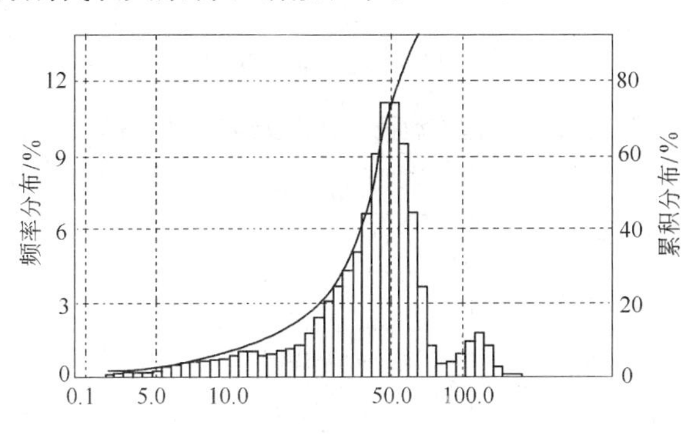

图 8－1 夹杂物模拟颗粒粒度分布

将 $R_{\text{inc,m}}=50\mu m$，$\lambda=7$，$\rho_{\text{inc,p}}=3900kg/m^3$，$\rho_{\text{st}}=7000kg/m^3$，$\rho_{\text{inc,m}}=1230kg/m^3$，$\rho_{\text{w}}=1300kg/m^3$ 带入式（8－39）可得 $R_{\text{inc,p}}=2\mu m$，所以该颗粒可模拟实际尺寸为 2μm 左右的夹杂物。

本实验用二苯基乙二酮颗粒模拟夹杂物，二苯基乙二酮是一种淡黄色不溶于水但溶于环己烷的固体颗粒，在超声波的作用下单个或多个二苯基乙二酮颗粒和空化气泡碰撞形成簇状物一起上浮，这与实际钢包精炼去除夹杂过程中，夹杂物与气泡发生吸附，上浮，去除过程类似，所以本实验选用二苯基乙二酮颗粒模拟钢液中夹杂物的去除过程。同时通过对环己烷中吸收二苯基乙二酮的量进行定量分析，可以很好地反映出超声波去夹杂的效果。

8.3　超声去除夹杂物方法

实验设备示意图如图 8 – 2 所示。

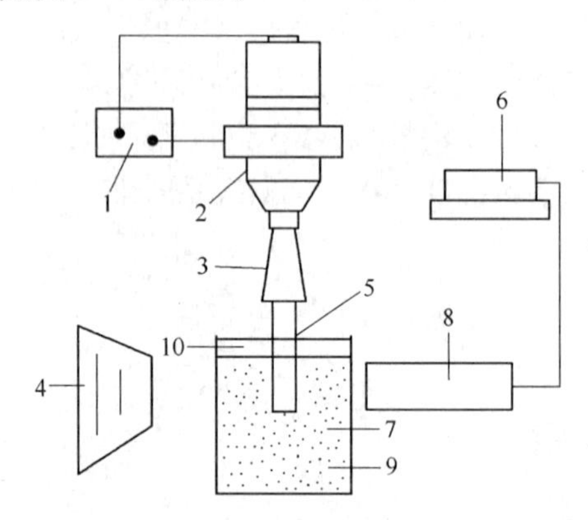

图 8 – 2　超声波去夹杂的水模实验仪器示意图

1—超声波发生器；2—换能器；3—变幅杆；4—高效影视灯；5—工具杆；6—电脑工作站；7—水溶液；8—高速摄像机；9—夹杂物颗粒；10—环己烷

表 8 – 1 为实验仪器及药品，图 8 – 3 为超声波仪器实图。

表 8 – 1　超声波搅拌设备仪器及实验药品

序 号	名　称	规 格 型 号	厂　　家
1	超声波发生器	HN2000	无锡市华能超声有限公司
2	有机玻璃钢包模型	—	抚顺有机玻璃厂
3	高速摄像机	Camrecord5000	德国 OPTRONIS 公司
4	高效视影灯	DIC – 2000	上海力明影视厂
5	紫外分光光度计	T6	北京普析通用仪器有限公司
6	二苯基乙二酮	100g/瓶	上海源叶生物科技有限公司
7	环己烷	500mL/瓶	北京维特化工有限公司

在钢包模型中加入 400mm 高的水，打开超声波处理器，使超声波处理器调到最佳状态。然后将二苯基乙二酮颗粒 10g 加入钢包水模型中，通过搅拌使二苯基乙二酮颗粒均匀分布于水中，再加入环己烷 1000mL，用紫外分光光度计法测定二苯基乙二酮的含量，记为 C_0，然后进行超声波搅拌。每 30s 测定一次环己烷中二苯基乙二酮的质量浓度，用二苯基乙二酮质量浓度的变化表示钢包精炼水

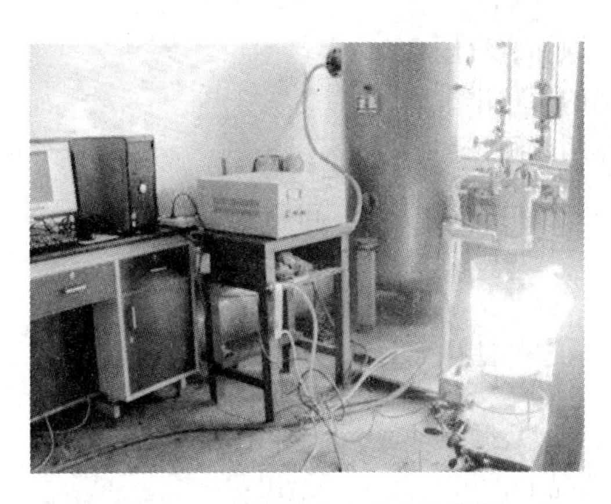

图 8-3 超声波去夹杂实验仪器

模中夹杂物质量浓度的变化，应用式（8-40）计算得到夹杂物去除率。用高速摄像机在定点位置定点区域拍摄夹杂物和空化气泡相互作用的过程，并以图片的形式记录保存。

$$\eta = \frac{C_t - C_0}{10} \times 100\% \tag{8-40}$$

式中 η——夹杂物去除率,%；

C_t——t 时刻环已烷中夹杂物质量浓度，g/L；

C_0——超声波未作用时环已烷中初始夹杂物浓度，g/L。

8.4 超声波去除夹杂物影响因素

8.4.1 两种空化运动状态的判定

空化气泡根据其运动状态的不同可分为瞬态空化与稳态空化，空化运动状态对微小夹杂物去除的影响还没有公认的研究结论，因此研究空化运动状态对夹杂物去除的影响是十分必要的。

气泡的动力学方程：

$$R\frac{\mathrm{d}R^2}{\mathrm{d}^2t} + \frac{3}{2}\left(\frac{\mathrm{d}R}{\mathrm{d}t}\right)^2 + \frac{1}{p}\left[p_0 - p\sin\omega t - p_v + \frac{2\sigma}{R} - \left(\frac{R_0}{R}\right)^3\left(p_0 - p_v + \frac{2\sigma}{R_0}\right)\right] = 0$$

式中 R——空化气泡瞬时半径，m；

p——钢液中的压力，Pa；

p_0——静压力，Pa；

σ——钢液的表面张力，N/m；

R_0——空化气泡初始平衡半径，m；

p_v——钢液的饱和蒸汽压，Pa；

ω——超声场的角频率，rad/s；

t——超声作用时间，s。

按$\frac{1}{R_0}$幂次方展开保留其一次方项，可得到：

$$\frac{d^2r}{dt^2}+\omega_r^2=\frac{p_A}{\rho R_0} \tag{8-41}$$

式中　ρ——钢液的密度，kg/m^3。

ω_r——空化气泡的共振频率，rad/s。

在小振幅振荡情况下，ω_r 可由下式给出：

$$\omega_r^2=\frac{1}{\rho R_0^2}\left[3n\left(p_0+\frac{2\sigma}{R_0}\right)-\frac{2\sigma}{R_0}\right] \tag{8-42}$$

或写成：

$$f_r=\frac{1}{2\pi R_0}\left[\frac{3n}{\rho}\left(p_0+\frac{2\sigma}{R_0}\right)-\frac{2\sigma}{\rho R_0}\right] \tag{8-43}$$

式中，$\omega_r=2\pi f_r$。

密度为ρ 的液体中半径为 R_0 的空化气泡的自然共振频率f_r，MIImeart 给出的表达式为：

$$f_r=\frac{1}{2\pi R_0}\left[\frac{3\gamma}{\rho}\left(p_0+\frac{2\sigma}{R_0}\right)\right]^{\frac{1}{2}} \tag{8-44}$$

可见式（8-43）与式（8-44）相似，对于较大的空化气泡，有 $p_0\gg\frac{2\sigma}{R_0}$，如忽略$\frac{2\sigma}{R_0}$的贡献，且 n 代替 γ，则以上二式均可写成：

$$f_r=\frac{1}{2\pi R_0}\left(\frac{3np_0}{\rho}\right)^{\frac{1}{2}} \tag{8-45}$$

对于在水中，$\rho=1000kg/m^3$；取 $p_0=101325Pa$，$n=1$，由式（8-45）可以得到$f_rR_0=3$。此式表明空化气泡半径与共振频率乘积为一定值，二者成反比关系。在声压的作用下，当空化气泡的半径发生变化时，则其自然共振频率也会发生变化，而只有当超声波频率与其自然共振频率一致时，才能发生明显的空化现象，产生空化效应，此时超声波与空化气泡之间的能量才能达到有效耦合。

$$r=\frac{p_A}{\rho R_0(\omega_r^2-\omega_a^2)}\left[\sin\omega_a t+\frac{\omega_a}{\omega_r}\sin\omega_r t\right] \tag{8-46}$$

式中　ω_a——超声波的角频率，rad/s。

当 $\omega_a=\omega_r$ 时，即声波与空化气泡发生共振时，可得

$$r = \frac{p_A}{2\rho R_0 \omega_a^2}(\sin\omega_a t - \omega_a t\cos\omega_a t) \tag{8-47}$$

由分析式（8－46）和式（8－47）可得出以下结论：

（1）在声压 $p_A = p_0 = 1.013 \times 10^5 \text{Pa}$ 条件下，空化气泡在超声波的作用下崩溃的条件是超声波的频率应小于或接近于空化气泡的共振频率，若大于空化气泡的共振频率，那么在超声波的负压半周期内，空化气泡将没有足够的膨胀时间发生崩溃，除非增大声压，使气泡受到强烈压缩以致崩溃。

（2）在弱超声场作用下，气泡振幅很小，气泡做稳定的小振幅脉动，不发生崩溃。

（3）当超声频率 $f_a \ll f_r$ 时，只要 p_A 大于 p_0 气泡即可发生崩溃。而当 $p_A \gg p_0$ 时，气泡的崩溃发生将要推迟或不发生。

8.4.2 超声波去除夹杂物因素分析

8.4.2.1 超声波功率和作用时间对夹杂物去除率的影响

随着超声波功率增大，声能增强，气泡崩溃时产生微射流及空化效应增强，因此要考查功率、超声波处理时间对夹杂物去除率的影响。

图 8－4 为不同功率下超声作用时间与夹杂物去除率的关系。由图 8－4 可知，随着搅拌时间的延长，去除率随之增加。当搅拌功率较小时，搅拌时间为 300s 左右时去除率达到最大值；当搅拌功率大于 1760W 时，搅拌时间为 120s 左右时去除率达到最大值，其搅拌时间为功率较小时的 2/5 左右，去除率达到最大值后，随着搅拌时间的延长，去除率基本不变。由此可见，当功率大于 1760W 时，最佳精炼时间为 120s。

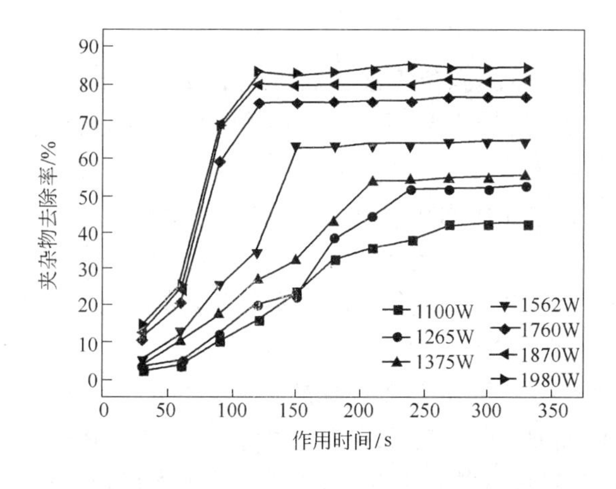

图 8－4 功率和作用时间对夹杂物去除率的影响

随着超声波功率的增大，夹杂物的去除率也随之上升，是由于随着功率的增大，超声波发生器的电能转化成声能增大，声强增大，空化效果增强，空化气泡运动的周期缩短，一些空化气泡来不及溃陷，又被新生成的气核挤压，形成剧烈震动，很多被挤压的气泡互相作用使空化运动叠加，使空化气泡的运动范围扩大，更多的气泡能够吸附在夹杂物上使之随其上浮去除，从而得到较好的去除夹杂效果。当超声波功率在1265W以下时，由于空化强度较弱，对夹杂物的去除效果不明显，去除率仅为功率较大时的1/2左右。

8.4.2.2 波源纵向位置变化对超声波去除夹杂效果的影响

波源深入液面深度对空化气泡的分布有着重要影响，空化气泡的运动对夹杂物的上浮去除有着直接影响，不同深度下超声波功率对夹杂物去除率的影响如图8-5所示。

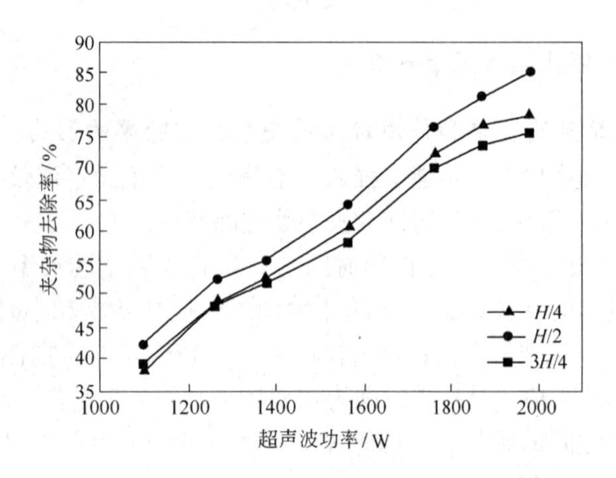

图8-5 不同深度下超声波功率对夹杂物去除率的影响

由图8-5可知，当波源位于液面高度的$H/2$时，超声波去除夹杂效果最好，这是因为当波源位于此位置时，恰好在溶液中心部分释放超声波空化能量，使空化能量完全作用于溶液中。当波源位于距底部$3H/4$位置时，由于辐射端距钢包水模底部较远，空化作用在钢包水模下部强度较弱，效果不如波源位于距液面$H/2$时好。当波源位于距底部$H/4$位置时，空化作用受钢包底部以及钢包壁的影响，能量耗损比较严重，空化作用不能有效地发挥出来。因此，当波源距钢包底部$H/2$时超声波去除夹杂效果最好。

8.4.2.3 波源横向位置变化对超声波去夹杂效果的影响

波源位于距液面$H/2$时，波源横向位置位于钢包中心位置和距中心位置$R/3$和$2R/3$处位置，超声波搅拌对夹杂物去除率的影响如图8-6所示。

由图8-6可知，波源位于钢包中心位置时对夹杂物去除率最高，距中心位

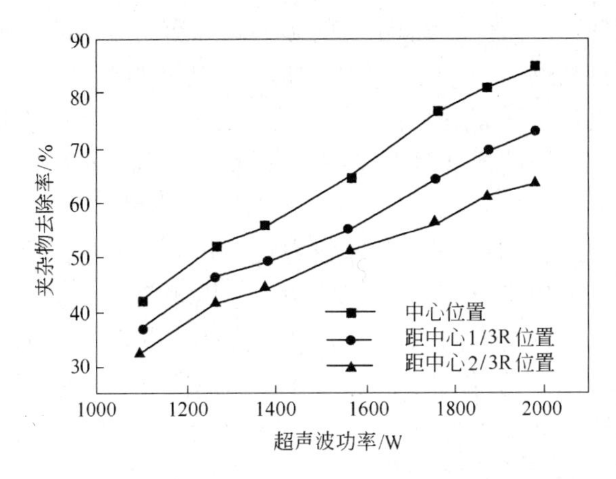

图8-6 波源横向位置变化时超声波功率对夹杂物去除率的影响

置2R/3位置时去除率最低。溶液中夹杂物的去除主要是利用超声的大量空化气泡，当工具杆位于钢包中心时，工具杆底部及径向分布的空化气泡受到钢包水模壁的影响较小，消耗在壁上的超声能量较少，空化气泡的利用率较高，空化气泡能更有效地促进夹杂物的上浮，因此，当工具杆位于钢包水模中心位置时对夹杂物的去除效果较好。

8.5 超声波去除夹杂物机理分析

8.5.1 超声波作用下夹杂物长大行为分析

纯净钢对夹杂物粒径的要求很严格，去除微小夹杂物的过程是在金属处于高温液态下进行的。为了去除高温钢液中的夹杂物，可以采用传统的方法诸如利用金属液与微小夹杂物之间的自然密度差、陶瓷过滤器吸附或利用微细气泡吸附夹杂物等技术。另外，人们也正在研究利用电场或磁场去除钢液中的微小夹杂物。然而，当夹杂物粒径小于50μm时，采用这些方法所获得的效果并不理想。

在过去，研究者基本上是根据气体搅拌钢包的液体流动模型来计算夹杂物在金属中的去除和长大。在1983年，Shirabe和Szekely对于RH真空脱气装置做了一个夹杂物和湍流合并的液体流动模型。纳威-斯托克斯方程和著名的$\kappa-\varepsilon$模型结合起来计算湍流流动。结果中显示了夹杂物空间的分布形态。在1986年，Johansen，Boysan，和Engh也利用相似的方式模拟了金属液体的流动和夹杂物的行为，但是他们所针对的对象是气体搅拌钢包模型。此外，他们也利用Lagrangian的方法模拟气象。他们把耐火材料、炉渣去除夹杂物和耐火材料的分解考虑了进去。

在20世纪90年代，很多的三维模型被发明出来。在1997年，Miki展示了

RH 真空去夹杂的模型。他们考虑了氩的影响同时运用流体的体积分数模型。然而，他们在计算夹杂物的长大时，使用的是能量耗散的平均值。利用一个简单的模型可以将通过气泡悬浮除去夹杂物的方式考虑进去。除了单个的夹杂物，Miki 模型还包括了集群气泡的浮选时，Walkon 也考虑了集群气泡的形成，并同时考虑了金属中炉渣的分布。

Hallberg 运用了静态模拟的方法来研究夹杂物的长大和去除。气体搅拌钢包模型用来预测速度和湍流的数据。这些数据被用来作为一个分离夹杂物的生长和分离模型的输入。计算出不同的搅拌条件下随着时间氧的容量和分布形态的变化。Sheng 也研究了在气体搅拌钢包模型中随着时间夹杂物密度的动态变化。利用一个动态的方法，夹杂物的长大和去除被认为是液体流动仿真的一个完整的部分。这些计算结果显示了对于所研究的三种夹杂物都存在着浓度梯度，即使是在搅拌 5min 以后。

Sheng 在研究中，静态的模拟方法也被用来比较对于气体搅拌钢包中夹杂物从钢液中去除的不同猜想机理。比较气泡悬浮和斯托克斯碰撞的夹杂物去除速率，和比较气泡悬浮和耐火材料的夹杂物去除速率都是十分困难的。原因是当论文所提及的夹杂物悬浮的方程不同，夹杂物的去除速率本质上不同。缺点是所建立的方程都是根据气泡是圆形的猜想，而在工业钢包中液体金属中可能不是这种情况。在真空处理过程中则完全不是这种情况。

研究中所运用的气体搅拌钢包模型用来确定气泡究竟是不是圆形。利用雷诺数和罗兰数的相关性来确定模型中所用的气泡的形状。运用力的平衡计算气泡的形状。结果很清晰的指出是球冠模型。在真空除气的过程中，符合圆形气泡的平均直径是 6.4cm。如此大的气泡处在球冠气泡的范围内。然而在调查研究之前，根据作者的知识，假定悬浮的气泡是球冠的模型是不存在的。这样的模型需要和已经建立的球形模型进行比较。

近年来，利用超声波作为外场去除或分离悬浮液中的微粒、气泡或液滴的新方法越来越被人们所重视。同时，利用超声波去除高温液态金属中夹杂物这一方法也被作为超声波在冶金中的几大应用研究课题之一。主要是设法通过产生微小气泡即空化气泡悬浮去除微小夹杂物。目标是发现是否像期望的那样，与炉渣和耐火材料去除夹杂物相比，气泡悬浮是否对于夹杂物的去除有任何有效的影响。不同的气泡尺寸球冠气泡悬浮的模型。下一步是对于气体搅拌钢包的模型的简单描述，最后是说明和讨论夹杂物的生长和去除结果。

8.5.1.1 实验药品及设备

实验药品：固体小颗粒、去气水。

实验设备（见表 8－2）：超声发生装置（图 8－7）、电子天平、数码相机、秒表、有机玻璃钢包模型。

表8-2　超声空化测量设备仪器

序号	名　称	规格型号	备　注
1	超声波发生器	HN2000	无锡市华能超声波公司
2	有机玻璃钢包模型	—	抚顺有机玻璃厂

图8-7　超声波实验仪器实图

8.5.1.2　实验部分

本实验以固体小颗粒模拟夹杂物，用去气自来水模拟钢液，进行超声波去除或分离钢包中悬浮液中微小颗粒的冷态模拟实验，此模拟实验主要关注在超声波作用下的固体小颗粒的运动状态和特征，通过与没有施加声场下的固体小颗粒的运动特性进行比较，分析超声波声场对钢包中夹杂物的影响，从而为超声波钢包去除杂质提供理论依据。

为避免水中溶解的气体在超声波的作用下聚集而生成大量的气泡，干扰超声波形成的空化气泡对固体小颗粒的作用效果，在实验进行之前，先用超声波处理实验所用的自来水半小时，以除去水中溶解的气体。然后向水中加入适量的食盐来调整水的密度，以使水溶液的密度近似于固体小颗粒的密度，以使小颗粒能悬浮并能均匀的分散于水溶液中。

实验初期，将固体小颗粒放入水中，经人为搅动后，小颗粒在钢包模型中由于浮力、重力和搅拌时外力的综合作用在钢包模型中均匀分散并做不规则的运动，在没有施加声场时，固体小颗粒无规则的杂乱运动，并没有体现出任何整体的规律特征（如图8-8所示），最后由于密度不同的原因，部分颗粒悬浮于溶液中，其余的小颗粒漂浮和沉淀。

而在相同的实验条件下，当向钢包溶液中施加声场时，原本杂乱无章自由运

图8－8 没有施加超声波时小颗粒的分布

动的小颗粒在声场的作用下运动状态发生明显改变，呈现出固体小颗粒向指定位置聚集成团的现象，最后形成无数个球状凝聚物，当球状凝聚达到足够大的时候，在超声声流作用下开始上浮，最终凝聚物逐渐上浮至液体表面。但在实验过程中发现会有少量夹杂物被壁面捕获，贴于钢包内壁而无法去除。由图8－9可以看出小颗粒在声场作用下聚集成较大的球团，然后逐渐上浮至水面的过程。

8.5.1.3 微粒的数学模型及理论分析

在脱气液体中，在超声波驻波场作用下，

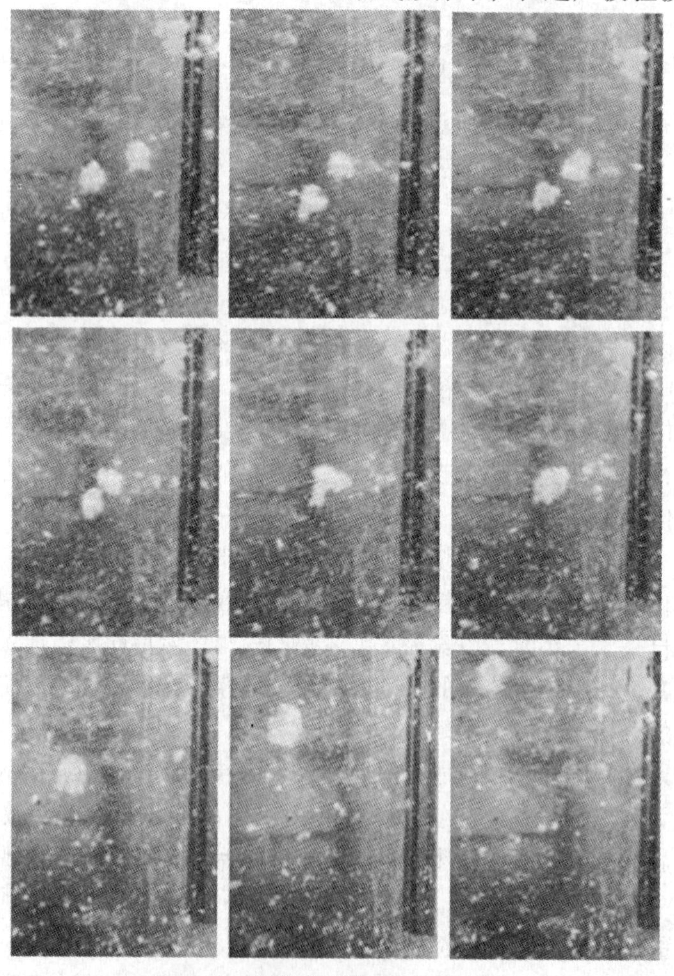

图8－9 固体小颗粒聚集上浮图片

悬浮液中微粒的运动行为，被认为是，微粒的运动主要是由于受到超声辐射力，Stokes 施力和有效浮升力的影响，在如图 8－10 所示坐标系下，一个微粒的运动方程可以写成（8－48）式。

$$(\rho_p V_p + M')\frac{d^2x}{dt^2} = f_a + f_b + f_d \tag{8-48}$$

$$M' = \rho_L V_p / 2 \tag{8-49}$$

$$f_d = -3\pi\mu_L d_p \frac{dx}{dt} \tag{8-50}$$

$$f_b = g(\rho_L - \rho_p) V_p \tag{8-51}$$

$$f_a = -3V_p kEG\sin 2kx \tag{8-52}$$

将式（8－49）、式（8－50）、式（8－51）、式（8－52）四个式子带入式（8－48）得出声对比因数 G 的表达式为：

$$G = \frac{1}{3}\left(\frac{5\rho_p - 2\rho_L}{\rho_L + 2\rho_p} - \frac{\rho_L c_L^2}{\rho_p c_p^2}\right) \tag{8-53}$$

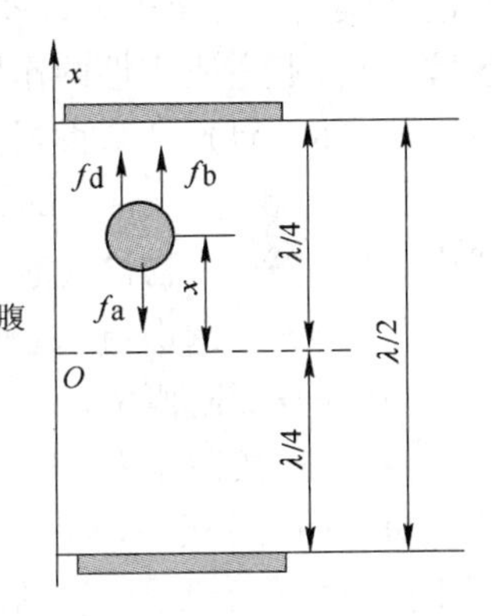

图 8－10　固体小颗粒受力图

式中　V_p——微粒体积，m^3；

M'——附加质量（指由于周围液体黏性作用，微粒在运动过程中所增加的虚拟质量），kg；

x——微粒距声压节点（或腹）的距离，m；

t——时间，s；

f_a——声辐射力，N；

f_b——有效浮升力，N；

f_d——Stokes 施力，N；

ρ，μ，c——分别表示密度，kg/m^3、黏度，Pa·s 和声波的传播速度，m/s；

L，p——分别代表液体和微粒；

g——重力加速度，m^2/s；

d_p——微粒的直径，m；

k——波数；

E——时均声能密度，J/m^3；

G——悬浮液的声对比因数。

经过公式推导，可得出声对比因数的表达式，如式（8－53）所示。当 $G>0$ 时，微粒向最近的声压节点运动；当 $G<0$ 时，微粒向最近的声压腹运动。在超声波驻波场下，只要悬浮液中液体和微粒的声对比因数不为零，微粒就会在声辐

射力的作用下向声压节或声压腹运动。

经测量和查询资料可得：$\rho_p = 1.2 kg/cm^3$，$\rho_L = 0.94 kg/cm^3$，$c_L = 1450 m/s$，$c_p = 2700 m/s$。经计算可得 $G = 0.336 > 0$，则有机物小微粒向最近的声压节点运动，在这一过程中，微粒碰撞凝聚，达到平衡状态。由于超声的空化作用，产生了大量的小气泡显著增加了气-液相界面积，延长了气泡上浮时间，有利于吸附夹杂物的表面，最后夹杂物上浮至液体表面。

目前钢包精炼过程夹杂物的去除主要靠底吹气搅拌，超声波作用于液体中时会产生大量空化气泡可去除夹杂物，许多研究者认为，气泡去除夹杂物主要分为以下三个步骤：（1）夹杂物与气泡发生碰撞，形成液膜；（2）夹杂物与气泡之间的液膜变薄直至破裂，发生吸附，一起上浮；（3）脱附，夹杂物去除。其中步骤（1）起着决定性的作用。Wang，Lee 等人提出气泡去除夹杂物的总的概率可由式（8-54）计算得到：

$$P = P_c P_a (1 - P_d) \tag{8-54}$$

式中　P——夹杂物被气泡捕获的总概率，%；

P_c——夹杂物与气泡碰撞概率，%；

P_a——吸附概率，%；

P_d——脱附概率，%。

对于钢液中的 Al_2O_3，SiO_2 等夹杂物，接触角 $\theta > 90°$，所以夹杂物与气泡发生碰撞后，易于吸附，脱附概率 $P_d \approx 0$，吸附概率 $P_a \approx 1$，所以式（8-54）可简化为

$$P \approx P_c \tag{8-55}$$

Engh 等人推导了碰撞概率的一个近似公式：

$$P_c = 3 \frac{r_i}{r_b} \tag{8-56}$$

式中　r_i——夹杂物半径，m；

r_b——气泡半径，m。

由式（8-56）可以看出，当夹杂物半径 r_i 一定时，气泡半径 r_b 越小，气泡分散度越好，碰撞概率 P_c 越大，越有利于夹杂物的去除。底吹气钢包精炼中通过透气砖产生的气泡直径较大，通常在 2～10mm 范围内，且易形成气柱，因此夹杂物与底吹气气泡碰撞概率 P_c 较小，尤其是与微小夹杂物碰撞概率 P_c 更小，不能有效去除微小夹杂物。

8.5.2　超声波去除夹杂物微观机理分析

8.5.2.1　稳态空化气泡去除夹杂物过程

多年来声空化在超声学中占据很重要的位置，特别因为声空化在不少超声应

用中是主要的动力。对声空化的研究相应地得到发展。足够强的超声在液体中通常会产生成群的气泡。对这些多泡，人们从实验观察中区别出两类气泡，稳态气泡和瞬态气泡，并观察到这两类气泡的转换。稳态单一气泡是国外20世纪90年代初实验实现的。在我国，早在20世纪的60年代，就已用实验实现了瞬态的单一气泡，所谓瞬态是说一次脉动后一般便会破碎。但在破碎之前，这种气泡同样经历长大、收缩、反弹的过程，同样坍塌时发光，据报道还会在坍塌时辐射低频电磁波。而这些观察是当时的作者们用类似于30年后稳态单一气泡的实验人所采用的仪器进行的。瞬态单一气泡的特色是：可以长大到3cm的直径，可以在多种液体中产生，可以填充多种气体；驱动声波的幅度可达几个大气压。这些特色在某种程度上正冲破了稳态气泡所承受的一些限制。

空化气泡的运动有两种类型：稳态空化和瞬态空化。图8－11所示为稳态空化气泡去除夹杂物的过程照片。超声波作用于钢包精炼水模中的液体中时，声压呈正弦规律变化，当声波负压相到来时，水模内液体中的空化气泡就会发生膨胀；当正压相到来时，空化气泡又受到突然压缩作用。当空化气泡较小时，其共振频率较大，使其在超声波的作用下不易崩溃，随着声压的变化，空化气泡的大

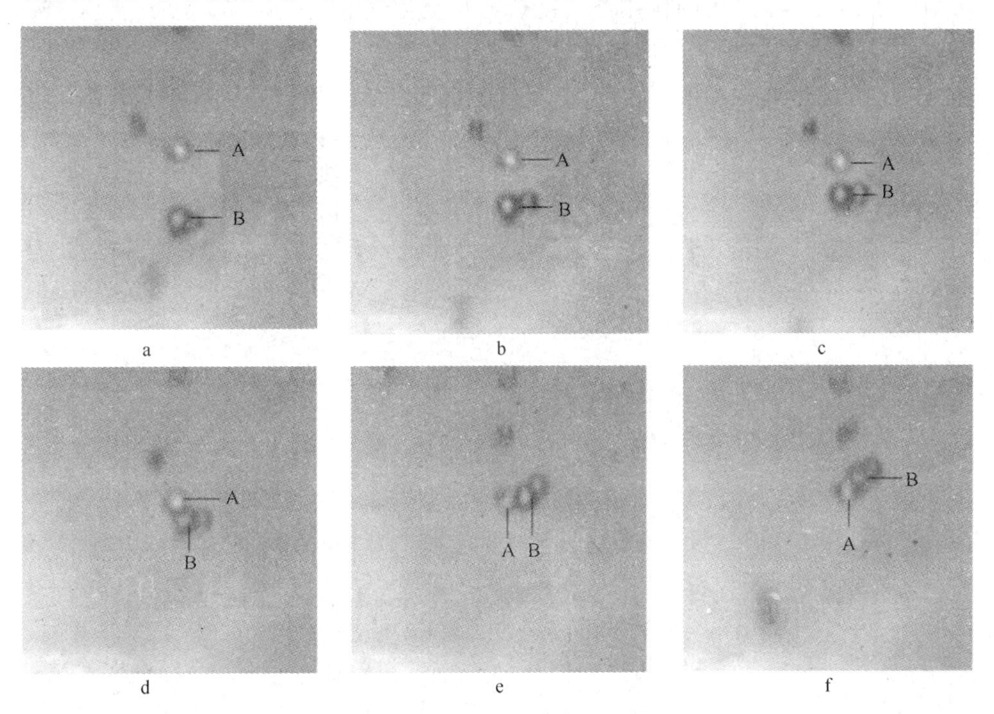

图8－11 稳态空化气泡去除夹杂物的过程照片

a—0.010s；b—0.015s；c—0.020s；d—0.025s；e—0.030s；f—0.035s

A—夹杂物；B—空化气泡

小也在变化，最后空化气泡的共振频率和超声波的频率相同时，空化气泡趋于稳定。稳定的小空化气泡会逐渐上浮，空化气泡在上浮的过程中会和夹杂物逐渐靠近，如图 8－11a、b 和 c 所示，直至发生碰撞并吸附在一起形成簇状物，如图 8－11d 所示，夹杂物在空化气泡周围不断发生滑移，一起上浮从而被除去，如图 8－11e 和 f 所示。

8.5.2.2　瞬态空化气泡去除夹杂物过程

瞬态空化时，当声波负压相作用到来时，空化气泡会发生膨胀，半径迅速增大，在声波的正相压作用下迅速收缩直至崩溃。空化气泡崩溃后，会形成更多的微小气泡，这些小气泡的形成有利于增大夹杂物吸附面积，促进夹杂物的上浮排出。前人的研究大多认为空化气泡去除夹杂起主要作用的是稳态空化作用，本实验研究发现，瞬态空化对夹杂物的去除也起到重要的作用。图 8－12 为瞬态空化气泡去除夹杂物的过程照片。

由图 8－12a 与 b 对比可知，在第 0.030s 时，随着声压的变化，空化气泡发生了膨胀，第 0.035s 时，空化气泡在声波负压相的作用下，发生了剧烈的形变，如图 8－12c 所示，结果分裂为两个小气泡，如图 8－12d 所示，空化气泡破裂后吸附面积增大，在声压的作用下，夹杂物与空化气泡发生碰撞，形成液膜，吸附，而后随着两个小气泡的上浮，夹杂物继续上浮，实验测得，未被空化气泡吸附的夹杂物上浮速度为 0.0167m/s，空化气泡与夹杂物吸附于一起的上浮速度为

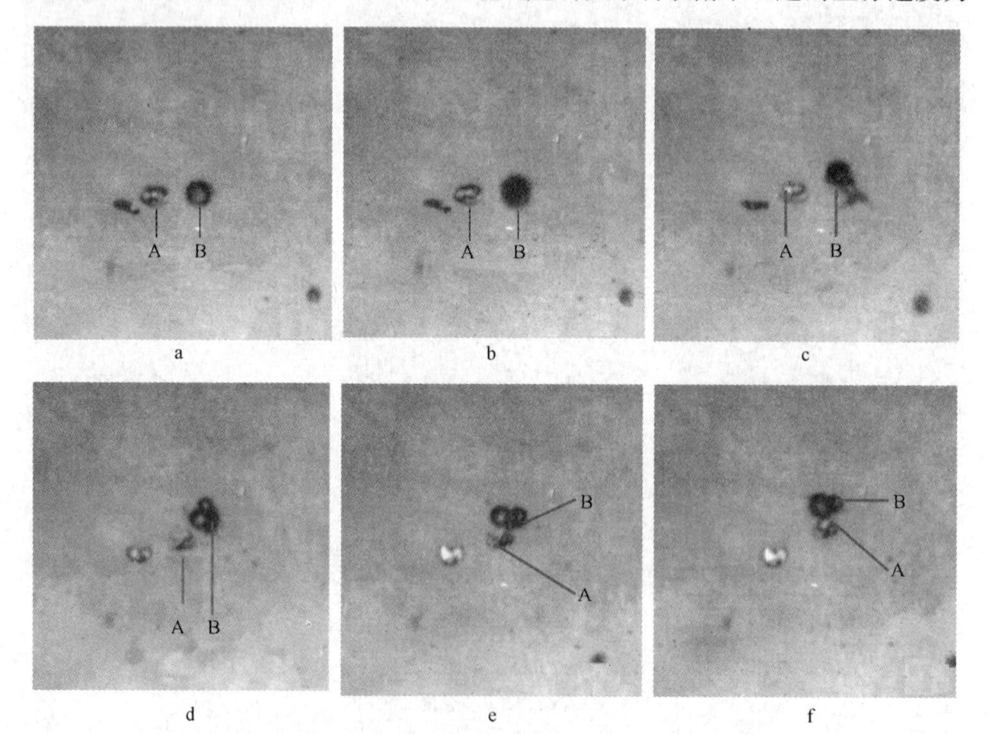

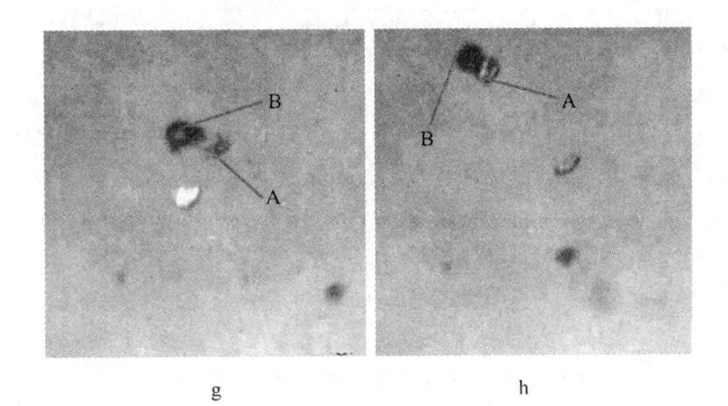

g h

图 8 - 12 瞬态空化气泡去除夹杂物的过程照片

a—0.025s；b—0.030s；c—0.035s；d—0.040s；e—0.045s；f—0.050s；g—0.055s；h—0.060s

A—夹杂物；B—空化气泡

0.0625m/s，随着声压相的变化，该夹杂物可以与新生成的空化气泡或其他运动的空化气泡碰撞吸附上浮排出。可见，不仅稳态空化可起到去除夹杂物的目的，瞬态空化气泡由于气泡破裂后，形成的小气泡分散度高，与夹杂物尤其是微小夹杂物碰撞几率增大，特别是对微小夹杂物的上浮排出效果更好。

参考文献

[1] Sergy VKOMAROV, Mamoru KUWABARA, Oleg VABRAMOV. High power ultrasonics in pyrometallurgy: current status and recent development [J]. ISIJ International, 2005, 45 (12): 1765～1782.

[2] Sergy VKOMAROV, Mamoru KUWABARA, Masamichi SANO. Control of foam height by using sound waves [J]. ISIJ International, 1999, 39 (12): 1207～1216.

[3] KABlinov, SVKomarov. Proc. 2nd Int. Symp. on metallurgical process for the year 2000 and Beyond [C] TMS, 1994: 413.

[4] 郎毅翔，王学军，王巍然. 超声波在旋风除尘器中的应用研究 [J]. 煤矿机械，2000，(9): 22～24.

[5] 刘亦芬. 超声技术在除尘吹灰方面的应用 [J]. 华北电力技术，1992 (4): 40～41.

[6] 葛亚勤. 超声波雾化对微细粉尘过滤性能的影响 [D]. 北京：北京化工大学，2010.

[7] 陈卓楷，陈凡值，周炜煌，等. 超声雾化水雾在除尘实验中的应用 [J]. 2006，33 (162): 74～79.

[8] Parida K M. Catalytic combustion of volatilc organic compounds on Indian Orean manganese nodule [J]. Applied catalysis, 1999, 182 (2): 249～256.

[9] Czernik S, Bridgwater A V. Overview of applications of biomass fast pyrolysis oil [J]. Energy & Fuels, 2004, 18: 590～598.

[10] Shihadeh A, Hochgreb S. Diesel engine combustion of biomass pyrolysis oils [J]. Energy Fuels, 2000, 14 (2): 260～274.

[11] Chiaramonti D, Oasmaa A, Solantausta Y. Power generation using fast pyrolysis liquids from biomass [J]. Renewable and Sustainable Energy Reviews, 2007, 11: 1056～1086.

[12] 侯瑞娟. 柴油机燃用乳化燃料燃烧特性的研究 [D]. 河南：河南农业大学，2006.

[13] 李永昕，赵天生，李宝庆，等. 超声辐照对水煤浆浆体燃烧性能的影响 [J]. 煤炭转化，2001，24 (4): 54～56.

[14] Hoffmann T L. Environmental implication of acoustic aerosol agglomeration [J]. Ultrasonics, 2000, 38 (1): 353～357.

[15] Nersisyan H, Lee H, Son T. A new and effective chemical reduction method of preparation nanosized silver and colloid powder dispersion [J]. Materials Research, 2003, 38: 949～956.

[16] Sheikhaliev Sh M. Production of metal powders from melts by centrifugal atomization [J]. Powder Metallurgy and Metal Ceramics, 1985, 12 (24): 883～887.

[17] 党心安，刘星辉，赵小娟. 金属超声雾化技术的研究进展 [J]. 有色金属，2009，61 (2): 49～56.

[18] 刘志宏，刘志勇，李启厚，等. 喷雾热分解法制备超细银粉及其形貌控制 [J]. 中国有色金属学报，2007，17 (1): 149～157.

[19] 吴胜举，王志刚，任金莲，等. 功率超声雾化制备钛金属粉末 [J]. 压电与声光，

2001, 23 (6): 490 ~ 492.

[20] OV Abramov. Action of high intensity ultrasound on solidifying metals [J]. Ultrasonics, 1987, 25 (3): 73 ~ 82.

[21] Taha M A, Mahalawy N A, Abdel – Rehim M. Structuer development in solidified alloys [J]. Metall, 1983, 37 (8): 788 ~ 793.

[22] Abdel – Rehim M, Reif W. Pracitcal appilcations for solidification of metals and alloys under ulrtasonic cibraitons [J]. Metal, 1984, 38 (12): 1156 ~ 1160.

[23] Eakin G I, Pimenov Yu P, Makarov G. Effect of cavitation melt treatment on the structure refinement and property improvement in cast and deformed hypereutec [J]. Materials science forum, 1997: 65 ~ 69.

[24] LMoraru. Fourier thermal analysis of solidification kinetics in molten aluminium and in presence of ultrasonic field [J]. Journal of Physics, 2000, 50: 1125 ~ 1131.

[25] 李杰，陈伟庆. 超声波导入方式对金属凝固组织的影响 [J]. 冶金研究，2006: 227 ~ 229.

[26] 陈琳，宗燕兵，仓大强，等. 超声波处理对工业纯铝结晶细化的影响 [J]. 轻合金加工技术，2007, 35 (8): 18 ~ 21.

[27] 陈康华，黄兰萍，胡化文，等. 熔体超声波预处理对超强铝合金组织和性能的影响 [J]. 中南大学学报（自然科学版），2005, 36 (3): 354 ~ 356.

[28] Eskin G I. Broad prospects for commercial application of the ultrasonic (cavitation) melt treatment of light alloys [J]. Ultrasonic Sonochemistry, 2001 (8): 319 ~ 325.

[29] RICHARD S C. A pioneer in the development of modern ultrasound [J]. Ultrasound in Medicine & Biology, 2007, 33 (1): 3 ~ 14.

[30] 陈琳，宗燕兵，仓大强，等. 超声处理对伍德合金细化及气孔生成的影响 [J]. 材料科学与工程学报，2008, 26 (3): 339 ~ 341.

[31] 李晓谦，陈铭，赵世链，等. 功率超声对 7050 铝合金除气净化作用的实验研究 [J]. 机械工程学报，2010, 46 (18): 41 ~ 45.

[32] 郄喜旺，李捷，马晓东，等. 超声场作用下 Al – Si 合金的除气效果及晶粒细化 [J]. 金属学报，2008, 44 (4): 414 ~ 418.

[33] 李军文，桃野正，田汤善章，等. 铸锭底部强制冷却的超声波除气效果 [J]. 铸造 – 锻压，2007, 36 (5), 21 ~ 24.

[34] Eskin G I. Pimenov Y P, Makarov G. Effect of cavitation melt treatment on the structure refinement and property improvement in cast and deformed hypereutec [J]. The Structure Refinement and Property Improvement, 1997 (19): 88 ~ 92.

[35] Hatanaka S I, Taki T, Kuwabara M. Effect of process parameters on ultrasonic separation of dispersed particles in liquid [J]. Japanese Journal of Applied Physics, 1999, 13 (8): 3096 ~ 3100.

[36] Kobayashi M, Kamata C, Ito K. Cold mold experiments of removal from molten metal by an irradiation of ultrasonic waves [J]. ISIJ International, 1997, 37 (1): 9 ~ 15.

[37] 刘金刚，刘浏，颜慧成，等．超声搅拌和气体搅拌去除夹杂物［J］．钢铁研究学报，2006，18（10）：11～15.

[38] 申永刚，陈伟庆，马新建．超声与吹氩处理对钢液中夹杂物去除效果的对比研究［J］．北京科技大学学报，2010，32（7）：855～859.

[39] 金燚，毕学工，薛正良．超声波对液体中颗粒凝聚作用的研究［J］．铸造技术，2010，31（7）：869～872.

[40] P Hauptmann，N Hoppe，A Puttmer. Application of ultrasonic sensors in the process industry［J］. Measurement Science and Technology，2002，7：73～83.

[41] Yuanbei Zhang. Development of water simulation system for ultrasonic detection［J］. Measurement Science and Technology，2008，8：55～65.

[42] 张英明，韩明臣，田园．钛合金超声探伤技术［J］．稀有金属快报，2008，27（10）：1～7.

[43] 张开良，张晓军，林俊明，等．大直径空心轴类探伤系统［J］．无损检测，2010，32（9）：741～744.

[44] Shinobu Koda，Takahide Kimura，Takashi Kondo. A standard method to calibrate sonochemical efficiency of an individual reaction system［J］. Ultrasonics Sonochemistry，2003，10：149～156.

[45] Parag Kanthale，Muthupandian Ashokkumar，Franz Grieser. Sonoluminescence，sonochemistry（H_2O_2 yield）and bubble dynamics：frequency and power effects［J］. Ultrasonics Sonochemistry，2008，15：143～150.

[46] RMettin. Acousitic cavitation structures and simulation by a particle model［J］. Ultrasonics Sonochemistry，1997，4：65～75.

[47] 张德俊，汪承灏．单一气泡运动的高速摄影的实验研究［J］．声学学报，1966，3（1）：14～20.

[48] 吴先梅．瞬态单一气泡的动力学过程及空化发光．中国科学院声学研究所博士后工作报告［C］. 2003，6.

[49] 李朝辉，陆涛，安宇．单泡声致发光中化学反应的处理［J］．声学技术，2008，27（4）：481～485.

[50] Gaitan，D. F.，Crum. Obervation of sonoluminescence from a single cavitation bubble in a water/glycerine mixture. Frontiers of Nonlinear Acoustics［C］. 12th ISNA Elsevier，New York，1990：459.

[51] TGLeighton. Bubble population phenomena in acoustic cavitation［J］. Ultrasonics Sonochemistry，1995，2（2）：123～135.

[52] Servant. Bubble population phenomena in sonochemical reactor II. Estimation of bubble size distribution and its number density by simple coalescence model calculation［J］. Ultrasonics Sonochemistry，2010，17：480～486.

[53] Werner Lauterborn，Claus－Dieter Ohl. Cavitation bubble dynamics［J］. Ultrasonics Sonochemistry，1997，4：65～75.

[54] 陈红，李晓静，万名刁，等．高强度聚焦声场中空化泡的形成过程［J］．声学学报，2006，31（6）：532～535.
[55] 张鹏利．超声空化多泡及其辐射声场的研究［D］．西安：陕西师范大学，2010.
[56] 方启平，颜忠余，黄金兰，等.B4 用染色法记录液体中大功率超声场的分布［J］．声学技术，1996，15（4）：178～180.
[57] 冯若．超声手册［M］．南京：南京大学出版社，1999：655.
[58] 院建岗，严碧歌，杨燕妮．超声空化强度测量研究进展［J］．现代生物医学进展，2007，7（2）：295～297.
[59] 单鸣雷，朱昌平，何世传．功率超声声场强度的测量［J］．河海大学常州分校学报，2004，18（4）：15～18.
[60] 王巧霞．声致发光法测量空化场的实验研究［D］．西安：陕西师范大学，2007.
[61] 刘浏．炉外精炼工艺技术的发展［J］．炼钢，2001，17（4）：1～8.
[62] 殷瑞钰．合理选择二次精炼技术，推进高效、低成本“洁净钢平台”建设［C］.2009 全国炉外精炼生产技术交流研讨会论文集．太原：中国金属学会，2009：1～17.
[63] 朱苗勇．现代冶金学［M］．北京：冶金工业出版社，2008：291～295.
[64] 幸伟．钢包底吹氩工艺开发［D］．武汉：武汉科技大学，2005.
[65] 郭连英，魏国增，刘宏伟．唐钢二钢轧厂 50t LF 精炼钢包底吹氩优化研究［C］．河北省 2010 年炼钢－连铸－轧钢生产技术与学术交流会论文集．邯郸：河北冶金学会，2010：282～285.
[66] 应崇福，安宇．声空化气泡内部的高温和高压分布［J］．中国科学（A 辑），2002，32（4）：305～314.
[67] 葛飞．超声波技术的应用现状及发展前景［J］．郑州牧业工程高等专科学校学报，1999（1）：67～69.
[68] 李德麟．空化喷咀的参数分析［J］．南方冶金学院学报，1992（4）：67～68.
[69] 沈国光，陈月彤．水下近水面爆炸兴波的数值模拟［J］．天津大学学报，1992（2）：97～98.
[70] 张虎，王秋萍，吴迎春，等．超声空化气泡初期结构及其声场模拟研究进展［A］．中国声学学会 2005 年青年学术会议［CYCA05］论文集［C］，2005：267～171.
[71] 应崇福．声空化核辐射、空化物理、声处理［A］．中国声学学会 2002 年全国声学学术会议论文集［C］，2002：56～61.
[72] 黄利波，周凤梅，吴胜举．两种频率下空化场实验测量［A］．中国声学学会 2005 年青年学术会议［CYCA05］论文集［C］，2005：71～73.
[73] 应崇福．超声学［M］．北京：科学出版社，1990：507.
[74] Judith Ann Bamberger，Margaret SGreenwood. Using ultrasonic attenuation to monitor slurry mixing in real time［J］. Ultrasonics，2004，42：145～148.
[75] KMSwamy，FJKeil. Ultrasonic power measurements in the milliwatt region by the radiation force float method［J］. Ultrasonics Sonochemistry. 2002，9：305～310.
[76] 林书玉．功率超声技术的研究现状及其最新进展［J］．陕西师范大学学报（自然科学

版），2001，29（1）：101～106.

［77］SKamila，AMukherjee，VChakravortty. Ultrasonic investigations in binary mixtures of some commercial extractants：liquid ion exchanger reagents and tri－n－butyl phosphate［J］. Journal of Molecular Liquids，2004，115：127～134.

［78］JTCieslinski，R Mosdorf. Gas bubble dynamics experiment and fractal analysis［J］. International Journal of Heat and Mass Transfer，2005，48：1808～1818.

［79］MChouvellon，ALargillier，TFournel. Velocity study in an ultrasonic reactor［J］. Ultrasonics Sonochemistry，2000，7：207～211.

［80］Josef Foldyna，Libor Sitek，Branislav Svehla. Utilization of ultrasound to enhance high－speed water jet effects［J］. Ultrasonics Sonochemistry，2004，11：131～137.

［81］Chul－Woo Chung，John S Popovics，Leslie JStruble. Using ultrasonic wave reflection to measure solution properties［J］. Ultrasonics Sonochemistry，2010，11：266～272.

［82］钱祖文. 非线性声学［M］. 北京：科学出版社，2009：238～242.

［83］李林. 超声场下空化气泡运动的数值模拟和超声强化传质研究［D］. 四川大学，2006.

［84］朱昌平，何世传，单明雷，等. 水处理用声化学反应器研究进展［J］. 应用声学，2005，24（3）：197～200.

［85］Iakashi KUBO，Mamoru KUWABARA，Jian YANG. Visualization of acoustically induced cavitation bubbles and microjets with the aid of a high－speed camera［J］. Japanese Journal of Applied Physics，2005，44（6B）：4647～4652.

［86］林仲茂. 超声变幅杆的原理和设计［M］. 北京：中国科学出版社，1987：46.

［87］Alexei Moussatov，Christian Granger，Bertrand Dubus. Ultrasonic cavitation in thin liquid layers［J］. Ultrasonics Sonochemistry，2005，12：415～422.

［88］Michiel Postema，Georg Schmitz. Ultrasonic bubbles in medicine：influence of the shell［J］. ultrasonics sonochemistry，2007，14：438～444.

［89］ChienChong Chen，ChauKai Yu. Two－dimensional image characterization of powder mixing and its effects on the solid－state reactions［J］. Materials Chemistry and Physics，2004，85：227～237.

［90］Qianwen Chen，Zheyao Wang，Jian Cai. The influence of ultrasonic agitation on copper electroplating of blind－vias for SOI three－dimensional integration［J］. Microelectronic Engineering，2010，87：527～531.

［91］Jong－Eun Park，Mahito Atobe，Toshio Fuchigami. Synthesis of multiple shapes of gold nanoparticles with controlled sizes in aqueous solution using ultrasound［J］. Ultrasonics Sonochemistry，2006，13：237～241.

［92］Li Xintao，Li Tingju，Li Ximeng. Study of ultrasonic melt treatment on the quality of horizontal continuously cast Al－1%Si alloy［J］. Ultrasonics Sonochemistry，2006，13：121～125.

［93］Jing Chen，Litian Liu，Zhijian Li. Study of anisotropic etching of（100）Si with ultrasonic agitation［J］. Sensors and Actuators，2002，A96：152～156.

［94］Simon Verdan，Guillaume Burato，Marc Comet. Structural changes of metallic surfaces induced by ultrasound [J]. Ultrasonics Sonochemistry, 2003, 10: 291~295.

[95] Ratoarinoro, FContamine, AMWilhelm, JBerlan, et al. Power measurement in sonochemistry [J]. Ultrasonics Sonochemistry, 1995, 2 (1): 43~47.

[96] Hirotada ARAI, Katsutosh. Model experiment on inclusion removal by bubble flotation accompanied by bubble floation accompanied by particle coagulation in turbulent flow [J]. ISIJ International, 2009, 49 (7): 965~974.

[97] Haihua WANG, hae - geon LEE. Prediction of the optimum bubble size for inclusion removal from molten steel by floation [J]. ISIJ International, 1996, 36 (1): 965~974.

[98] Laihua Wang, Peter HAYES. A new approach tomolten steel refining using fine gas bubbles [J]. ISIJ International, 1998, 36 (1): 17~24.

[99] Lifeng Zhang, JunAoki. Inclusion removal by bubble floation in a continous casting mold [J]. Metallurgical and Materials Transactions B, 2006, 37B (6): 361~379.

[100] FFaid, MRomdhane, CGourdon. A comparative study of local sensors of power ultrasound effects, thermoelectrical and chemical probes [J]. Ultrasonics Sonochemistry, 1998 (5): 63~68.

[101] 朱苗勇，萧泽强．钢的精炼过程数学物理模拟 [M]．北京：冶金工业出版社，1998：124.

[102] 冯岩，李化茂．声化学及其应用 [M]，合肥：安徽科技出版社，1992.

[103] Parag R Gogate, Anne Marie Wilhelm, Aniruddha B Pandit. Some aspects of the design of sonochemical reactors [J]. Ultrasonics Sonochemistry, 2003, 10: 325~330.

[104] Laihua WANG, Hae - Geon LEE, Peter HAYES. Prediction of the optimum bubble size for inclusion removal from molten steel by flotation [J]. ISIJ International, 1996, 36 (1): 7.

[105] 李杰，陈伟庆，王晓峰．超声波功率对高碳钢中夹杂物的影响 [J]．北京科技大学学报，2009，31 (9)：1112~1115.

[106] TA Engh. Principles of Metal Refining [M]. Oxford University Press, 1992: 246.

[107] Kwon Y, Zhang J, Lee HG. Water model and CFD studies of bubble dispersion and inclusion removal in continous casting mold of steel [J]. ISU Int, 2006, 46 (2): 257~266.

[108] Werner Lauterborn, Claus - Dieterohl. Cavitation bubble dynamics [J]. Ultrasonics Sonochemistry, 1997, 23 (4): 65~75.

[109] Biat J P, LarecqM, Lamant J Y. The continuous casting mold: A basic tool for surface quality and strand productivity [J]. Mold Operation for Quality and Productivity, 1991, 21 (4): 3~14.

[110] Yogeshwar Sahai. Toshihiko Emi Criteria for water modeling of melt flowand inclusion removal in continuous casting tundishes [J]. ISIJ international, 1996, 36 (9): 1166~1173.

[111] 程存弟，牛勇，黎永钧，等．超声淬火实验研究 [J]．陕西师大学报（自然科学版），1993，21 (4)：25~27.

[112] 徐光清，钟响林，占福寿，等．康明斯曲轴淬火层深度的超声测试技术 [J]．科研成果与学术交流，2006，28 (4)：196~198.

[113] 汤泽义. 热处理工艺材料发展概况 [J]. 金属热处理, 1989 (1): 52 ~ 57.

[114] 邹壮辉, 封剑波, 高守义. 碳钢超声淬火的频率响应及其理论分析 [J]. 沈阳大学学报 (自然科学版), 1995, 4: 18 ~ 24.

[115] 聂中明, 傅莉, 任洁, 等. CdZnTe 表面处理对其引线超声焊接质量的影响 [J]. 材料工程, 2008 (9): 9 ~ 12.

[116] 徐明君, 单忠德, 南光熙, 等. 超声焊接在数字化分层实体制造中的应用研究 [J]. 电加工与模具, 2006 (4): 32 ~ 35.

[117] 赵君文, 戴光泽, 韩靖, 等. 功率超声在金属焊接中应用的研究进展 [J]. 金属铸锻焊技术, 2012, 5: 144 ~ 150.

[118] 阮世勋, 雷运青. 金属超声焊及应用 [J]. 新技术新工艺, 2004 (12): 38 ~ 40.

[119] 李春红, 李风, 张永俊, 等. 超声加工技术的发展及其应用 [J]. 电加工与模具, 2008 (5): 7 ~ 12.

[120] 张勤俭, 杨小庆, 李建勇, 等. 超声加工技术的现状及其发展趋势 [J]. 电加工与模具, 2012 (5): 11 ~ 40.

[121] 贾宝贤, 王冬生, 赵万生, 等. 微细超声加工技术的发展现状与评析 [J]. 电加工与模具, 2006 (4): 1 ~ 4.

[122] 郑书友, 冯平法, 徐西鹏. 旋转超声加工技术研究进展 [J]. 清华大学学报 (自然科学版), 2009, 49 (11): 1799 ~ 1804.

[123] 王刚, 陈俊英, 程靳. 超声疲劳拉伸实验装置的设计及实验 [J]. 哈尔滨工业大学学报, 2000, 32 (3): 81 ~ 84.

冶金工业出版社部分图书推荐

书　　名	作　者	定价(元)
LF 精炼技术	李　晶　编著	35.00
超硬材料工具设计与制造	吕　智　等著	59.00
大型铸锻件及结构件超声波探伤	赵荒培　王慈公　党政辉　编著	28.00
粉末冶金工艺及材料	陈文革　王发展　编著	33.00
钢铁冶金原理（第 4 版）	黄希祜　编	82.00
钢中缺陷的超声波定性探伤(第 2 版)	牛俊民　蔡　晖　著	65.00
金属硅化物	易丹青　刘会群　王　斌　著	99.00
冷轧薄钢板生产（第 2 版）	付作宝　主编	69.00
炼钢设备及车间设计（第 2 版）	王令福　主编	25.00
炼钢学	雷　亚　等编著	42.00
炉外精炼	高泽平　等编著	30.00
炉外精炼操作与控制	高泽平　贺道中　主编	38.00
炉外精炼技术	张士宪　赵晓萍　关　昕　主编	36.00
炉外精炼教程	高泽平　主编	40.00
难熔金属材料与工程应用	殷为宏　汤慧萍　编著	99.00
人造金刚石工具手册	宋月清　刘一波　主编	260.00
铁水预处理与钢水炉外精炼	冯聚和　等编著	39.00
现代电炉炼钢工艺及装备	阎立懿　编著	56.00
冶金传输原理	吴　铿　编	49.00
轧钢机械（第 3 版）	邹家祥　主编	49.00
转炉钢水的炉外精炼技术	俞海明　主编	59.00
转炉炼钢生产	冯　捷　等主编	58.00